单片机原理及应用

庄俊华　主　编

师洪洪　肖　宁　副主编

电子工业出版社

Publishing House of Electronics Industry

北京·BEIJING

内 容 简 介

本书以 MCS-51 单片机为背景机，从应用角度出发，系统介绍单片机的组成原理、各功能模块的使用方法及扩展方法。全书共分 10 章，内容包括单片机的种类、功能及用途；MCS-51 单片机的指令系统及汇编语言程序设计方法；C 语言在单片机编程中的使用方法；单片机内部各种功能部件的工作原理及使用方法；单片机扩展和接口技术，包括存储器扩展、I/O 接口扩展、人机交互接口扩展、模拟通道扩展及流行器件的接口技术；单片机系统的开发方法及模拟仿真实验的方法；一个典型的课程设计实例。本书提供教学资源，读者可登录华信教育资源网（www.hxedu.com.cn）免费下载。

本书既可作为高等院校相关专业单片机原理、微机原理课程的教材或参考书，也可作为广大电气、电子、自动化、计算机等行业的研发类岗位求职人员的自学教材，还可作为工程技术人员的参考资料。

图书在版编目（CIP）数据

单片机原理及应用 / 庄俊华主编. —北京：电子工业出版社，2021.1

ISBN 978-7-121-38546-9

Ⅰ. ①单…　Ⅱ. ①庄…　Ⅲ. ①微控制器－高等学校－教材　Ⅳ. ①TP368.1

中国版本图书馆 CIP 数据核字（2020）第 031639 号

责任编辑：靳　平

印　　刷：天津画中画印刷有限公司

装　　订：天津画中画印刷有限公司

出版发行：电子工业出版社

　　　　　北京市海淀区万寿路 173 信箱　邮编：100036

开　　本：787×1 092　1/16　印张：17.75　字数：454.4 千字

版　　次：2021 年 1 月第 1 版

印　　次：2021 年 9 月第 3 次印刷

定　　价：54.00 元

凡所购买电子工业出版社图书有缺损问题，请向购买书店调换。若书店售缺，请与本社发行部联系，联系及邮购电话：（010）88254888，88258888。

质量投诉请发邮件至 zlts@phei.com.cn，盗版侵权举报请发邮件至 dbqq@phei.com.cn。

本书咨询联系方式：qinshl@phei.com.cn。

前　　言

随着电子技术的迅猛发展，单片机技术已渗透到航天、国防、工业、农业、日常生活等各个领域，成为当今世界科技现代化不可缺少的重要技术。用单片机研制各种智能化测量控制仪表，周期短、成本低，在仪器仪表与机电一体化产品的设计中具有明显的优势。MCS-51 单片机以其简单、易学、易用、应用技术成熟、结构典型的特点，成为初学单片机者的首选机型。

本书将理论与实践相结合，能够使读者轻松快捷地掌握单片机基础知识，并使读者具有初步开发、设计单片机产品的能力。本书内容通俗易懂、条理清晰、实例丰富，即使作为一位单片机的门外汉，通过看了本书，也能运用单片机的知识来解决一些实际问题，将知识转化为生产力。

本书特点如下。

1．工程性强

全书以"学以致用"为指导思想，重在实践，将工程与开发相统一。另外，本书通过介绍大量的应用实例，使读者具有初步开发、设计单片机产品的能力。

2．通俗易懂

本书避免介绍单片机内部的一些细节问题，而是从实际应用出发，从设计单片机应用系统的角度出发，介绍在应用过程中需要掌握的知识和技能。因此，本书内容较简练，由浅入深，非常适合初学者学习使用。一般院校师生都可有条件完成本书部分章节安排的实验，进行"任务驱动式"的教学或自学。

3．C 语言与汇编语言相结合

本书介绍了两种编程语言，即汇编语言和 C51 语言。

汇编语言：任何一个硬件电路都可用汇编语言描述，具有直观性。要想对硬件有深入的理解，汇编语言的学习必不可少。

C 语言：可读性好，用户只要掌握一两个编程实例，即使不了解硬件资源分配情况，也可以据此进行实例的仿效。对于开发较大的项目，使用 C 语言是必然的。

教师可依据学生的具体情况对本书的内容进行取舍。

4．便于教学和自学

章后附有习题，便于教学，也便于自学者自测。本书还介绍了如何使用仿真软件进行实验，便于学生课后或自学者自行做实验练习，加深理解。

本书第 10 章介绍的课程设计有全套的软、硬件资料和相应的实验板，并可根据实际情况修改实验板。本书程序涉及的函数及变量均使用正体。本书部分电路图是由仿真软件自动生成的，未进行标准化处理。

本书由庄俊华担任主编，师洪洪、肖宁担任副主编。参与本书编写的人员有庄俊华（第6章～第9章）、师洪洪（第1章）、肖宁（第2章）、史晓霞（第3章）、张俊红（第4章）、孙雷（第5章）、黄晓元（第10章）、刘慧（附录A、附录B、附录C）、杨金秀（整理资料）、李明兰（整理资料）。全书由庄俊华、师洪洪、肖宁统稿。

由于编写人员水平有限，书中不足之处在所难免，敬请读者批评指正。

编　者

目　　录

第1章 初识单片机

科技进步需要技术不断提升。一个大而复杂的模拟电路花费了你巨大的精力，繁多的元器件增加了你的成本。现在，只要一块几厘米见方的单片机，并在其中写入简单的程序，就可以使以前的电路简单很多。相信你在使用并掌握了单片机技术后，在今后工作上，一定会收获意想不到的惊喜。

1.1 什么是单片机

单片机是 Single Chip Microcomputer（单片微型计算机）的中文简称。它是一种芯片级计算机，将通用计算机的 CPU、ROM、RAM、串行 I/O 接口、并行 I/O 接口、定时/计数器、中断控制器、系统时钟和系统总线等集成在一块芯片上。单片机的另一个名称是 Microcontroller（微控制器）或 Microcontroller Unit（微控制单元，简称 MCU），这个名称突出反映了单片机的主要功能是控制而不是运算。近年来，由于单片机能直接进入各种控制领域，成为系统的一部分，人们又把单片机称为嵌入式微控制器（Embedded Microcontroller），以单片机为控制核心的自动控制系统又称嵌入式系统（Embedded System）。在我国，大部分工程技术人员还是习惯使用"单片机"这个名称。

通用微机和单片机是当代微型计算机发展的两大分支。它们有各自的应用领域，不能互换。以 IBM-PC 为代表的通用微机，提高了程序运行速度，增大了存储容量，采用了高速缓冲存储技术、虚拟存储技术、流水线作业技术、乱序执行技术等一系列当代计算机新技术，数据处理的位数也达 64 位，从而被广泛应用在科学计算、图像处理、文字处理、数学建模、系统仿真、数据批量处理等领域。以数据检测、实时控制为目的的单片机体积小、功能全，成为智能系统中一个必不可少的环节。单片机在智能家用电器、机器人、智能玩具、智能检测、智能仪器仪表中，以及在生产环节的温度、压力、流量测量等方面，均具有得天独厚的优势，其地位不能被通用微机取代。

单片机按照其用途又可分为通用型和专用型两大类。

通用型单片机就是其内部可开发的资源（如存储器、I/O 接口等各种外围功能部件等）可以全部提供给用户。用户可根据实际需要，设计一个以通用单片机芯片为核心，再配以外围接口电路及其他外围设备，并编写相应的软件来满足各种不同需要的测控系统。通常所说的和本书所介绍的单片机都是指通用型单片机。

专用型单片机是专门针对某些产品的特定用途而制作的单片机。例如，各种家用电器中的控制器等。因为是用于特定用途，单片机芯片制造商常与产品厂家合作，设计和生产专用型单片机芯片。由于在设计中已经对专用型单片机的结构最简化、可靠性和成本最佳化等方面进行了全面的综合考虑，所以专用型单片机具有十分明显的综合优势。但是，无论专用型单片机在用途上有多么"专"，其基本结构和工作原理都是以通用型单片机为基础的。

1.2 单片机的历史

单片机根据其基本操作处理的二进制数的位数主要分为 4 位单片机、8 位单片机、16 位单片机和 32 位单片机。

单片机的发展历史可大致分为 4 个阶段。

第一阶段（1974—1976 年）：单片机初级阶段。因工艺限制，单片机采用双片的形式而且功能比较简单。1974 年，仙童公司推出了 F8 单片机（8 位单片机），实际上只包括了 8 位 CPU、64B RAM 和 2 个并行接口。

第二阶段（1976—1978 年）：低性能单片机阶段。1976 年，Intel 公司推出的 MCS-48 单片机（8 位单片机）极大地促进了单片机的变革和发展。1977 年，GI 公司推出了 PIC1650 单片机。

第三阶段（1978—1983 年）：高性能单片机阶段。1978 年，Zilog 公司推出了 Z8 单片机。1980 年，Intel 公司在 MCS-48 单片机的基础上推出了 MCS-51 单片机，Motorola 公司推出了 6801 单片机。这些产品使单片机的性能及应用跃上了一个新的台阶。此后，各公司的 8 位单片机迅速发展起来。这个阶段推出的单片机普遍带有串行 I/O 接口、多级中断系统、16 位定时/计数器，片内 ROM、RAM 存储容量加大，且寻址范围可达 64KB，有的片内还带有 A/D 转换器。由于这类单片机的性能价格比高，所以被广泛应用，是目前应用数量最多的单片机。

第四阶段（1983 年至今）：8 位单片机巩固、发展及 16 位单片机、32 位单片机推出阶段。16 位单片机的典型产品为 Intel 公司生产的 MCS-96 系列单片机。而 32 位单片机除具有更高的集成度外，其数据处理速度比 16 位单片机提高许多，其性能比 8 位、16 位单片机更加优越。20 世纪 90 年代是单片机大发展的时期，这个时期的 Motorola、Intel、Atmel、德州仪器（TI）、三菱、日立、Philips、LG 等公司开发了一大批性能优越的单片机，极大地推动了单片机的应用。近年来，又有不少新型的高集成度单片机产品涌现出来，出现了单片机产品丰富多彩的局面；除了 8 位单片机，16 位单片机、32 位单片机也得到广大用户的青睐。

1.3 单片机的特点和应用

一块单片机芯片就是具有一定规模的微型计算机，再加上必要的外围器件，就可以构成完整的计算机硬件系统。

由于单片机这种特殊的结构，使其具有很多显著的优点，并在各个领域得到广泛应用。随着微控制技术的不断发展，以及自动化程度的日益提高，单片机的应用正在推动传统的控制技术发生巨大变化，单片机的应用是对传统控制技术的一场革命。

1.3.1 单片机的应用特点

1. 具有较高的性能价格比

高性能、低价格是单片机最显著的一个特点。其应用系统具有印制电路板小、接插件少、安装调试简单方便等特点，使单片机应用系统的性能价格比大大高于一般微机系统。

2．体积小、可靠性高

由单片机组成的应用系统结构简单、体积特别小，使单片机易于实施电磁屏蔽等抗干扰措施。单片机的信息传输及对存储器和 I/O 接口的访问一般情况下是在单片机内部进行的，使单片机不易受外界的干扰。所以单片机应用系统的可靠性比一般微机系统高得多。

3．控制功能强

单片机采用面向控制的指令系统，实时控制功能特别强。

在实时控制方面，尤其是在位操作方面，单片机有着卓越的表现。其 CPU 可以直接对 I/O 接口进行输入/输出操作及逻辑运算，并且具有很强的位处理能力，能有针对性地解决由简单到复杂的各类控制任务。

在单片机内，ROM 和 RAM 是严格分工的。ROM 作为程序存储器，只存放程序、常数和数据表格。单片机的程序存储空间较大，可以将已调试好的程序固化在 ROM（又称烧录或烧写）中。这样不仅在单片机掉电时程序不会被丢失，还避免了程序被破坏，从而确保了程序的安全性。RAM 作为数据存储器，存放临时数据和变量，使单片机更适用于实时控制系统。

4．使用方便、容易产品化

由于单片机具有体积小、功能强、性能价格比较高、系统扩展方便及硬件设计简单等优点，因而其硬件功能具有广泛的通用性。同一种单片机可以用在不同的控制系统中，只是其中所配置的软件不同而已。换言之，给单片机固化上不同的软件，便可形成用途不同的专用智能芯片。

单片机开发工具具有很强的软、硬件调试功能，使研制单片机应用系统极为方便，加之现场运行环境的可靠性，使单片机能满足许多小型对象的嵌入式应用要求，可被广泛应用在仪器仪表、家用电器、智能玩具及控制系统等领域中。

1.3.2　单片机的应用领域

单片机以其独特的优势被广泛应用在国民经济和人们日常生活的各个领域。

单片机由于其体积小、功耗低、价格低廉，且具有逻辑判断、定时、计数、程序控制等多种功能，被广泛应用于智能仪表、可编程序控制器、家用电器、医用设备、航空航天、专用设备的智能化管理及过程控制等领域。

（1）智能仪器。智能仪器是含有微处理器的测量仪器。单片机被广泛应用于各种仪器仪表，使仪器仪表智能化。

（2）工业控制。单片机被广泛应用于各种工业控制系统中，如数控机床、温度控制及可编程顺序控制等系统。

（3）家用电器。目前，各种家用电器普遍采用单片机取代传统的控制电路，如洗衣机、电冰箱、空调、彩电、微波炉、电风扇等。这些家用电器配上了单片机，其功能增强而身价倍增，但深受用户的欢迎。

（4）机电一体化。机电一体化是机械工业发展的方向。机电一体化产品是指集机械技术、微电子技术、计算机技术于一体，具有智能化特征的机电产品。

　　单片机除了被应用于以上各方面外，还被应用于办公自动化领域（如复印机）、汽车电路、通信系统（如手机）及计算机外围设备等，这成为计算机发展和应用的一个重要方向。

　　单片机的应用从根本上改变了传统控制系统的设计思想和设计方法。控制系统的功能过去必须由模拟电路、数字电路及继电器控制电路来实现，现在已能用单片机并通过软件方法来实现。由于软件技术的飞速发展，各种软件系列产品大量涌现，极大地简化了硬件电路。"软件就是仪器"已成为单片机应用技术发展的主要特点。这种以软件取代硬件并能提高系统性能的控制技术，称为微控制技术。微控制技术标志着一种全新概念的出现，是对传统控制技术的一次革命。随着微控制技术（以软件代替硬件的高性能控制技术）的发展，单片机的应用必将导致传统控制技术的巨大变革。

1.4　单片机应用系统的组成

　　单片机应用系统包括单片机硬件系统和单片机软件系统。

1. 单片机硬件系统

　　单片机硬件系统根据其实现的功能及配置要求，可分为最小系统、最小功耗系统及典型系统等。

　　（1）单片机最小系统。仅由单片机芯片本身资源且配备电源电路、时钟电路及复位电路等单元即可构成单片机最小系统。单片机最小系统可以嵌入一些简单的控制对象（如开关状态的输入/输出控制等），具有系统成本低、结构简单、使用方便等特点。随着单片机芯片技术的不断提高和单片机芯片功能的不断增强，单片机最小系统的应用领域也在不断被扩大。

　　（2）单片机最小功耗系统。其作用是使系统内所有器件及外设都有最小的功耗。单片机最小功耗系统常用在一些袖珍式智能仪表及便携式仪表中。

　　（3）单片机典型系统。当单片机内部功能单元不能满足控制对象要求时，通过系统扩展，按控制对象的环境要求配置相应的单片机外部接口电路（如数据采集系统的传感器接口、控制系统的伺服驱动接口单元及人机对话接口等），以构成满足控制对象全部要求的单片机硬件环境。

2. 单片机软件系统

　　单片机软件系统包括系统软件和应用软件。系统软件是处于底层硬件和高层应用软件之间的桥梁；应用软件是用户为实现其功能要求编写的软件（程序和数据）。由于单片机的资源有限，应综合考虑设计成本及单片机运行速度等因素，故设计者必须在系统软件和应用软件实现的功能与硬件配置之间寻求平衡。

　　系统软件包括监控程序和操作系统。

　　（1）监控程序。监控程序是用非常紧凑的代码编写的底层系统软件。这些软件实现的功能往往是实现系统硬件的管理及驱动，并内嵌一个用于系统开机初始化等功能的引导模块。

　　（2）操作系统。如今已有许多种适合于8～32位单片机的操作系统进入了实用阶段，如在MCS-51单片机上可以运行的RTX51操作系统。在操作系统的支持下，嵌入式系统会具有更好的技术性能，如程序的多进程结构、与硬件无关的设计特性、系统的高可靠性及软件开发的高效率等。

单片机可以被方便地应用在工作、生活中的各个领域，小到一个闪光灯、定时器，大到工业控制系统，如可编程序控制器等。

典型单片机应用系统框图如图 1-1 所示。

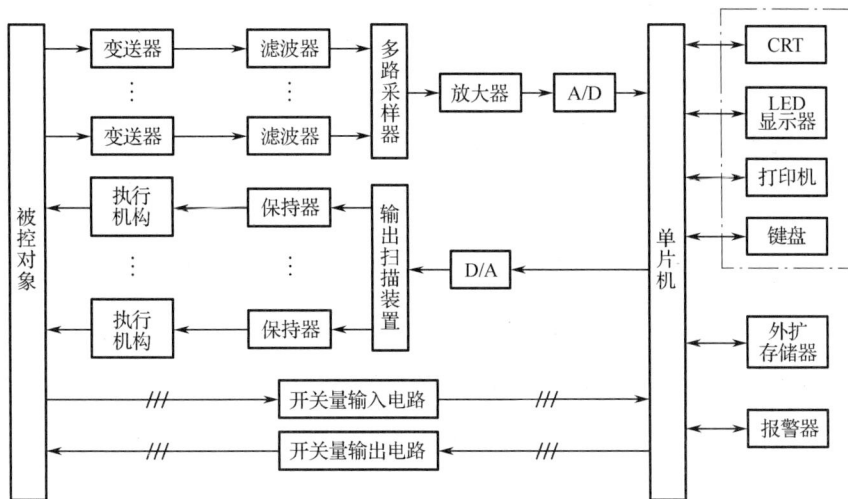

图 1-1　典型单片机应用系统框图

一个典型单片机闭环控制系统的工作过程如下。

（1）被控对象的物理量通过变送器转换成标准的模拟量，如把 0～500℃温度转换成 4～20mA 标准直流电流。

（2）模拟量经滤波器滤除干扰信号后，再被送入多路采样器。多路采样器（可以在单片机控制下）分时地对多个模拟量进行采样、保持。

（3）A/D 转换器将某时刻的模拟量转换成相应的数字量，然后将该数字量输入单片机。

（4）单片机根据程序所实现的功能要求，对输入的数字量进行运算处理后，再经 D/A 转换器将其转换为相应的模拟量。

（5）该模拟量经输出扫描装置扫描，再经保持器控制相应的执行机构，对被控对象的相关参数进行调节，从而使被控对象的物理量按照单片机程序给定的规律变化。

1.5　典型单片机性能概述

1. MCS-51 单片机

MCS-51 单片机是 Intel 公司于 1980 年推出的产品，指令数为 111 条。MCS-51 单片机是世界上用量较大的单片机。目前，由于 Intel 公司在计算机方面将重点工作放在与 PC 兼容的高档芯片的开发上，因此 MCS-51 单片机的兼容单片机主要由 Philips、Atmel、三星、华邦等公司生产。MCS-51 单片机及其兼容单片机目前仍是单片机应用的主流产品。MCS-51 单片机主要包括 8031、8051、8751、89C51 和 89S51 等通用产品。

MCS-51 单片机的性能如表 1-1 所示。

表 1-1　MCS-51 单片机的性能

系　　列	典型芯片	I/O 接口	定时/计数器	中断源/个	串行接口/个	内部 RAM/B	内部 ROM
基本型	80C31	4×8bit	2×16bit	5	1	128	无
	80C51	4×8bit	2×16bit	5	1	128	4KB 掩膜 ROM
	87C51	4×8bit	2×16bit	5	1	128	4KB EPROM
	89C51	4×8bit	2×16bit	5	1	128	4KB E^{2}PROM
增强型	80C32	4×8bit	3×16bit	6	1	256	无
	80C52	4×8bit	3×16bit	6	1	256	8KB 掩膜 ROM
	87C52	4×8bit	3×16bit	6	1	256	8KB EPROM
	89C52	4×8bit	3×16bit	6	1	256	8KB E^{2}PROM

2．Motorola 公司的单片机

Motorola 公司是目前世界上较大的单片机生产厂家之一。自 1974 年 Motorola 公司推出第一种 M6800 单片机之后，相继推出了 M6801、M6804、M6805、M68HC05、M68HC08、M68HC11、M68HC16、M68300、M68360 等系列的单片机。

Motorola 公司的单片机品种全、选择余地大、新产品多，有 8、16、32 位系列单片机。Motorola 公司的单片机主要有：8 位单片机 M68HC05 及其升级产品 M68HC08，其中，M68HC05 有 30 多个系列、200 多个品种，产量已超过 20 亿片；8 位增强型单片机 M68HC11 及其升级产品 M68HC12，其中，M68HC11 有 30 多个品种，年产量在 1 亿片以上；16 位单片机 M68HC16，有十几个品种；32 位单片机 M68300，也有几十个品种。Motorola 公司的单片机主要特点是：在同样速度下，Motorola 公司的单片机所用的时钟频率较 Intel 公司的单片机低很多，因而使其高频噪声低，抗干扰能力强，更适用于工控领域及恶劣的环境。Motorola 公司的 8 位单片机过去主要采用掩膜 ROM，最近推出 OTP（One Time Programming）技术以适应单片机发展新趋势，其 32 位单片机在性能和功耗方面都胜过 ARM 公司的 ARM7 单片机。

Motorola 公司的单片机内部包含 CPU、振荡器、实时时钟、中断、ROM/RAM/EPROM/E^{2}PROM/OTP ROM/Flash ROM、并行 I/O 接口、串行接口（Serial Communication Interface，SCI）、串行外设接口（Serial Peripheral Interface，SPI）、定时/计数器、多功能定时器（含多个输入捕捉和多个输出比较）、D/A 转换器、发光二极管（Light Emitting Diode，LED）、液晶显示器（Liquid Crystal Display，LCD）、真空荧光显示器（Vacuum Fluorescent Display，VFD）、双音多频（Dual Tone Multi Frequency，DTMF）接收/发生器、保密通信控制器、锁相环（Phase Locked Loop，PLL）、 调制解调器、脉冲宽度调制（Pulse Width Modulation，PWM）模块等。

Motorola 公司的单片机的性能如表 1-2 所示。

表 1-2　Motorola 公司的单片机的性能

型　号	RAM/B	ROM	串行接口	定时/计数器/个	总线速度/MHz	A/D转换器/个	电源电压/V	PWM模块/个	I/O接口/个
M68HC05B6	176	6 144B Mask	SCI	4	1/2.1	8	5/3.3	2	32
M68HC705B16	528	32 768B Mask			4/2.1				
M68HC05C8A	176	7 744B Mask	SCI/SPI	2	1/2.1	—		—	31
M68HC705F32	920	32 256B OTP		8	1.8	8	5/2.7	3	69/80
M68HC11D3	192	4 096B OTP	SCI/SPI	8	3/2	—	5	—	16
M68HC711E20	768	20 480B Flash	SCI/SPI	—	4/3/2/1				38
M68HC11F1	1 024	512B E^2PROM			5/4/3/2				30
M68HC16Z3	4 096	8 192B Mask	SCI/QSPI	2	16/20/25	8	5/3.3	—	16
MC9S12D64	4 096	65 536B Flash	SCI/IIC/SPI/CAN2.0A/B	8	25	8	5.0	4/8/7	59/91
MC9S12DT128B	8 192	131 072B Flash		8	25	8	5.0	4/8	91
MC68302	1 152	—	SCC/SCP/SMC		25/33/20/16		3.3/5		132
MC68375	10K	256B Flash	—		—	16	3.3		—

3．PIC 单片机

由 Microchip 公司推出的 PIC 单片机系列产品，是较早采用 RISC 结构的嵌入式微控制器，仅 33 条指令。PIC 单片机的特点是高速度、低电压、低功耗、大电流 LCD 驱动能力和低价位。PIC 单片机自带看门狗定时器（Watch Dog Timer，WDT），以提高程序运行的可靠性，并具有睡眠和低功耗模式，以及强调节约成本的最优化设计，适用于量大、档次低、价格敏感的产品，同时重视产品的性能价格比，靠发展多种型号来满足不同层次的应用要求。PIC 单片机有几十种型号，可以满足各种需要。其中，PIC10F20X 单片机仅有 6 个引脚；PIC12LF1552 体积最小（2mm×3mm，UDFN 封装），是目前世界上最小的单片机。PIC 单片机广泛应用于计算机的外设、家电控制、通信、智能仪器、汽车电子等领域，是市场份额增长较快的一种单片机，也是世界上非常有影响力的嵌入式微控制器之一。

PIC 单片机具有保密性好、开发环境优越、产品上市零等待等优点。PIC 单片机的引脚通过限流电阻可以接至 220V 交流电源，直接与继电器控制电路相连，无须光耦合器隔离，给应用带来极大方便。PIC 单片机的性能如表 1-3 所示。

表 1-3 PIC 单片机的性能

型　　号	RAM/B	A/D 转换器/个	ROM/B	串 行 接 口	工作速度/MHz	定时/计数器	低 压 型 号
PIC12CE518	25	—	512		4	1 个 +WDT	PIC12LCE518
PIC12CE673	128	4	1 024		10		PIC12LCE673
PIC12CF675	64	4	1 024	—	20	2 个 +WDT	PIC12LCF675
PIC16C558	128	—	2 048		20	2 个 +WDT	PIC16LC558
PIC17C43	454	—	4 096	USART	33	4 个 +WDT	PIC17LC43
PIC17C752	678	12	8 192	USART(2),I^{2}C,SPI			PIC17LC752
PIC17C766	902	16	16 384				PIC17LC766
PIC18C242	512	5	8 192	AUSART,SPI,I^{2}C	40	4 个 +WDT	PIC18LC242
PIC18C252	1 536		1 638				PIC18LC252
PIC18C452	1 536	8	1 638				PIC18LC452
PIC18F458	1 536		16 384	USART,MI^{2}C,SPI,CAN2.0B			PIC18LF458
PIC18F8720	3 840	16	65 536	AUSART(2),MI^{2}C,SPI	25	5 个 +WDT	PIC18LF8720

4．MSP430 单片机

MSP430 单片机是 TI 公司生产的一种特低功耗的 Flash 微控制器，有"绿色微控制器（Green MCU）"之称。MSP430 单片机系列新型产品集成业内领先的超低功率闪存、高性能模拟电路和一个 16 位 RISC 结构的 CPU，具有丰富的寻址方式、简单的 27 条指令、较高的处理速度，且系统工作稳定。其指令周期可以达 125ns，且大部分指令可在一个指令周期内完成；具有丰富的内部设置，如定时/计数器、比较器、串/并行接口、A/D 转换器、硬件乘法器等；工作电流较小，仅为 0.1～400μA；属低电压器件，仅 1.8～3.6V 电压供电，从而有效降低了系统功耗；使用超低功耗的数控振荡器技术，可以实现频率调节和无晶振运行；6μs 的快速启动时间，可以延长待机时间并使启动更加迅速，降低了电池的功耗。

MSP430 单片机的性能如表 1-4 所示。

表 1-4 MSP430 单片机的性能

型　　号	ROM/OTP/EPROM/B	RAM/B	液晶驱动段数	捕获/比较脉冲定时器	硬件乘法器	定时/计数器/个
MSP430C1101	1	128	—	有	无	2
MSP430C1351	16	512	—	有	无	3
MSP430C325	16	512	84	无	无	6
MSP430C336	24	1 024	120	有	有	7

型　　号	ROM/OTP/EPROM/B	RAM/B	液晶驱动段数	捕获/比较脉冲定时器	硬件乘法器	定时/计数器/个
MSP430C337	32	1 024	120	有	有	7
MSP430C412	4	256	96	有	无	3
MSP430F110	1	128	—	有	无	1
MSP430F1121A	4	256	—	有	无	2
MSP430F1232	8	256	—	有	无	2
MSP430F147	32	1 024	—	有	有	3
MSP430F449	60	2 048	160	有	有	5
MSP430P325A	16	512	84	无	无	6
MSP430P337	32	1 024	120	有	有	7
PMS430E315	16	512	92	无	无	6
PMS430E337	32	1 024	120	有	有	7

5. AVR 单片机

Atmel 公司把 E^2PROM 及 Flash ROM 技术巧妙地用于特殊的集成电路，推出了 AVR 单片机。AVR 单片机是增强型 RISC 结构内载 Flash ROM 的单片机，简称 AVR 单片机。

AVR 单片机内部 32 个寄存器全部与 ALU 直接连接，具有每秒处理一百万条指令的能力；内置 128KB 的 Flash ROM，内部集成 SPI、PWM 模块、WDT、10 位 A/D 转换器等；支持 C 语言及汇编语言编程；采用可多次擦写的 Flash 存储器，给用户的开发生产和维护带来了方便；具有省电模式、更低的功耗（4MHz/3V，掉电模式时工作电流小于 1μA）、良好的抗干扰性。绝大多数 AVR 单片机支持程序的在系统编程（ISP）及在应用编程（IAP）。AVR 单片机是一种高速单片机，其机器周期等于时钟周期，绝大多数指令为单周期指令。AVR 单片机的接口其有较强的负载能力，可以直接驱动 LED，如 MEGA 系列产品的 I/O 接口驱动能力达到了 40mA。AVR 单片机具有多种封装形式，可满足不同用户的需求，提供完全免费的开发环境，这包括汇编器、支持汇编和高级语言源代码级调试的模拟和仿真环境。AVR 单片机的性能如表 1-5 所示。

表 1-5　AVR 单片机的性能

器　　件	Flash ROM/B	E^2PROM/B	SRAM/B	在线编程	SPI	WDT	外中断源/个	定时/计数器/个	可编程 I/O 接口/个	工作电压/V
AT90S1200	1K	64	—	可以	—	有	1	1	15	5
AT90S2313	2K	128	128	可以	—	有	2	2	15	
AT90S4414	4K	256	256	可以	有	有	2	2	32	
AT90S8515	8K	512	512	可以	有	有	2	2	32	
Atmega103	128K	4K	4K	可以	有	有	8	3	32	

器　件	Flash ROM/B	E^{2}PROM/B	SRAM/B	在线编程	SPI	WDT	外中断源/个	定时/计数器/个	可编程 I/O 接口/个	工作电压/V
AT90S1200	1K	64	—	可以	—	有	1	1	15	3
AT90S2323	2K	128	128	可以	—	有	1	1	3	
AT90S4414	4K	256	256	可以	有	有	2	2	32	
AT90S8535	8K	512	512	可以	有	有	2	2	32	
ATMega103L	128K	4K	4K	可以	有	有	8	3	32	
ATTiny10#	1K	0	0	—	—	有	1	1	5	—
ATTiny12V#	1K	64	0	可以	—	有	1	1	6	
ATTiny22#	2K	128	128	可以	—	有	1	1	5	

1.6　各类嵌入式处理器简介

随着集成电路技术及电子技术的飞速发展，以各类嵌入式处理器为核心的嵌入式系统的应用，已经成为当今电子信息技术应用的一大热点。

具有各种不同体系结构的处理器构成了嵌入式处理器家族，而且是嵌入式系统的核心部件。据不完全统计，全世界嵌入式处理器的品种数已经超过 1 000 种，按其体系结构主要分为如下几类：嵌入式微控制器（单片机）、嵌入式数字信号处理器（Digital Signal Processor，DSP）、嵌入式微处理器及片上系统（System on Chip，SoC）等。

1.6.1　嵌入式微控制器（单片机）

嵌入式微控制器（Embedded Microcontroller Unit，EMCU）又称微控制器（Microcontroller Unit，MCU）或单片机，顾名思义，就是将用于测控目的的计算机小系统集成到一块芯片中。嵌入式微控制器一般以某一种微处理器内核为核心，芯片内部集成 ROM/EPROM、RAM、总线及总线控制逻辑、定时/计数器、WTD、I/O 接口、串行接口、PWM 模块、A/D 转换器、D/A 转换器、Flash 存储器等各种必要的功能部件和外部设备。为适应不同的应用需求，一般一个系列的单片机具有多种衍生产品，每种衍生产品的微处理器内核都是一样的，不同的是存储器和外部设备的配置及封装。这样可以使单片机极大限度地和应用需求相匹配，功能不多不少，从而减少功耗和成本。单片机的最大特点是单片化，从而体积大大减小，并使功耗和成本下降、可靠性提高。单片机是目前嵌入式处理器的主流。

1.6.2　嵌入式数字信号处理器

嵌入式数字信号处理器（DSP）是一种非常擅长于高速实现各种数字信号处理运算（如数字滤波、频谱分析等）的嵌入式处理器。由于对嵌入式 DSP 硬件结构和指令进行了特殊设计，所以它能够高速完成各种数字信号处理运算。

1981 年，美国 TI（Texas Instruments）公司研制出了著名的 TMS320 系列首片低成本、高性能的 DSP 芯片——TMS320C10，使 DSP 技术跨出了重要的一步。

20 世纪 90 年代，由于无线通信、各种网络通信、多媒体技术的普及和应用，高清晰度数字电视的研究，极大地刺激了 DSP 在工程上的推广应用，使 DSP 大量进入嵌入式领域。推动嵌入 DSP 快速发展的是嵌入式系统的智能化，如各种带有智能逻辑的消费类产品、生物信息识别终端、实时语音压解系统、数字图像处理等。这类智能化的算法一般都是运算量较大的，如向量运算、指针线性寻址等，而这些正是嵌入式 DSP 的优势所在。尽管嵌入式 DSP 技术已达到较高的水平，但在一些实时性要求很高的场合，单片嵌入式 DSP 的处理能力还不能满足要求。因此，又研制出了多总线、多流水线和并行处理的包含多个嵌入式 DSP 的芯片，大大提高了系统的性能。

与单片机相比，嵌入式 DSP 具有的实现高速运算的硬件结构、指令和多总线，以及嵌入式 DSP 处理的算法的复杂度和大的数据处理流量是单片机不可企及的。

嵌入式 DSP 的主要生产厂家有美国 TI、ADI、Motorola、Zilog 等公司。其中，TI 公司位居榜首，其嵌入式 DSP 产品占全球嵌入式 DSP 产品 60%左右的市场份额。嵌入式 DSP 代表性的产品是 TI 公司的 TMS320 系列处理器。TMS320 系列处理器包括用于控制领域的 C2000 系列、移动通信的 C5000 系列及应用在通信和数字图像处理的 C6000 系列等产品。

今天，随着全球信息化和 Internet 的普及，多媒体技术的广泛应用，尖端技术向民用领域的迅速转移，数字技术大范围进入消费类电子产品，使嵌入式 DSP 不断更新换代、性能指标不断提高、价格不断下降，并已成为新兴科技如通信、多媒体系统、消费电子、医用电子等飞速发展的主要推动力。目前，世界嵌入式 DSP 产品市场正以每年 30%的增幅大幅度增长，是目前最有发展和应用前景的嵌入式处理器之一。

1.6.3 嵌入式微处理器

嵌入式微处理器（Embedded MicroProcessor Unit，EMPU）的基础是通用计算机中的 CPU。单片机本身（或稍加扩展）是一个小的计算机系统，可独立运行，具有完整的功能，而嵌入式微处理器仅仅相当于单片机中的中央处理器。

在应用设计中，将嵌入式微处理器装配在专门设计的电路板上，只保留和嵌入式应用有关的母板功能，就可以大幅度减少系统体积和功耗。为了满足嵌入式应用的特殊要求，嵌入式微处理器虽然在功能上和标准微处理器基本是一样的，但在工作温度、抗电磁干扰、可靠性等方面一般都做了各种增强。

嵌入式微处理器比较有代表性的是 ARM（Advanced RISC Machines）。ARM 是个不断发展的微处理器家族，主要有 5 个产品系列：ARM7、ARM9、ARM9E、ARM10 和 SecureCore。下面以 ARM7 为例简要说明嵌入式微处理器的基本性能。

嵌入式微处理器的地址线为 32 条，所能扩展的存储器空间要比单片机存储器空间大得多，所以可配置实时操作系统（Real Time Operating System，RTOS）。RTOS 是针对不同处理器优化设计的高效率、可靠性和可信性很高的实时多任务内核。它将 CPU、中断、I/O 接口、定时器等资源都包装起来，留给用户一个标准的应用程序接口（API），并根据各个任务的优先级，在不同任务之间合理地分配 CPU 时间。RTOS 是嵌入式应用软件的基础和开发平台。

常用的 RTOS 为 Linux 和 VxWorks 及 μC/OS-Ⅱ系统。嵌入式实时操作系统具有高度灵活性，可以很容易地被定制或适当开发，例如，对其进行"裁减""移植"和"编写"，可设计出用户所需的应用程序，以满足实际应用需要。

　　由于以嵌入式微处理器为核心的嵌入式系统能够运行实时操作系统，所以该系统能处理复杂的系统管理任务。在移动计算平台、多媒体手机、工业控制和商业领域（例如，智能工控设备、ATM 机等）、电子商务平台、信息家电（机顶盒、数字电视）甚至军事等方面，嵌入式微处理器都有巨大的吸引力。

　　广义上讲，凡是嵌入了嵌入式处理器如单片机、嵌入式 DSP、嵌入式微处理器的系统都称为"嵌入式系统"。还有些人仅把嵌入嵌入式微处理器的系统称为"嵌入式系统"。"嵌入式系统"还没有一个严格和权威的定义，目前人们所说的"嵌入式系统"多指嵌入嵌入式微处理器的系统。

1.6.4　嵌入式片上系统

　　随着半导体工艺和超大规模集成电路设计技术的飞速发展，在一个硅片上可实现一个更为复杂的系统，这就是片上系统（SoC）。

　　SoC 的核心思想就是把整个应用电子系统（除无法集成的电路）全部集成在一个芯片中，避免了大量的 PCB（Printed Circuit Board）设计及调试工作。在 SoC 设计中，设计者面对的不再是电路及芯片，而是根据所设计系统的固件特性和功能要求，把各种通用处理器内核及各种外围功能部件模块作为 SoC 设计公司的标准库，与许多其他嵌入式系统外部设备一样，成为超大规模集成电路设计中的一种标准器件，用标准的 VHDL 等语言描述，存储在器件库中。用户只要定义出其整个应用系统，就可以将设计图交给半导体器件厂商制作样品。除个别无法集成的器件以外，整个嵌入式系统大部分均可集成到一块或几块芯片中，使应用系统电路板减少了体积和功耗、提高了可靠性。SoC 使系统设计的技术发生革命性变化，并标志着一个全新时代的到来。

　　由于单片机体积小、价格低、很容易嵌入系统中，因此应用十分广泛，且易于掌握和普及，其市场占有率最高。据统计，8051 单片机的用量占全部嵌入式处理器总用量的 50%以上。因此，单片机应用技术，尤其是 8051 单片机应用技术是首先要学习和掌握的。

1.7　计算机中的数制与编码

　　在日常生活中，人们使用各种数制来表示数，如二进制、八进制、十进制、十六进制等。由于用电子器件比较容易表示两种状态，所以计算机一般采用二进制来表示数。由于人们习惯于使用十进制数，因此在学习和掌握计算机的原理之前，要了解二进制、十进制、十六进制等数制之间的相互关系和转换。

　　计算机中的数有两种表示法，即定点表示法和浮点表示法。相应地，计算机中的数也有定点数和浮点数之分。另外，人们经常使用的字母、符号、图形及汉字，在计算机中也一律用二进制编码来表示。

1.7.1　无符号数的表示及运算

1．无符号数的表示

1）十进制数

十进制数的特点是：

- 以 10 为底，逢 10 进位。
- 需要 10 个数字符号 0,1,2,…,9。

一个十进制数 N_D 可以表示为

$$N_D = \sum_{i=-m}^{n-1} D_i \times 10^i \qquad (1.1)$$

式中，m 为小数位的位数；n 为整数位的位数；D_i 为十进制数字符号 0~9。例如，135.7D=$1\times10^2+3\times10^1+5\times10^0+7\times10^{-1}$（后缀 D 表示十进制数，D 可以省略）。

2）二进制数

二进制数的特点是：

- 以 2 为底，逢 2 进位。
- 需要两个数字符号 0,1。

一个二进制数可以表示为

$$N_B = \sum_{i=-m}^{n-1} B_i \times 2^i \qquad (1.2)$$

例如，1101.1B=$1\times2^3+1\times2^2+0\times2^1+1\times2^0+1\times2^{-1}$（后缀 B 表示二进制数）。

3）十六进制数

十六进制数的特点是：

- 以 16 为底，逢 16 进位。
- 需要 16 个数字符号 0,1,2,…,9,A,B,C,D,E,F。其中，A~F 依次表示 10~15。

一个十六进制数可表示为

$$N_H = \sum_{i=-m}^{n-1} H_i \times 16^i \qquad (1.3)$$

例如，E5AD.BFH=$14\times16^3+5\times16^2+10\times16^1+13\times16^0+11\times16^{-1}+15\times16^{-2}$（后缀 H 表示十六进制数）。

2. 数制转换

1）二进制数、十六进制数转换为十进制数

二进制数、十六进制数转换为十进制数，可按式（1.2）、式（1.3）展开求和即可。

2）十进制数转换为二进制数

（1）十进制整数转换为二进制整数。

任何一个十进制数转换为二进制数后，都可以表示成式（1.2）的形式。

下面通过一个简单的例子分析一下转换的方法。已知：

$$13D=1101B=1\times2^3+1\times2^2+0\times2^1+1\times2^0$$
$$B_3 \quad B_2 \quad B_1 \quad B_0$$

上式也可以表示为

$$13D=1101B=(1\times2^2+1\times2)\times2+0\times2^1+1\times2^0$$
$$=[(1\times2+1)\times2+0]\times2+1$$
$$B_3 \quad B_2 \quad B_1 \quad B_0$$

可见，要确定 13D 对应的二进制数，只要从右到左分别确定 B_0、B_1、B_2 和 B_3 即可。显然，从上式可以归纳出的转换方法是：用 2 连续去除十进制数，直至商等于 0 为止；逆序排列余数便是与该十进制数相应的二进制数各位的数值。其过程如下：

$$
\begin{array}{r}
2\,|\,13 \\
2\,|\,6 \quad \cdots 1\ （商6余1）\rightarrow B_0 \\
2\,|\,3 \quad \cdots 0\ （商3余0）\rightarrow B_1 \\
2\,|\,1 \quad \cdots 1\ （商1余1）\rightarrow B_2 \\
0 \quad \cdots 1\ （商0余1）\rightarrow B_3
\end{array}
$$

所以，13D=1101B。

用与此类似的方法可以完成十进制数与十六进制数的转换，不同的是用 16 连续去除十进制数而已。

（2）十进制小数转换为二进制小数。

根据式（1.2），可得

$$0.8125D=B_{-1}\times 2^{-1}+B_{-2}\times 2^{-2}+B_{-3}\times 2^{-3}+B_{-4}\times 2^{-4}$$
$$=2^{-1}\{B_{-1}+2^{-1}[B_{-2}+2^{-1}(B_{-3}+2^{-1}\times B_{-4})]\}$$

由上式可以看出，十进制小数转换为二进制小数的方法是：连续用 2 去乘十进制小数，直至乘积的小数部分等于 0；顺序排列每次乘积的整数部分，便得到二进制小数各位的系数（B_{-1},B_{-2}，B_{-3},…）。若乘积的小数部分永不为 0，则根据精度的要求截取一定的位数即可。0.8125D 的转换过程如下：

$$
\begin{array}{ll}
0.8125D\times 2=1.625 & \text{得出 } B_{-1}=1 \\
0.625D\times 2=1.25 & \text{得出 } B_{-2}=1 \\
0.25D\times 2=0.5 & \text{得出 } B_{-3}=0 \\
0.50D\times 2=1.0 & \text{得出 } B_{-4}=1
\end{array}
$$

所以，0.8125D=0.1101B。

3）二进制数与十六进制数之间的转换

因为 $2^4=16$，故二进制数转换为十六进制数只要以小数点为起点，向两端每 4 位二进制数用 1 位十六进制数表示即可。例如，1101110.01011B=<u>0110</u> <u>1110</u>.<u>0101</u> <u>1000</u>B=6E.58H。

由于二进制数在书写时易出错，因此一般采用十六进制数。

3．二进制数的运算

1）二进制数的算术运算

（1）加法。

二进制数加法运算规则为

$$
\begin{array}{l}
0+0=0 \\
0+1=1 \\
1+0=1 \\
1+1=0 （进位 1）
\end{array}
$$

（2）减法。

二进制数减法运算规则为

$$0-0=0$$

$$1-1=0$$
$$1-0=1$$
$$0-1=1（有借位 1）$$

（3）乘法。

二进制数乘法运算规则为

$$0×0=1×0=0×1=0$$
$$1×1=1$$

（4）除法。二进制数除法是二进制数乘法的逆运算。

2）二进制数的逻辑运算

（1）"与"运算（AND）。

"与"运算又称逻辑乘，可用符号"·"或"∧"表示。A 和 B 两个逻辑变量进行"与"运算的规则如下：

A	B	A∧B
0	0	0
0	1	0
1	0	0
1	1	1

由上可知，只有当 A 和 B 两变量皆为 1 时，"与"的结果才为 1。

（2）"或"运算（OR）。

"或"运算又称逻辑加，可用符号"＋"或"∨"表示。A 和 B 两个逻辑变量进行"或"运算的规则如下：

A	B	A∨B
0	0	0
0	1	1
1	0	1
1	1	1

由上可知，在 A 和 B 两个变量中，只要有 1 个为 1，"或"运算的结果就是 1。

（3）"非"运算（NOT）。

变量 A 的"非"运算的结果用 $\overline{A}$ 表示，"非"运算规则如下：

A	$\overline{A}$
0	1
1	0

（4）"异或"运算（XOR）。

"异或"运算用"∀"表示，A 和 B 两个变量进行"异或"运算的规则如下：

A	B	A⊻B
0	0	0
0	1	1
1	0	1
1	1	0

由上可知，A 和 B 两个变量当取值相同时，"异或"结果为 0；当取值相异时，"异或"结果为 1。

以上 4 种逻辑运算都是按位进行的，且任何时候都不发生进位。下面举一个逻辑运算的例子。已知：

A=11110101B，B=00110000B

则

$\overline{A}$=00001010B

A∧B=00110000B

$$\begin{array}{r} 1111\ 0101 \\ \wedge\ \ 0011\ 0000 \\ \hline 0011\ 0000 \end{array}$$

A∨B=11110101B

$$\begin{array}{r} 1111\ 0101 \\ \vee\ \ 0011\ 0000 \\ \hline 1111\ 0101 \end{array}$$

A⊻B=11000101B

$$\begin{array}{r} 1111\ 0101 \\ \veebar\ \ 0011\ 0000 \\ \hline 1100\ 0101 \end{array}$$

1.7.2　带符号数的表示及运算

1. 带符号数的表示

日常生活中遇到的数，除上述的无符号数外，还有大量的带符号数。数的符号在计算机中也用二进制数表示，通常用二进制数的最高位表示数的符号。把一个数及其符号在机器中的表示加以数值化，这样的数称为机器数，而机器数所代表的这个数称为该机器数的真值。机器数可以用不同方法表示，常用的有原码、反码和补码表示法。

1）原码

数 x 的原码记作$[x]_原$，如机器数字长为 n，则原码的定义如下：

$$[x]_原 = \begin{cases} x, & 0 \le x \le 2^{n-1}-1 \\ 2^{n-1}+|x|, & -(2^{n-1}-1) \le x \le 0 \end{cases} \tag{1.4}$$

例如，当 $n=8$ 时，有

$$[+1]_原 = 00000001, \quad [+127]_原 = 01111111$$

$$[-1]_原 = 10000001, \quad [-127]_原 = 11111111$$

当 $n=16$ 时，有

$$[+1]_原 = 0000000000000001, \quad [+32767]_原 = 0111111111111111$$
$$[-1]_原 = 1000000000000001, \quad [-32767]_原 = 1111111111111111$$

由此看出，原码的最高位为符号位。符号位为 0 表示正数，符号位为 1 表示负数。除符号位，其余 $n-1$ 位表示数的绝对值。原码表示数的范围是 $-(2^{n-1}-1) \sim +(2^{n-1}-1)$。8 位二进制原码表示数的范围是 $-127 \sim +127$，16 位二进制原码表示数的范围是 $-32\,767 \sim +32\,767$。原码简单直观，但不便于进行加、减运算。

2）反码

数 x 的反码记作 $[x]_反$，如机器数字长为 n 时，反码定义如下：

$$[x]_反 = \begin{cases} x, & 0 \leqslant x \leqslant 2^{n-1}-1 \\ (2^n-1)-|x|, & -(2^{n-1}-1) \leqslant x \leqslant 0 \end{cases} \quad (1.5)$$

例如，当 $n=8$ 时，有

$$[+1]_反=00000001, \quad [+127]_反=01111111$$
$$[-1]_反=11111110, \quad [-127]_反=10000000$$

反码的最高位仍为符号位。符号位为 0 表示正数，符号位为 1 表示负数。反码表示数的范围是 $-(2^{n-1}-1) \sim +(2^{n-1}-1)$。8 位二进制数反码表示数的范围是 $-127 \sim +127$，16 位二进制反码表示数的范围是 $-32\,767 \sim +32\,767$。

由此看出，正数的反码与原码相同，负数的反码只要将其对应的正数的反码（包括符号位）按位求反即可得到。

3）补码

数 x 的补码记作 $[x]_补$，当机器数字长为 n 时，补码定义如下：

$$[x]_补 = \begin{cases} x, & 0 \leqslant x \leqslant 2^{n-1}-1 \\ 2^n-|x|, & -2^{n-1} \leqslant x < 0 \end{cases} \quad (1.6)$$

例如，当 $n=8$ 时，有

$$[+1]_补=00000001, \quad [+127]_补=01111111,$$
$$[-1]_补=2^8-|-1|=11111111, \quad [-127]_补=2^8-|-127|=10000001$$

补码的最高位仍为符号位。符号位为 0 表示正数，符号位为 1 表示负数。

补码表示数的范围为 $-2^{n-1} \sim +(2^{n-1}-1)$。8 位二进制补码表示数的范围为 $-128 \sim +127$，16 位二进制补码表示数的范围是 $-32\,768 \sim +32\,767$。

由此看出，正数的补码与它的原码、反码均相同，负数的补码等于它的反码加 1。也就是说，负数的补码等于其对应正数的补码按位求反（包括符号位）再加 1。如上例中，求 -127 的补码过程可以简化如下：

$$[-127]_补 = \overline{[+127]_补} + 1 = \overline{01111111} + 1 = 10000001$$

8 位二进制数的原码、反码和补码如表 1-6 所示。

表 1-6　8 位二进制数的原码、反码和补码

二 进 制 数	无 符 号 数	带 符 号 数		
		原　码	补　码	反　码
00000000	0	+0	+0	+0
00000001	1	+1	+1	+1

二 进 制 数	无 符 号 数	带 符 号 数		
		原　　码	补　　码	反　　码
00000010	2	+2	+2	+2
⋮	⋮	⋮	⋮	⋮
01111110	126	+126	+126	+126
01111111	127	+127	+127	+127
10000000	128	−0	−128	−127
10000001	129	−1	−127	−126
⋮	⋮	⋮	⋮	⋮
11111101	253	−125	−3	−2
11111110	254	−126	−2	−1
11111111	255	−127	−1	−0

2．真值与补码之间的转换

1）真值转换为补码

根据补码的定义便可以完成真值到补码的转换。

2）补码转换为真值

正数补码转换为真值比较简单。由于正数补码是其本身，因此正数补码的真值为

$$x = [x]_{\text{补}} (0 \leqslant x \leqslant 2^{n-1} - 1)$$

下面主要讲解负数补码转换为真值的方法。负数补码和与其对应的正数补码之间存在如下关系：

$$[x]_{\text{补}} \xrightarrow{\text{求补运算}} [-x]_{\text{补}} \xrightarrow{\text{求补运算}} [x]_{\text{补}}$$

其中，x 是带符号数，为正数或负数皆可。求补运算是将一个二进制数按位求反加 1 的运算。对此关系此处不加证明，只用实例说明。

设：x=+1，则$-x$=−1。

已知：$[x]_{\text{补}}$=$[+1]_{\text{补}}$=00000001。

对$[x]_{\text{补}}$的求补运算过程如下：

$$\overline{[x]_{\text{补}}} + 1 = \overline{[+1]_{\text{补}}} + 1 = \overline{0000\ 0001} + 1 = 11111111 = [-1]_{\text{补}} = [-x]_{\text{补}}$$

由此看出，当 x 为正数时，对其补码进行求补运算，结果是$-x$ 的补码。

若设：x= −1，则 $-x$=+1。

已知：$[x]_{\text{补}}$=$[-1]_{\text{补}}$=11111111。

对$[x]_{\text{补}}$的求补运算过程如下：

$$\overline{[x]_{\text{补}}} + 1 = \overline{[-1]_{\text{补}}} + 1 = \overline{11111111} + 1 = 00000001 = [+1]_{\text{补}} = [-x]_{\text{补}}$$

由此看出，当 x 为负数时，对其补码进行求补运算，结果是$-x$ 的补码。

上述两例验证了 $[x]_{\text{补}}$与$[-x]_{\text{补}}$之间的关系。显然，对负数补码进行求补运算的结果是该负数对应的正数的补码，也就是该负数的绝对值。因此，负数补码转换为真值的方法如下：将负数补码按位求反加 1（求补运算），即可得到该负数补码对应的真值的绝对值。也就是说，对负数而言，$|x| = \overline{[x]_{\text{补}}} + 1$。

【例 1.1】 求下列数的补码。

① 设 $x = +127D$，求$[x]_{补}$。

应用十进制数转换为二进制数的原则，可以得出 $x = 01111111B$，故$[x]_{补}=[+127]_{补}=$ 01111111。

② 设 $x = -127D$，求$[x]_{补}$。

因为对$[x]_{补}$进行求补运算便可得到$[-x]_{补}$，因此 $[x]_{补}=[-127]_{补}=\overline{[+127]_{补}}+1=\overline{01111111}+1=$ 10000001。

【例 1.2】 求以下补码的真值。

① 设$[x]_{补}=01111110$，求 x。

因为该补码的最高位为 0，即符号位为 0，该补码对应的真值是正数，故 $x=[x]_{补}=$ 01111110=+126D。

② 设$[x]_{补}=10000010$，求 x。

因为该补码的最高位为 1，即符号位为 1，该补码对应的真值是负数，故其绝对值为 $|x|=\overline{[x]_{补}}+1=\overline{10000010}+1=01111101+1=01111110=+126D$，则 $x=-126D$。

3．补码的运算

1）加法

补码加法的规则是：

$$[x+y]_{补}=[x]_{补}+[y]_{补}$$

其中，x、y 为正数或负数皆可。下面用 4 个例子来验证这个公式的正确性。

已知：$[+51]_{补}=00110011$　　　$[+66]_{补}=01000010$

　　　$[-51]_{补}=11001101$　　　$[-66]_{补}=10111110$

则：十进制数加法　　　　　　　　二进制数（补码）加法

①　　　+66　　　　　　　　　　　01000010=$[+66]_{补}$
　　 +）+51　　　　　　　　　　+）00110011=$[+51]_{补}$
　　────────　　　　　　　────────────
　　　 +117　　　　　　　　　　　01110101=$[+117]_{补}$

②　　　+66　　　　　　　　　　　01000010=$[+66]_{补}$
　　 +）-51　　　　　　　　　　+）11001101=$[-51]_{补}$
　　────────　　　　　　　────────────
　　　 +15　　　　　　　　　　 1 00001111=$[+15]_{补}$

③　　　-66　　　　　　　　　　　10111110=$[-66]_{补}$
　　 +）+51　　　　　　　　　　+）00110011=$[+51]_{补}$
　　────────　　　　　　　────────────
　　　 -15　　　　　　　　　　　11110001=$[-15]_{补}$

④　　　-66　　　　　　　　　　　10111110=$[-66]_{补}$
　　 +）-51　　　　　　　　　　+）11001101=$[-51]_{补}$
　　────────　　　　　　　────────────
　　　 -117　　　　　　　　　 1 10001011=$[-117]_{补}$

可以看出，无论被加数、加数是正数还是负数，只要直接用它们的补码（包括符号位）相加，当结果不超出补码表示范围时，运算结果是正确的补码；当运算结果超出补码表示范围时，结果就不正确了，这种情况称为溢出。上例②、④中由最高位向更高位的进位由于机器数字长的限制而自动丢失，但不会影响运算结果的正确性。

2）减法

补码的减法规则是：

$$[x-y]_补=[x]_补+[-y]_补$$

下面仍用 4 个例子对此规则的正确性加以验证。

　　　　　　十进制数减法　　　　　　　　　　　　　十进制数（补码）减法

①　　　　　　+66　　　　　　　　　　　　01000010=[+66]_补

　　　　　-）+51　　　　　　　　　　　+）11001101=[-51]_补

　　　　　　+15　　　　　　　　　　　⬚1 00001111=[+15]_补

②　　　　　　+66　　　　　　　　　　　　01000010=[+66]_补

　　　　　-）-51　　　　　　　　　　　+）00110011=[+51]_补

　　　　　　+117　　　　　　　　　　　01110101=[+117]_补

③　　　　　　+51　　　　　　　　　　　　00110011=[+51]_补

　　　　　-）+66　　　　　　　　　　　+）10111110=[-66]_补

　　　　　　-15　　　　　　　　　　　11110001=[-15]_补

④　　　　　　-51　　　　　　　　　　　　11001101=[-51]_补

　　　　　-）-66　　　　　　　　　　　+）01000010=[+66]_补

　　　　　　+15　　　　　　　　　　　⬚1 00001111=[+15]_补

　　由此可见，无论被减数、减数是正数还是负数，上述补码减法的规则是正确的。在计算机中，利用这个规则，通过对减数进行求补运算而将减法变成加法。上例①和④中由最高位向更高位的进位同样会自动消失而不影响运算结果的正确性。

　　总之，计算机中的带符号数用补码表示时，有许多优点。第一，负数的补码与对应正数的补码之间的转换可以用同一种方法——求补运算实现，因而可简化硬件。第二，可以将减法运算变为加法运算，从而省去了减法器。第三，无符号数及带符号数的加法运算可用同一个电路完成，结果都是正确的。例如，在计算机中，有两个数分别为 11110001 及 00001100，无论它们代表无符号数还是带符号数，运算结果都是正确的。

　　　　　　　　　　　　　　　无符号数　　　　　　　　有符号数

　　　　　　11110001　　　　　241　　　　　　　[-15]_补

　　　　　+）00001100　　　+）12　　　　　　+）[+12]_补

　　　　　　11111101　　　　　253　　　　　　　[-3]_补

1.7.3　二进制数编码

1. 二进制数编码的十进制数（BCD）

　　尽管计算机采用的二进制数的表示法及运算规则简单，但二进制数冗长、不直观且易出错，因此计算机的输入/输出仍采用人们习惯的十进制数。十进制数在计算机中要用二进制编码表示。这种编码有多种形式，其中 BCD（Binary-Coded Decimal）比较常用。4 位二进制数有 16 种组合态，当用来表示十进制数时，要舍去 6 种组合态。

　　BCD 的每一位用 4 位二进制数表示，一个字节（8 位二进制数）表示两位十进制数，如 10010110B 表示十进制数 96。

2．字母和符号的编码（ASCII）

计算机处理的信息除了数字之处还有字母、符号等，例如，由键盘输入的信息及打印机、CRT 输出的信息大部分是字符。因此，计算机中的字符也必须采用二进制编码的形式。这种编码有多种形式，微型计算机中普遍采用的是 ASCII（American Standard Code for Information Interchange），即美国标准信息交换代码。ASCII 用 8 位二进制数对字符进行编码。

1.7.4　计算机中数的定点表示和浮点表示

一般有 3 种常用的数：纯整数（如二进制数 1011 ）、纯小数（如二进制数 0.1011）、既含整数又含小数的数（如二进制数 1.011）。在计算机中，表示这 3 种数有两种方法：定点表示法和浮点表示法。

计算机中数的小数点位置固定的表示法称为定点表示法，用定点表示法表示的数称为定点数。

计算机中数的小数点位置不固定的表示法称为浮点表示法，用浮点表示法表示的数称为浮点数。

值得注意的是，小数点在计算机中是不表示出来的，也就是说，它不占据一个二进制位，而是隐含在用户规定的位置上。

原则上讲，用任何一种表示法表示上述 3 种数都是可以的。但实际上，用定点表示法表示纯整数和纯小数比较方便；而用浮点表示法表示既含整数又含小数的数比较实用且便于运算。

1．定点纯整数

用 n 位二进制数表示一个数，其中最高位（b_{n-1}）表示数的符号，小数点固定在最低位（b_0）的最右边，这样的数称为定点纯整数，如图 1-2 所示。

微机中的有符号数一般用补码形式的定点纯整数来表示。n 位补码定点纯整数的表示范围为 $-2^{n-1} \sim +(2^{n-1}-1)$。例如，8 位（$n=8$）二进制补码表示的定点纯整数的范围为 $-128 \sim +127$。

2．定点纯小数

用 n 位二进制数表示一个数，其中最高位（b_{n-1}）表示数的符号，小数点固定在符号位（b_{n-1}）和最高数据位（b_{n-2}）之间，这样的数称为定点纯小数，如图 1-3 所示。

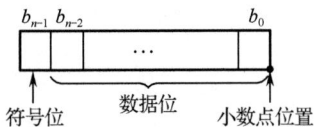

图 1-2　定点纯整数

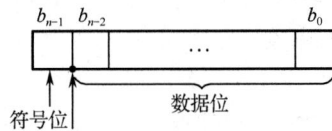

图 1-3　定点纯小数

3．浮点数

定点数表示的范围受位数 n 的大小限制，超出该范围的数（如很大的整数或很小的小数），若不采取其他措施就无法被正确表示，而浮点表示法就可以解决这个问题。当一个数既含整数部分又含小数部分时，采用浮点表示法就更必要了。

例如，一个二进制数 1011.01 可以写成如下的不同形式：

$$1011.01 = 2^4 \times 0.101101 = 2^3 \times 1.01101 = 2^{-2} \times 101101$$

那么，任何一个二进制数 N（含整数、小数两部分）都可以表示成下列形式：

$$N=2^j \times S$$

式中，j 是 N 的阶码，表示小数点的位置。阶码 j 由阶符（阶码的符号位）和阶数（阶码的数值位）组成。S 是 N 的尾数，表示 N 的有效数值。尾数 S 由尾符（尾数的符号位）和尾码（尾数的数值位）组成。

由此可见，当用不同大小的阶码表示同一个数时，尾数中小数点的位置是不同的，即小数点的位置是浮动的。这种表示数的方法就是浮点表示法。定点纯整数和定点纯小数只是浮点数的两个特例。

在计算机中，浮点数的存放形式如图 1-4 所示。

b_{n-1}			b_0
阶符	阶数	尾符	尾码

图 1-4　浮点数的存放形式

【例 1.3】尾数为 5 位（尾符占 1 位），阶码为 3 位（阶符占 1 位），$N=2^3 \times 1101$ 在计算机中的表示形式如图 1-5 所示。

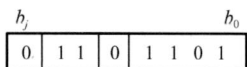

b_j						b_0
0	1 1	0	1 1 0 1			

图 1-5　$N=2^3 \times 1101$ 在计算机中的表示形式

在实际应用中，为了不损失有效数字，一般对尾数进行"规格化"处理，即通过调整阶码，使尾码的最高位为 1。例如，$N=2^3 \times 1101$ 被规格化后，就变为 $N=2^7 \times 0.1101$。那么，如果仍然采用上述的 5 位尾数、3 位阶码的浮点表示法就无法表示这个数，因为这个数超出了浮点表示法所能表示的数的范围。

一般来说，阶码用补码定点整数来表示，尾数用补码定点规格化小数来表示。

阶符、阶数、尾符、尾码的位数，在不同的计算机中有不同的规定。例如，用一个字节（8 位）作为阶码，三个字节（24 位）作为尾数。在总位数不变的情况下，如果阶码位数越多，则表示的数的范围越大；同时，如果尾数的位数减少，则表示的数的精度降低。

当位数相同时，浮点数比定点数表示的数的范围大。浮点数的运算规则比定点数的运算规则复杂。

习　　题

1．什么是单片机？

2．单片机的主要特点是什么？

3．指明单片机的主要应用领域。

4．写出下列数表示的无符号数和有符号数的范围。

（1）8 位二进制数　　　　（2）16 位二进制数

5．用 8 位和 16 位二进制数，写出下列数的原码、反码、补码。

（1）+1　　　　　　（2）−1　　　　　　（3）+45

（4）−45　　　　　　（5）+127　　　　　（6）−128

6．微机某内存单元中的内容为 C5H，若 C5H 表示的是一个无符号数，写出该数在下列各数制中的表达式。

（1）二进制　　　　（2）八进制　　　　（3）BCD（压缩及非压缩）　　　　（4）十进制

7．微机某内存单元中的内容为 C5H，若 C5H 表示的是一个有符号数，则该数对应的十进制数是什么？

第 2 章　单片机的基本结构

本章首先给出单片机的基本组成框图，然后分别介绍其各组成部分：CPU、存储器、I/O 接口，最后给出 MCS-51 单片机引脚信号及 CPU 时序。通过本章的学习，可以对 MCS-51 单片机的硬件结构及各部分的工作原理有一个基本的了解。

2.1　单片机的结构概述

比较常用的几种 MCS-51 单片机外形如图 2-1 所示。这几种 MCS-51 单片机从表面到内部资源不完全一样，但它们的 MCU 结构是一样的，即都采用了 8051 单片机内核。

图 2-1　比较常用的几种 MCS-51 单片机外形

一个基本的 MCS-51 单片机通常包括如下一些部件：中央处理器（CPU）、ROM、RAM、I/O 接口、定时器、串行接口、中断控制器、振荡电路等。MCS-51 单片机基本组成框图如图 2-2 所示。

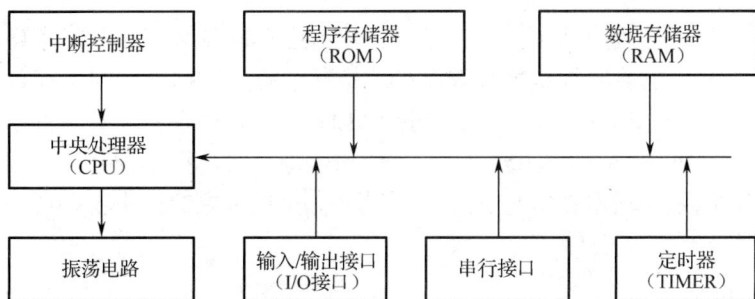

图 2-2　MCS-51 单片机基本组成框图

并不是所有的 MCS-51 单片机都具有图 2-2 所示的所有部件，但是，图 2-2 所示的是一个比较完整的、具有代表性的 MCS-51 单片机结构。其中，I/O 接口、定时器、串行接口、中断控制器等是外部功能部件。就程序的执行来讲，单片机最离不开的部件应该是 CPU、ROM、RAM、振荡电路这几个部分。

由图 2-2 可以看出，单片机内部各功能部件通常都挂靠在内部总线上，并通过内部总线传输地址信息、数据信息和控制信息，且分时使用总线，这就是所谓的内部单总线结构。

MCS-51 单片机系统结构原理框图如图 2-3 所示。

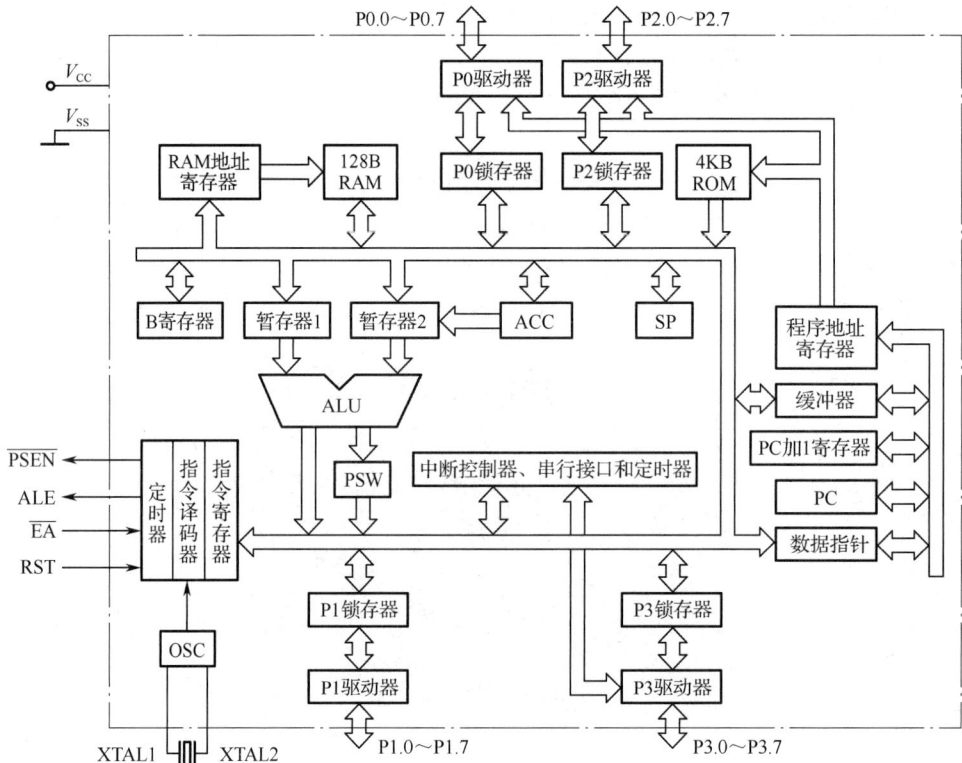

图 2-3　MCS-51 单片机系统结构原理框图

2.2　中央处理器

CPU 由运算器、控制器等组成。运算器是 CPU 进行运算的部件，其运算内容包括算术运算、逻辑运算及移位运算。控制器是计算机的指挥中心，控制程序的运行。在运算器内部设有算术逻辑单元（Arithmetic and Logic Unit，ALU）、状态寄存器及有关寄存器。控制器内部设有程序计数器（Program Counter，PC）、PC 加 1 寄存器、指令寄存器等部件。其中，与用户关系比较密切的是状态寄存器与 PC。通过程序，可以读取这两个部件的数值，也可以对这两个部件赋值。

2.2.1　运算器

8051 单片机的 ALU 是一个性能极强的运算器，既可以进行加、减、乘、除四则运算，也可以进行与、或、非、异或等逻辑运算，并有数据传送、移位、判断和程序转移等功能，同时还有独特的位处理功能，如置位、清零、取反、转移、检测等。8051 单片机的 ALU 为用户提供了丰富且执行速度极快的指令，例如，在振荡器频率为 12MHz 的情况下，大部分指令的执行时间为 1μs，乘法指令的执行时间为 4μs。

2.2.2　控制器

控制器是单片机的指挥部件，主要包括指令寄存器、指令译码器、程序计数器、程序地址寄存器、条件转移逻辑电路和时序控制逻辑电路。控制器的主要任务是识别指令，并根据指令的性质控制单片机各功能部件，从而使单片机各部分自动有序地工作。

1．指令、指令译码及控制器

所谓指令就是完成某项操作的命令。计算机采用二进制形式的编码来表示指令，即指令代码。一条指令是由一个或多字节组成的一串二进制代码。

指令由两部分组成：一是指示系统要完成操作的操作码；二是提供被操作的操作数。例如，单片机的一条指令：

00100101 00110000

该指令是两字节加法指令，其功能是把寄存器 A 中的数据与地址为 30H 的存储单元中的数据相加，并将结果存放在寄存器 A 中。其中，高 8 位 00100101 为操作码，而低 8 位 00110000 为操作数。在单片机中，有一个由数字电路构成的指令译码器，它负责对指令进行解析和翻译，并向与译码器相连的控制器发出相应的控制信息，指挥运算器和存储器协同完成指令所要求的操作。

2．指令集和指令助记符

计算机系统的指令译码器所能解析的指令是系统设计者在设计时规定的。凡是该计算机系统的指令译码器所能翻译的指令就是该系统能够使用的合法指令。这些合法指令的集合就是计算机系统的指令系统。

由于采用二进制或十六进制代码形式表示的指令既不便于记忆，也不便于使用，为此，采用带有语义的英文缩写来表示指令的操作码，并规定指令的书写格式，形成指令助记符。例如，上面的加法指令用助记符表示为

ADD　　A, 30H

显然，指令的助记符形式要比用二进制或十六进制代码的表示方式更直观方便。

3．程序及程序计数器

为完成一个完整的运算任务，按照执行步骤、用计算机指令编写的指令集合称为计算机程序。在一般情况下，程序应事先存放在程序存储器中，并占据存储器的一段空间，程序第一条指令所在的存储单元地址称为程序的起始地址（首地址）。

计算机在执行程序之前必须要获得程序的首地址，这个首地址存放在程序计数器（PC）中，当启动执行程序时，在计算机控制器的控制下，取指令会按 PC 指向的地址从存储器中读出第一条指令并译码，然后执行指令所要求的操作。在当前指令执行完之后，PC 自动加 1，使 PC 指向下一条指令的地址。若所有指令都执行完毕，那么运算任务也就被完成了，PC 指向停止指令地址。可见，PC 中的内容变化决定了程序的流向。PC 的位数决定了单片机对程序存储器直接寻址的范围。在 MCS-51 单片机中，PC 是一个 16 位计数器，故对程序存储器

的寻址范围可达 64KB（即 216 = 65 536= 64KB）。

4．指令的执行过程

计算机执行一条指令的动作分成 3 个阶段：取指令、指令译码和执行指令。

取指令是按 PC 指向的地址从存储器中取出指令的第一个字节，然后自动将 PC 加 1 指向下 一个存储单元。如果指令是多字节指令，则取指令再取出指令的第二个字节，并把 PC 再加 1，按此方法直到取出一条完整指令并存入指令寄存器。此时，PC 已指向下一条指令的首地址。

指令译码是对指令寄存器中的指令进行分析，若指令要求获得操作数，则自动提取操作数地址。

执行指令是按操作数的地址获得操作数，并执行指令规定的操作，然后根据指令的要求保存操作结果。

就这样，周而复始地执行上述 3 个阶段操作，直至遇到停止指令结束。

5．程序的执行过程

计算机的取指令是按 PC 中的地址来读取指令的。 因此，程序的执行线路实际上是由 PC 来决定的，更改了 PC 中的内容就会改变程序的流向。也就是说，PC 是计算机执行程序的 "引路人"，又称程序指针。

把程序的机器码存入程序存储器中，程序的执行过程如下。

在开机时，PC 指向 0000H 存储单元。然后单片机在时序电路作用下自动进入执行程序过程。执行过程实际上就是单片机取指令（取出存储器中事先存放的指令阶段）和执行指令（分析执行指令阶段）的循环过程。

为了便于说明，现在假设程序已经执行到 0030H 存储单元，即 PC 指向 0030H 存储单元。在 0030H 存储单元中已存放 74H，0031H 存储单元中已存放 A0H。该指令的功能是把操作数 A0H 送入累加器 A 中。这条指令的执行过程如下。

（1）将 PC 指向的地址送地址寄存器，然后 PC 自动加 1，即 PC 指向的地址是 0031H。

（2）地址寄存器中的地址经地址总线选通 0030H 存储单元。

（3）CPU 控制器发出读信号，将 0030H 存储单元中的数据 74H 经数据总线传送到数据寄存器。由于该数据是指令中的操作码，因此由数据寄存器再传送到指令寄存器。

（4）指令译码对指令寄存器中的指令进行分析，由控制器发出指令所规定的控制信号。

（5）根据控制信号的指示，确认本指令还需要操作数，因此单片机又把 PC 指向的地址 0031H 送入地址寄存器，然后 PC 自动加 1 而指向 0032H 存储单元。

（6）地址寄存器中的地址 0031H 通过地址总线选通 0031H 存储单元，并发出读信号指令，将该存储单元中的数据 A0H 读入数据寄存器。

（7）因为 A0H 为操作数，所以按照指令的规定，该数据被送入累加器 A，而不是进入指令寄存器。

至此，一条指令执行结束。PC 在 CPU 每次向存储器取指令或取数据时都自动加 1，单片机进入下一个取指令阶段。这一过程一直重复下去，直到收到暂停指令或循环等待指令才暂停。CPU 就是这样一条一条执行指令，完成程序所规定的功能，这就是单片机的基本工作原理。

2.2.3　专用寄存器

专用寄存器又称特殊功能寄存器，主要用来指示当前要执行指令的内存地址、存放操作数和指示指令执行后的状态等，是任何一台计算机的 CPU 不可缺少的组成部件。专用寄存器的数目因机器型号的不同而异。专用寄存器主要包括程序计数器（PC）、累加器 A、程序状态字、堆栈指示器、数据指针和 B 寄存器等。

1．累加器 A

累加器 A 是一个具有特殊用途的二进制 8 位寄存器，专门用来存放操作数或运算结果。在 CPU 执行某种运算前，两个操作数中的一个通常应放在累加器 A 中，运算完成后在累加器 A 中便可得到运算结果。例如，在如下的加法程序中：

```
MOV    A, #03H    ;  A ← 3
ADD    A, #05H    ;  A ← A+05H
```

第一条指令是把加数 3 预先送入累加器 A，为第二条指令的执行做好准备。在第二条指令执行前，累加器 A 中存放的是加数 3；在第二条指令执行后，累加器 A 存放的是两数之和 8。

2．B 寄存器

B 寄存器是专门为乘法或除法运算设置的寄存器，也是一个二进制 8 位寄存器，由 8 个触发器组成。B 寄存器在乘法或除法运算前，用来存放乘数或除数。在乘法或除法运算完成后，用于存放乘积的高 8 位或除法的余数。以乘法运算为例加以说明：

```
MOV  A, #05H    ;  A ← 5
MOV  B, #03H    ;  B ← 3
MUL  AB         ;  AB ← A×B=5×3
```

上述程序中，前面两条指令是传送指令，是进行乘法运算前的准备指令。因此，在乘法指令执行前，累加器 A 和 B 寄存器中分别存放了两个乘数；在乘法指令执行完后，积的高 8 位自动在 B 寄存器中形成，积的低 8 位自动在累加器 A 中形成。

3．程序状态字

程序状态字（Program Status Word，PSW）是一个 8 位标志寄存器，用来存放指令执行后的有关状态。PSW 中各位代表的状态通常是在指令执行过程中自动形成的，但也可以由用户根据需要采用传送指令加以改变。程序状态字各位的含义如图 2-4 所示。

D7	D6	D5	D4	D3	D2	D1	D0
C	AC	F0	RS1	RS0	OV	X	P

图 2-4　程序状态字各位的含义

（1）进位标志 C（PSW.7）。在执行某些算术操作类、逻辑操作类指令时，C 可被硬件或软件置位或清零。例如，在 8 位加法运算时，若运算结果的最高位 D7 有进位，则 C=1，否则 C=0；在 8 位减法运算时，若被减数的最高位 D7 有借位，则 C=1，否则 C=0。半数以上的位操作类指令都与 C 有关。可见，在位处理时，C 起着"位累加器"的作用。

（2）辅助进位标志 AC（PSW.6）。在 8 位加法运算时，如果运算结果低半字节的最高位

D3 有进位，则 AC=1，否则 AC=0；在 8 位减法运算时，如果被减数 D7 有借位，则 AC=1，否则 AC=0。

（3）软件标志 F0（PSW.5）。F0 是用户定义的一个状态标志，可通过软件被置位、清零。

（4）工作寄存器组选择位。RS1、RS0（PSW.4、PSW.3）可通过软件被置位或清零，以选定 4 个工作寄存器组中的一组投入工作。

（5）溢出标志 OV（PSW.2）。在进行有符号数加法、减法时，OV 通过硬件被置位或清除，以指示运算结果是否溢出。OV=1 反映运算结果已超出了累加器 A 以补码形式表示一个有符号数的范围（-128～+127）。在做加法时，如果最高、次高位中有一位有进位，或做减法时，最高、次高位中有一位有借位，则 OV 将被置位。当执行乘法指令（MUL AB）和除法指令（DIV AB）时，也会影响 OV。

（6）奇偶标志 P（PSW.0）。每执行一条指令，单片机都能根据累加器 A 中 1 的个数的奇偶自动令 P 置位或清零。当累加器 A 中 1 的个数为奇数时，P=1；当累加器 A 中 1 的个数为偶数时，P=0。MCS-51 单片机所采用的这种校验方式称为偶校验。P 对串行通信的数据传输非常有用，通过奇偶校验可检验传输的可靠性。

【例 2.1】　试分析执行指令

```
MOV   A, #6EH
ADD   A, #56H
```

后，A、C、AC、OV、P 的内容是什么？

　　解：上述加法指令执行时的算术式为

$$
\begin{array}{r}
0110\ 1110 \quad (6EH) \\
+\ \ 0101\ 0110 \quad (56H) \\
\hline
1100\ 0100 \quad (C4H)
\end{array}
$$

其和 C4H 又送回累加器 A，故(A)=C4H；由相加过程可知，C=0、AC=1；次高位有进位、最高位无进位，OV=1（和大于 128）；执行第一条指令后 P=1，执行第二条指令后 P=0。

　　注意：对于同一条加法或减法指令，既可以被认为是有符号数运算又可以被认为是无符号数运算，只是观察的角度、判断的标准不同而已。C 一般用于无符号数运算的进、借位判断。对于有符号数，则使用 OV 判断其运算是否溢出。

4．堆栈指针

1）堆栈的概念

所谓堆栈，是指一个连续的数据存储区域。其操作原则为"先进后出"或"后进先出"。这里所说的进与出就是数据的入栈与出栈，即先入栈的数据由于存放在栈的底部，因此后出栈；而后入栈的数据存放在栈的顶部，因此先出栈。这和往枪械弹仓压入子弹及从弹仓里退出子弹的情形非常类似。

2）堆栈指针及其作用

堆栈有栈顶和栈底之分。栈底地址一旦被设定后则固定不变，它决定了堆栈在片内数据存储器中的物理位置。如前所述，堆栈共有两种操作：数据的进栈和出栈。无论是数据的进栈还是数据的出栈，都是对堆栈的栈顶单元进行操作的，即对栈顶单元的写和读操作。为了指示栈顶地址，要设置堆栈指针（Stack Pointer，SP），SP 的内容就是堆栈栈顶的存储单元地址。当堆栈中无数据时，栈顶地址和栈底地址重合。

由于 MCS-51 单片机的堆栈是设在片内数据存储器中的，因此堆栈指针是一个 8 位寄存器，即特殊功能寄存器中的 SP。SP 可指向片内数据存储器 00H～7FH 的任何存储单元。MCS-51 单片机的堆栈属于向上生长型的堆栈（每向堆栈压入 1 个字节数据时，SP 自动加 1）。在单片机复位后，SP 指向 07H 存储单元，使堆栈操作实际上要从 08H 存储单元开始进行，考虑到 08H～1FH 存储单元分别属于 1～3 工作寄存器组区，若在程序设计中要用到这些工作寄存器组区，则最好在主程序开始的位置就安排指令将 SP 设置为 30H 或更大的值，以避免堆栈区与工作寄存器组区或位寻址区发生冲突。

3）堆栈的功能

堆栈主要是为子程序调用和中断调用而设立的。堆栈的具体功能有两个：保护断点和保护现场。

（1）保护断点。因为无论是子程序调用操作还是中断程序调用操作，最终都要返回主程序。因此，应预先把主程序的断点在堆栈中保护起来。

（2）保护现场。在单片机执行子程序或中断程序时，很可能要用到单片机中的一些寄存器单元，这会破坏主程序运行时这些寄存器单元中的原有内容。所以在执行子程序或中断程序之前，要把单片机中有关寄存器单元的内容保存起来并送入堆栈，这就是所谓的"保护现场"。在子程序或中断程序的操作完成返回主程序之前，再把有关内容从堆栈取出并送回相关寄存器单元中，这就是所谓的"恢复现场"。

4）堆栈操作

堆栈操作有两种：一种是将数据压入堆栈，即数据的进栈；另一种是将数据弹出堆栈，即数据的出栈。当一个字节数据被压入堆栈以后，SP 自动加 1；当一个字节数据被弹出堆栈后，SP 自动减 1。例如，假设(SP) = 60H，当 CPU 执行一条子程序调用指令或响应中断程序后，PC 的内容（断点地址）被压入堆栈，PC 的低 8 位 PCL 的内容被压入 61H 单元，PC 的高 8 位 PCH 的内容被压入 62H，此时，(SP) = 62H。

5）堆栈的使用方式

堆栈的使用有两种方式。一种是自动方式，即在调用子程序或中断程序时，断点地址被自动压入堆栈。在程序返回时，断点地址再被自动弹出堆栈。这种堆栈操作无须用户额外采取措施，因此称为自动方式。另一种是指令方式，即使用专用的堆栈操作指令，执行数据的进/出栈操作，数据的进栈指令为 PUSH，数据的出栈指令为 POP。例如，保护现场就是一系列指令方式的数据的进栈操作；而恢复现场则是一系列指令方式的数据的出栈操作。其中，具体需要保护多少数据由用户决定。

5. 数据指针

数据指针（Data Pointer，简称 DPTR）是一个 16 位的寄存器，可以用来存放片内 ROM 的地址，也可以用来存放片外 RAM 和片外 ROM 的地址。DPTR 由两个 8 位寄存器 DPH 和 DPL 拼装而成，其中 DPH 为 DPTR 的高 8 位，DPL 为 DPTR 的低 8 位，因此 DPTR 既可以作为一个 16 位寄存器使用，也可以作为两个独立的 8 位寄存器 DPH 和 DPL 使用。

2.2.4　振荡器

MCS-51 单片机片内含有一个高增益的反相放大器，通过 XTAL1、XTAL2 引脚外接作

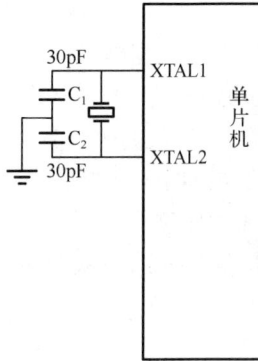

图 2-5　单片机外接晶体的接法

为反馈元件的晶体后便成为自激振荡器，如图 2-5 所示。

在图 2-5 中，晶体呈感性，与 C_1、C_2 构成并联谐振电路。振荡器的振荡频率主要取决于晶体；电容的值通常取 30pF 左右。电容的安装位置应尽量靠近单片机芯片。

MCS-51 单片机也可采用片外振荡器。

MCS-51 单片机的每个机器周期包括 6 个状态周期（用字母 S 表示）。每个状态周期划分为两个节拍，分别对应着两个节拍时钟的有效期间。因此，一个机器周期有 12 个振荡器周期，如图 2-6 所示。

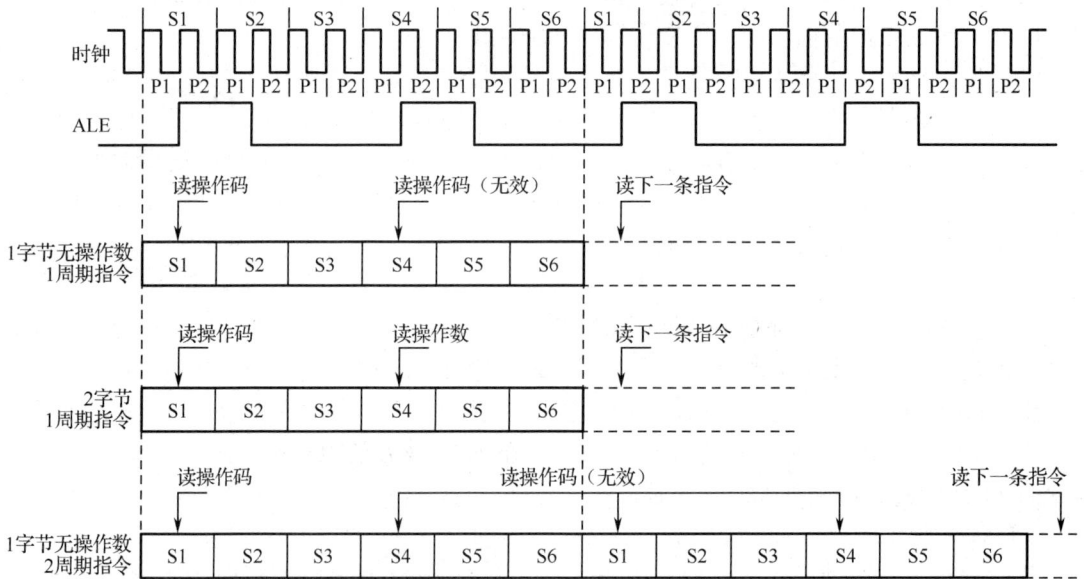

图 2-6　MCS-51 单片机的取指令操作时序图

2.3　单片机的引脚功能

学习 MCS-51 单片机，应首先了解其引脚，熟悉并牢记各引脚的功能。AT89S51 与 MCS-51 单片机中各种型号芯片的引脚是互相兼容的。目前 AT89S51 单片机多采用 40 个引脚的双列直插封装（Dual Inline-pin Package，DIP）方式，如图 2-7 所示。此外，还有 44 个引脚的 PLCC（Plastic Leaded Chip Carrier）和 TQFP（Thin Quad Flat Package）方式的芯片。

AT89S51 单片机的 40 个引脚按其功能可分为如下 3 类。

（1）电源及时钟引脚——VCC、VSS；XTAL1、XTAL2。

（2）控制引脚—— $\overline{\text{PSEN}}$ 、ALE/$\overline{\text{PROG}}$ 、$\overline{\text{EA}}$ /VPP、RST（RESET）。

（3）I/O 接口引脚——P0、P1、P2、P3，这 4 个接口共有 32 个引脚。

2.3.1　电源及时钟引脚

1．电源引脚

电源引脚接入单片机的工作电源。

（1）VCC 引脚：接+5V 电源。

（2）VSS 引脚：接数字地。

2．时钟引脚

（1）XTAL1 引脚：片内振荡器反相放大器
和时钟发生器电路的输入端。当使用片内振荡
器时，该引脚连接外部石英晶体和微调电容；
当采用外接时钟源时，该引脚接外部时钟振荡
器的信号。

（2）XTAL2 引脚：片内振荡器反相放大器
的输出端。当使用片内振荡器时，该引脚连接
外部石英晶体和微调电容；当采用外部时钟源
时，该引脚悬空。

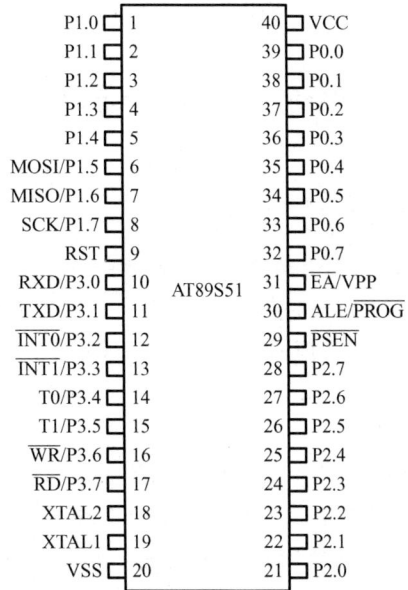

```
         ┌──────────────┐
   P1.0 ─┤1           40├─ VCC
   P1.1 ─┤2           39├─ P0.0
   P1.2 ─┤3           38├─ P0.1
   P1.3 ─┤4           37├─ P0.2
   P1.4 ─┤5           36├─ P0.3
MOSI/P1.5─┤6           35├─ P0.4
MISO/P1.6─┤7           34├─ P0.5
 SCK/P1.7─┤8           33├─ P0.6
    RST ─┤9           32├─ P0.7
 RXD/P3.0─┤10 AT89S51 31├─ EA/VPP
 TXD/P3.1─┤11          30├─ ALE/PROG
INT0/P3.2─┤12          29├─ PSEN
INT1/P3.3─┤13          28├─ P2.7
  T0/P3.4─┤14          27├─ P2.6
  T1/P3.5─┤15          26├─ P2.5
  WR/P3.6─┤16          25├─ P2.4
  RD/P3.7─┤17          24├─ P2.3
  XTAL2 ─┤18          23├─ P2.2
  XTAL1 ─┤19          22├─ P2.1
    VSS ─┤20          21├─ P2.0
         └──────────────┘
```

图 2-7　AT89S51 DIP 方式的引脚

2.3.2　控制引脚

控制引脚提供了控制信号。其中，有的引脚还具有复用功能。

（1）RST（RESET）引脚：复位信号输入端，高电平有效。在此引脚加上持续时间大于
2 个机器周期的高电平，就可以使单片机复位。在单片机正常工作时，此引脚应为小于或等
于 0.5V 的低电平。

当看门狗定时器溢出时，该引脚将输出长达 96 个时钟周期的电平。

（2）$\overline{EA}$ / VPP（External Access Enable/Voltage Pulse of Programing）引脚：$\overline{EA}$ 为该引脚
的第一功能，即片外程序存储器访问允许控制端。

当 $\overline{EA}$ 引脚接高电平时，在 PC 值不超出 0FFFH（4KB 片内程序存储器的地址范围）时，
单片机读片内程序存储器（4KB）中的程序；当 PC 值超出 0FFFH 时，单片机将自动转向读
取 60KB（1000H～FFFFH）片外程序存储器中的程序。

当 $\overline{EA}$ 引脚为低电平时，单片机只读取片外程序存储器中的内容，读取的地址范围为
0000H～FFFFH，4KB 片内程序存储器不起作用。

VPP 为该引脚的第二功能，即在对片内程序存储器进行编程时，通过 VPP 引脚接入编程
电压。

（3）ALE/$\overline{PROG}$（Address Latch Enable /Programming）引脚：ALE 引脚为 CPU 访问片
外程序存储器或片外数据存储器提供一个地址锁存信号，将低 8 位地址锁存在片外的地址锁
存器中。

此外，单片机在正常运行时，ALE 引脚一直有正脉冲信号输出，此正脉冲信号频率
为时钟频率的 1/6。该正脉冲信号可作为外部定时或触发信号使用，也可检验单片机是否
开始运行。

$\overline{\text{PROG}}$ 为该引脚的第二功能，即在对片内程序存储器编程时，此引脚作为编程脉冲输入端。

（4） $\overline{\text{PSEN}}$ （Program Strobe Enable）引脚：此引脚提供片外程序存储器的读选通信号，低电平有效。

2.3.3　并行 I/O 接口

接口是一个综合概念。在单片机中接口是集数据输入缓冲、数据输出驱动及锁存多项功能为一体的 I/O 电路，有时又称端口。并行 I/O 接口是单片机硬件结构中的一个重要部分，承担着与外界信息交换的任务，并具有第二功能。系统扩展、接口电路都必须通过 I/O 接口进行。8051 单片机共有 4 个双向的 8 位并行 I/O 接口，分别记作 P0、P1、P2、P3。

（1）4 个并行 I/O 接口均为准双向的输入/输出接口。

以 P1 接口的某个引脚（某位）为例，如图 2-8 所示，在 P1 接口作为输入接口时，如果锁存器原来寄存的数据 Q=0，那么在 $\overline{\text{Q}}$ =1 时 T 导通，P1.× 始终处于低电平。为此，在 P1 接口作为输入接口前，必须先用输出指令置 Q 为 1，使 T 截止。正因为如此，P1 接口称为准双向接口。

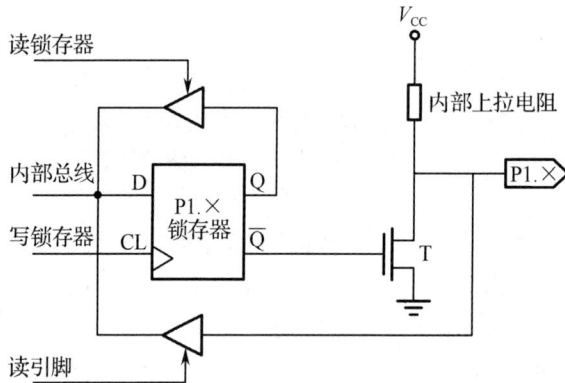

图 2-8　P1 接口的位结构

（2）P0 接口的输出驱动电路为漏极开路式的，一般要外接上拉电阻，其电阻值一般为 5～10kΩ。

（3）新型 MCS-51 单片机产品的 I/O 接口驱动能力有较大提高，如 Atmel 公司的 89C51、89C52 等产品。其接口输出电流达到 20mA，可以直接驱动 LED。但也一定要注意，若负载电流过大，必须设计驱动电路。

（4）P0 接口和 P2 接口还可用于扩展存储器。此时，P0 接口的 8 个引脚作为复用的地址总线和数据总线的低 8 位，地址信号通过 ALE 引脚信号被锁存；P2 接口的 8 个引脚作为地址总线的高 8 位总线。8031 单片机最小系统如图 2-9 所示。

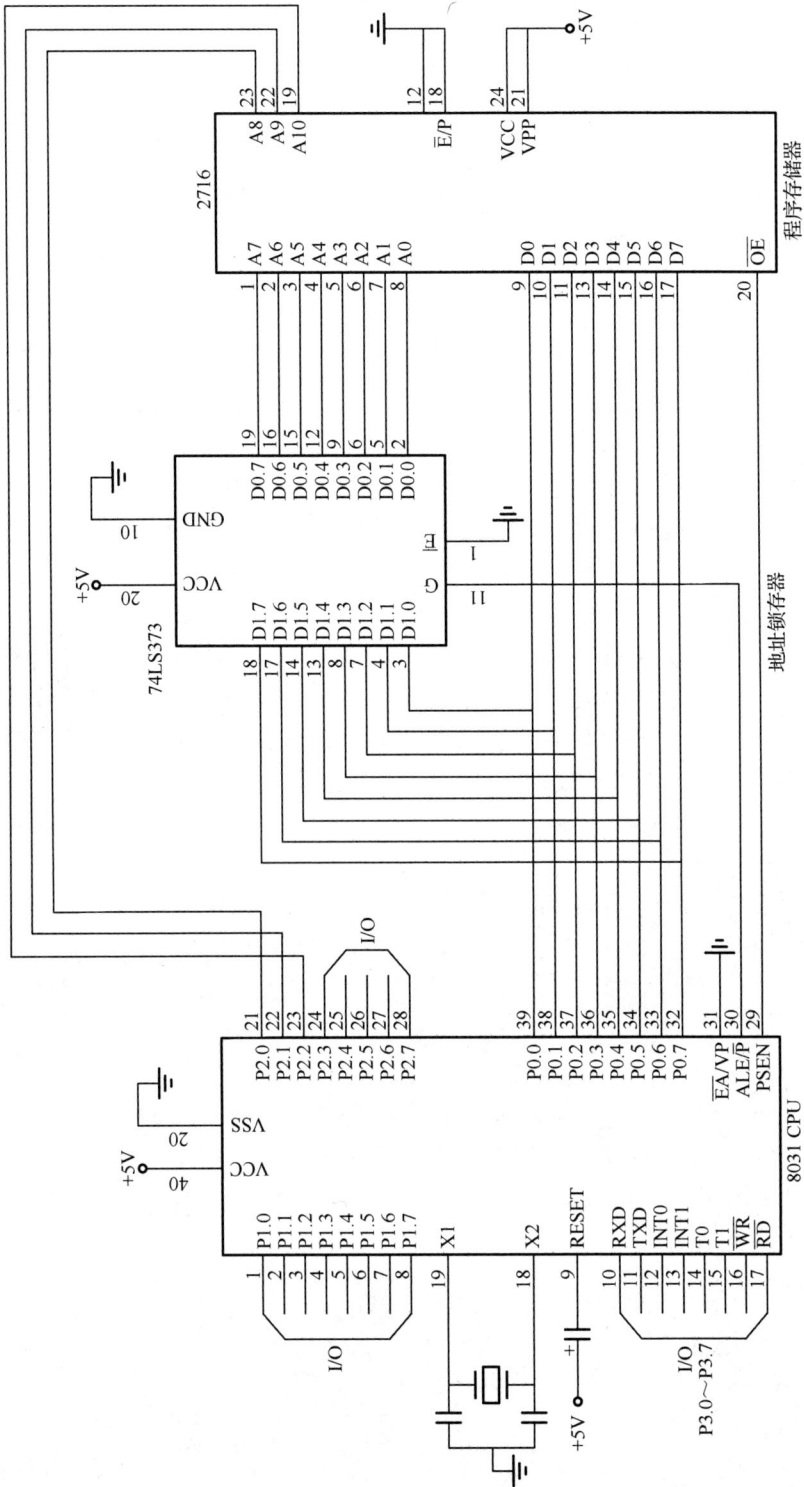

图2-9　8031单片机最小系统

（5）P3 接口可以作为准双向通用 I/O 接口，其每个引脚还具有第二种功能。P3 接口每个引脚的第二功能如表 2-1 所示。

表 2-1　P3 接口每个引脚的第二功能

引　脚	第 二 功 能	说　明
P3.0	RXD	串行数据输入接口
P3.1	TXD	串行数据输出接口
P3.2	$\overline{INT0}$	外部中断 0 输入接口
P3.3	$\overline{INT1}$	外部中断 1 输入接口
P3.4	T0	定时器 0 外部计数输入接口
P3.5	T1	定时器 1 外部计数输入接口
P3.6	$\overline{WR}$	外部数据存储器写选通输出接口
P3.7	$\overline{RD}$	外部数据存储器读选通输出接口

（6）并行 I/O 接口的应用。

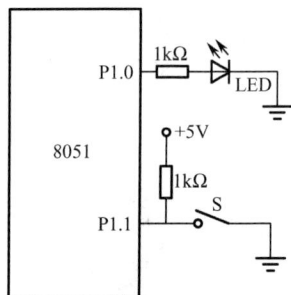

图 2-10　例 2.2 电路

【例 2.2】　设计一个电路，监视某开关（S），用发光二极管（LED）显示开关状态，如图 2-10 所示。如果 S 闭合，则 LED 亮；如果 S 断开，则 LED 熄灭。

分析：开关 S 连接在 P1.1 接口上，LED 连接在 P1.0 接口上。当 S 断开时，P1.1 接口因上拉电阻处于高电平（+5V），对应数字量为 1；当 S 闭合时，P1.1 接口为低电平（0V），对应数字量为 0。这样，就可以用 JB 指令对接口状态进行检测。LED 只有处于正偏时才能发光，所以当 P1.0 接口输出 1 时，LED 处于正偏而发光；当 P1.0 接口输出 0 时，LED 的两端电压为 0 而熄灭。

汇编语言程序代码如下：

```
        CLR  P1.0        ;使 LED 熄灭
BEGIN:  SETB P1.1        ;先对 P1.1 接口写入 1，以便能正确写入 P1.1 接口数据
        JB   P1.1, LIG   ;如果 P1.1 接口为 1，则 S 断开，转 LIG
        SETB P1.0        ;S 闭合时，置位 P1.0 接口，LED 亮
        SJMP BEGIN       ;循环执行，方便反复调整开关状态，观察执行结果
LIG:    CLR  P1.0        ;S 断开时，P1.0 接口清零，LED 熄灭
        SJMP BEGIN       ;循环执行，方便反复调整开关状态，观察执行结果
```

【例 2.3】　如图 2-11 所示，P1.4～P1.7 接口连接 4 个 LED，P1.0～P1.3 接口连接 4 个开关，通过编程实现 P1 接口状态对 LED 的控制。

汇编语言程序代码如下：

```
        ORG   0000H
        MOV   P1, #0FFH   ;LED 全灭，对 P1 接口的低 4 位写入 1
ABC:    MOV   A, P1       ;读 P1 接口状态
        SWAP  A           ;P1 接口的低 4 位状态换到高 4 位状态
        ANL   A, #0F0H    ;保持 P1 接口的高 4 位状态不变
        MOV   P1, A       ;P1 接口输出信号驱动 4 个 LED
        ORL   P1, #0FH    ;保持 P1 接口的高 4 位状态不变，对 P1 接口的低 4 位置 1
        SJMP  ABC         ;循环执行状态
```

C 语言程序代码如下：

```
sfr P1=0x90;
main ()
{
    P1=0xff;              /*将 P1 接口的低 4 位置 1 */
    while(1)
    {
        P1=P1<<4;          /*写入 P1 接口状态，左移 4 位，将其低 4 位的状态移至高 4 位后从 P1 接口
输出，以驱动 LED*/
        P1=P1|0x0f;        /*P1 接口的高 4 位状态不变，对 P1 接口的低 4 位*/
    }
}
```

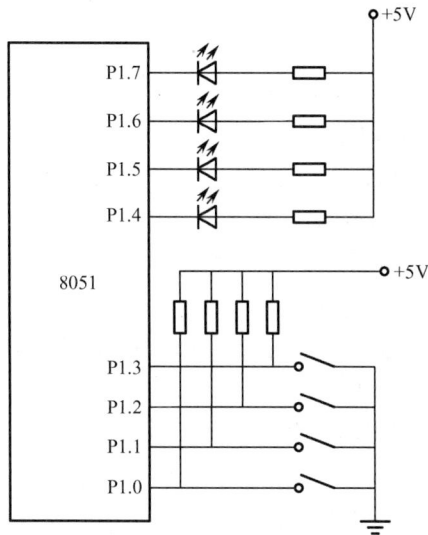

图 2-11　例 2-3 电路图

2.4　存储器

　　MCS-51 单片机的程序存储空间和数据存储空间是分离的，每种存储空间的寻址范围都是 64KB。上述存储空间在物理上可以被映射到 4 个区域：片内程序存储器和片外程序存储器，片内数据存储器和片外数据存储器。8051 单片机的存储器映射图如图 2-12 所示。当存储空间映射为片外存储器时，包括程序空间和数据空间，MCS-51 单片机的 P0 接口的 8 个引脚，从 P0.0（AD0）到 P0.7（AD7）（从 39 引脚到 32 引脚），以时分方式被用作数据总线和地址总线的低 8 位；P2 接口的 8 个引脚，从 P2.0（A8）到 P2.7（A15）（从 21 引脚到 28 引脚），被用作地址总线的高 8 位。由于对片外程序存储器和片外数据存储器的访问都是通过 P0 接口和 P2 接口实现的，为了区分它们，片外程序存储器由 $\overline{\text{PSEN}}$ 引脚（29 引脚）的输出信号控制；片外数据存储器的写或读操作分别由 P3.6 引脚（$\overline{\text{WR}}$ 引脚）和 P3.7 引脚（$\overline{\text{RD}}$ 引脚）输出信号来控制。

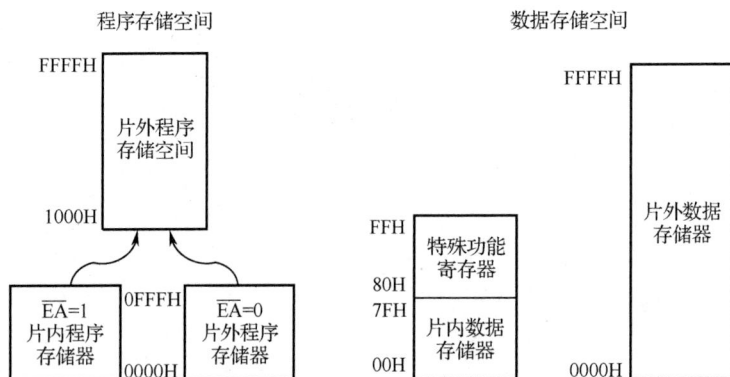

图 2-12　8051 单片机的存储器映射图

2.4.1　程序存储空间

程序存储空间可以被映射为片内程序存储器或片外程序存储器。8051 单片机内部具有的 4KB 程序存储器被映射到程序存储空间的 0000H～0FFFH 区间，如图 2-12 所示。这部分程序存储空间也可以被映射为片外程序存储器，具体被映射为哪一种程序存储器取决于 $\overline{EA}$ 引脚（31 引脚）的电平状态。当 $\overline{EA}$ 引脚为高电平，片内程序存储器被映射到这部分程序存储空间；当 $\overline{EA}$ 引脚为低电平，片外程序存储器被映射到这部分程序存储空间。高于 0FFFH 的程序存储空间只能被映射为片外程序存储器。

MCS-51 单片机的程序存储器有 7 个存储单元具有特定的功能。

0000H：系统复位后，（PC）=0000H，单片机从 0000H 单元开始执行程序，一般在该单元存放一条绝对跳转指令，转向用户设计的程序地址以执行程序。

0003H：外部中断 0 的入口地址。

000BH：定时器 0 的溢出中断入口地址。

0013H：外部中断 1 的入口地址。

001BH：定时器 1 的溢出中断入口地址。

0023H：串行接口中断入口地址。

002BH：定时器 2 溢出或 T2EX(P1.1)端负跳变时的入口地址（仅 8032/8052 单片机所特有）。

通常，在这些入口处放一条绝对跳转指令，使程序跳转到用户安排的中断程序起始地址，或者从 0000H 启动地址跳转到用户设计的初始程序入口地址。

目前，Atmel 公司生产的 8051 单片机兼容芯片具有多种容量的片内程序存储器的型号，例如 AT89S52 单片机具有 8KB 片内程序存储器；T89C51RD2 单片机具有 64KB 片内程序存储器。通常可以采用具有足够片内程序存储器容量的单片机芯片，用户在使用中无须再扩展片外程序存储器，这样在单片机应用电路中 $\overline{EA}$ 引脚（31 引脚）可以总接高电平。

2.4.2　数据存储空间

如图 2-12 所示，数据存储空间也可以映射为片内数据存储器和片外数据存储器。进入不同的数据存储器是通过不同的指令来实现的。数据存储器的这个特点与程序存储器的不一样。

8051 单片机的片内数据存储器有 256B，并分为两部分：高 128B 和低 128B。低 128B 的片内数据存储器，可以被用来写入或读出数据。这部分存储容量不是很大，但具有很大的作用。它可以分为 3 部分，如图 2-13 所示。

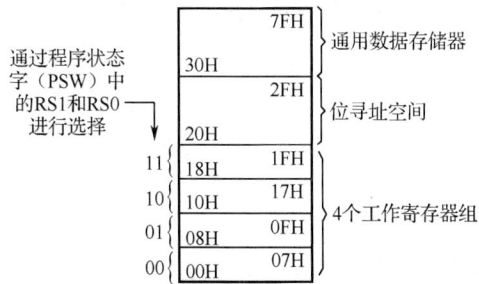

图 2-13 片内数据存储器低 128B

在片内数据存储器低 128B 中，地址从 00H～1FH 的 32 个字节组成 4 个工作寄存器组，每个工作寄存器组有 8 个工作寄存器。这 8 个工作寄存器即为 R0～R7。在一个具体时刻，CPU 只能使用其中的一个工作寄存器组。当前正在使用的工作寄存器组由位于高 128B 的程序状态字（PSW）中第 3 位（RS0）和第 4 位（RS1）的数据决定。程序状态字中的数据可以通过编程来改变，这种功能为保护工作寄存器的内容提供了很大的方便。如果用户程序中无须全部使用 4 个工作寄存器组，那么未使用的工作寄存器组所对应的片内数据存储器也可以作为通用数据存储器来使用。工作寄存器组的地址映射如表 2-2 所示。

表 2-2 工作寄存器组的地址映射

RS1	RS0	工作寄存器组	R0～R7 所占用的地址
0	0	0 组	00H～07H
0	1	1 组	08H～0FH
1	0	2 组	10H～17H
1	1	3 组	18H～1FH

在片内数据存储器的 20H～2FH 的 16 个字节范围内，既可以通过字节寻址的方式进入，也可以通过位寻址的方式进入，位地址范围从 00H 到 7FH。字节地址与位地址的关系如表 2-3 所示。

表 2-3 字节地址与位地址的关系

字 节 地 址	位 地 址							
	D7	D6	D5	D4	D3	D2	D1	D0
2FH	7F	7E	7D	7C	7B	7A	79	78
2EH	77	76	75	74	73	72	71	70
2DH	6F	6E	6D	6C	6B	6A	69	68
2CH	67	66	65	64	63	62	61	60
2BH	5F	5E	5D	5C	5B	5A	59	58
2AH	57	56	55	54	53	52	51	50
29H	4F	4E	4D	4C	4B	4A	49	48

字 节 地 址	位 地 址							
	D7	D6	D5	D4	D3	D2	D1	D0
28H	47	46	45	44	43	42	41	40
27H	3F	3E	3D	3C	3B	3A	39	38
26H	37	36	35	34	33	32	31	30
25H	2F	2E	2D	2C	2B	2A	29	28
24H	27	26	25	24	23	22	21	20
23H	1F	1E	1D	1C	1B	1A	19	18
22H	17	16	15	14	13	12	11	10
21H	0F	0E	0D	0C	0B	0A	09	08
20H	07	06	05	04	03	02	01	00

片内数据存储器地址从 30H～7FH 部分仅可以用作通用数据存储器。

片内数据存储器的高 128B 称为特殊功能寄存器（Special Function Register，SFR）区。特殊功能寄存器可作为 CPU 和芯片外围器件之间的接口。特殊功能寄存器（SFR）工作框图如图 2-14 所示。

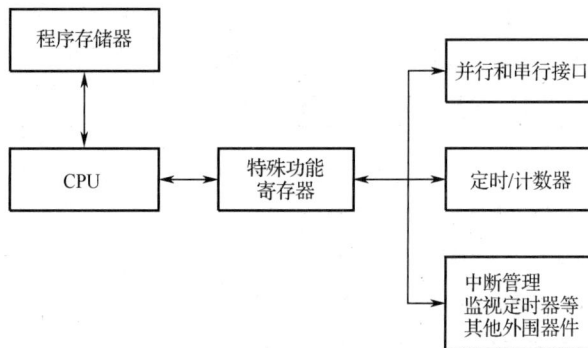

图 2-14　特殊功能寄存器（SFR）工作框图

CPU 通过向相应的特殊功能寄存器写入数据以控制对应的芯片外围器件的工作，从相应的特殊功能寄存器读出数据以读取对应的芯片外围器件的工作结果。

在 8051 单片机中，包括前面提到的程序状态字（PSW）的特殊功能寄存器共有 21 个，它们离散地分布在 80H～FFH 的片内数据存储器地址空间范围内。AT89S51 单片机特殊功能寄存器的地址映射如表 2-4 所示。

表 2-4　AT89S51 单片机特殊功能寄存器的地址映射

D7	D6	D5	D4	D3	D2	D1	D0	字节地址	SFR
P0.7	P0.6	P0.5	P0.4	P0.3	P0.2	P0.1	P0.0	80	P0
87	86	85	84	83	82	81	80		
—	—	—	—	—	—	—	—	81	SP
—	—	—	—	—	—	—	—	82	DPL

续表

D7	D6	D5	D4	D3	D2	D1	D0	字节地址	SFR
—	—	—	—	—	—	—	—	83	DPH
—	—	—	—	—	—	—	—	87	PCON
TF1	TR1	TF0	TR0	IE1	IT1	IE0	IT0	88	TCON
8F	8E	8D	8C	8B	8A	89	88		
—	—	—	—	—	—	—	—	89	TMOD
—	—	—	—	—	—	—	—	8A	TL0
—	—	—	—	—	—	—	—	8B	TL1
—	—	—	—	—	—	—	—	8C	TH0
—	—	—	—	—	—	—	—	8D	TH1
P1.7	P1.6	P1.5	P1.4	P1.3	P1.2	P1.1	P1.0	90	P1
97	96	95	94	93	92	92	90		
SM0	SM1	SM2	REN	TB8	RB8	T1	R1	98	SCON
9F	9E	9D	9C	9B	9A	99	98		
—	—	—	—	—	—	—	—	99	SBUF
P2.7	P2.6	P2.5	P2.4	P2.3	P2.2	P2.1	P2.0	A0	P2
A7	A6	A5	A4	A3	A2	A1	A0		
EA	—	—	ES	ET1	EX1	ET0	EX0	A8	IE
AF	—	—	AC	AB	AA	A9	A8		
P3.7	P3.6	P3.5	P3.4	P3.3	P3.2	P3.1	P3.0	B0	P3
B7	B6	B5	B4	B3	B2	B1	B0		
—	—	—	PS	PT1	PX1	PT0	PX0	B8	IP
—	—	—	BC	BB	BA	B9	B8		
CY	AC	F0	RS1	RS0	0V	—	P	D0	PSW
D7	D6	D5	D4	D3	D2	D1	D0		
E7	E6	E5	E4	E3	E2	E1	E0	E0	A
F7	F6	F5	F4	F3	F2	F1	F0	F0	B

在表 2-4 中，没有定义的存储单元是不能被用户使用的。如果向这些存储单元写入数据将产生不确定的效果，从这些存储单元读取数据将得到一个随机数。

对于低位字节地址为 8H 或 0H 的特殊功能寄存器，既可以对其进行字节操作，也可以对其进行位操作。例如，用来确定当前工作寄存器组的程序状态字（PSW）的地址为 D0H，因此可以对它进行字节操作，也可以对它进行位操作。采用位操作可以直接控制程序状态字中的第 3 位（RS0）或第 4 位（RS1）数据而不影响其他位的数据。对于低位字节地址不为 8H 或 0H 的特殊功能寄存器，只可以对其进行字节操作。当要修改这些特殊功能寄存器中的某些位的地址时，应注意对其他位的地址进行保护。

片外数据存储空间可以被映射为数据存储器、扩展的 I/O 接口、A/D 转换器和 D/A 转换器等。这些外围器件统一编址。所有外围器件的地址都占用数据存储空间的地址资源。因此，在 CPU 与外围器件进行数据交换时，可以使用与访问片外数据存储器相同的指令。CPU 通过向相应的片外数据存储器地址单元写入数据实现控制对应的外围器件的工作，通过从相应的片外数据存储器地址单元读出数据实现读取对应的外围器件的工作结果。

2.5 MCS-51 单片机的工作方式

2.5.1 复位方式

复位是单片机的初始化操作。其目的是使 CPU 及各寄存器处于一个确定的初始状态。8051 单片机内部各寄存器的复位值如表 2-5 所示。其中，除了 P 接口锁存器、堆栈指针（SP）和串行数据缓冲器（Serial Data Buffer，简称 SBUF）外的所有寄存器都被写入 0。P 接口被初始化为 FFH，SP 被初始化为 07H，SBUF 的初始化值（复位值）不确定。片内数据存储器的内容不受复位影响，但在单片机接通电源时，片内数据存储器的内容不确定。

表 2-5　8051 单片机内部各寄存器的复位值

寄 存 器	复 位 值	寄 存 器	复 位 值
PC	0000H	TMOD	00H
ACC	00H	TCON	00H
B	00H	TH0	00H
PSW	00H	TL0	00H
SP	07H	TH1	00H
DPTR	0000H	TL1	00H
P0～P3	FFH	SCON	00H
IP	XXX00000B	PCON(HMOS)	0XXXXXXXB
IE	0XX00000B	PCON(CHMOS)	0XXX0000B
—	—	SBUF	不确定

在单片机复位后，PC 指向程序存储器 0000H 存储单元，使 CPU 从首地址 0000H 存储单元开始重新执行程序。所以，单片机系统在运行出错或进入死循环时，可通过按复位键被重新启动。欲使单片机进入复位状态，必须在 RST 引脚保持两个机器周期（24 个时钟周期）以上的高电平。

常见的复位电路有手动复位电路和自动复位电路，如图 2-15 和图 2-16 所示。手动复位是利用 RC 电路充电来实现的。参数选取应保证复位高电平持续时间大于两个机器周期。

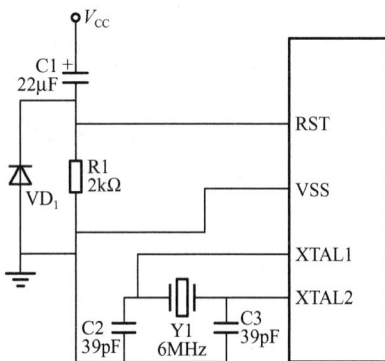

图 2-15　手动复位电路　　　　图 2-16　自动复位电路

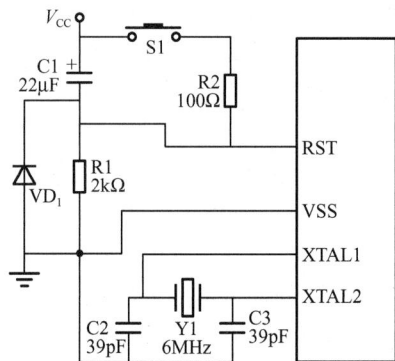

2.5.2　程序执行方式

程序执行方式是单片机的基本工作方式。由于复位后(PC)=0000H，因此程序的执行应该从 0000H 存储单元开始。但是，一般并不是从 0000H 存储单元开始存放程序的。MCS-51 单片机系统规定从 0003H 开始的若干个存储单元为中断程序的入口地址。通常在 0000H 开始的 3 个存储单元中存放一条无条件转移指令，以便跳转到实际程序的入口地址去执行。

2.5.3　低功耗方式

MCS-51 单片机有两种低功耗方式：待机方式和掉电保护方式。待机方式和掉电保护方式是由功率控制寄存器（Power Control Register，简称 PCON）的有关控制位控制的。PCON 的格式如下：

	D7	D6	D5	D4	D3	D2	D1	D0
PCON	SMOD	—	—	—	GF1	GF0	PD	IDL

> SMOD：波特率倍增位，在串行接口的 1、2、3 工作方式下，当 SMOD=1 时，波特率倍增。
> D6～D4：保留位。
> GF1 和 GF2：通用标志位，可由软件置位或清零。
> PD：掉电方式控制位，当 PD=1 时进入掉电方式。
> IDL：待机方式控制位，当 IDL=1 时进入待机方式。如果 PD 和 IDL 同时等于 1，则先进入掉电方式。PCON 在复位时其有定义的位都被清零。

1. 待机方式

当通过指令使 IDL=1，单片机进入待机方式。此时，振荡器仍运行，向中断逻辑、串行接口和定时/计数器提供时钟，但向 CPU 提供时钟的电路被阻断，从而 CPU 停止工作。中断功能继续存在，特殊功能寄存器保持原状态不变。

当单片机进入待机方式时，使用中断的方法可使单片机退出该方式。

2. 掉电保护方式

当单片机检测电源故障时，通过电源故障中断程序进入信息保护程序，将有关数据保护到单片机的片内数据存储器中。同时，在保护程序中使 PD=1，进入掉电保护方式。当单片机进入掉电保护方式时，要在 RST 引脚上加上掉电保护电源。

当单片机的电源恢复正常后，只要硬件复位信号维持一定时间即可退出掉电保护方式。

习　题

1. MCS-51 单片机的存储器从物理结构上和逻辑上分别可划分几个空间？
2. 程序存储器中有几个特殊功能单元?它们的作用是什么?
3. 在单片机开机复位后，CPU 使用的是哪个工作寄存器组?它们的地址是什么?CPU 如何确定和改变当前工作寄存器组?

4. 为什么 MCS-51 单片机的程序存储器和数据存储器共处同一个地址空间而不会发生总线冲突?

5. 程序状态字（PSW）的作用是什么?其常用状态有哪些位?这些位的作用是什么?

6. 说出 8051 单片机中下列引脚的功能：$\overline{EA}$ 、$\overline{PSEN}$ 、ALE、$\overline{RD}$ 、$\overline{WR}$ 。

7. 对于 8031 单片机而言，当系统振荡频率为 12MHz 时，一个机器周期为多长时间?

8. MCS-51 单片机指令周期包含几个机器周期?一个机器周期分成几个状态、几个振荡周期?若系统振荡频率为 6MHz，执行一条单机器周期指令需要多长时间?若系统振荡频率为 8MHz，执行一条双机器周期指令需要多长时间?

9. 决定程序执行顺序的寄存器是哪个?它的作用是什么?它是几位寄存器?它是不是特殊功能寄存器?

第3章　单片机的指令系统

指令是一种规定中央处理器执行某种特定操作的命令。通常，一条指令对应一种基本操作，如 MOV 指令对应数据传送操作、ADD 指令对应数据加法操作等。一台计算机的 CPU 所能执行的全部指令的集合称为这个 CPU 的指令系统。

MCS-51 单片机的指令系统由 111 条指令组成。这些指令按其所占程序存储器的字节来分，可分为以下 3 种。

（1）单字节指令（49 条）。

（2）双字节指令（45 条）。

（3）三字节指令（17 条）。

这些指令按其执行时间来分，可分为以下 3 种。

（1）1 个机器周期（12 个时钟周期）的指令（64 条）。

（2）2 个机器周期（24 个时钟周期）的指令（45 条）。

（3）只有乘、除两条指令的执行时间为 4 个机器周期（48 个时钟周期）。

MCS-51 单片机的一大特点是在硬件结构中有一个位处理机。对应这个位处理机，在指令系统中设计了一个处理位变量的指令子集。这个指令子集在程序设计中十分便于进行位变量的处理。

3.1　汇编指令的格式

汇编指令（符号指令）就是指令的助记符，是一种帮助计算机程序员记忆的符号。汇编指令由标号、助记符、操作数、注解 4 部分组成，格式如下。

标号：　助记符　　操作数 ；注解

例如：

LOOP：MOV　A, #03H　　；一条汇编指令

该指令中各项含义说明如下。

（1）标号用于表示指令地址，由字母与数字组成。例如，LOOP 为标号，表示 MOV 指令的地址。标号与助记符必须用冒号“：”分开。在汇编指令中，标号不是必需的，可根据需要对其进行设置。

（2）助记符用于说明指令将进行何种操作，又称操作符。例如，MOV 为助记符，MOV 表示进行传送操作，传送内容及地址由操作数给出。助记符与操作数用空格隔开。

（3）操作数通常的格式：

目的操作数, 源操作数

目的操作数提供接收数据的存储单元地址。源操作数提供发送数据的存储单元地址。例

如，接收数据的目的操作数为累加器 A，而发送数据的源操作数为立即数 03H。但必须注意，操作数可能有 2 个或 3 个，也可能只有 1 个或 1 个也没有。

（4）注解是对指令操作的说明，汇编时被忽略。书写注解的主要目的是便于阅读程序。因此，注解可有可无。注解与操作数之间用分号 ";" 作为分隔符。

在汇编指令中，最复杂的是操作数。操作数既可以是立即数或寄存器 R0～R7，也可以是地址为 00H～FFH 的存储单元，还可以是位地址区的一位二进制数。要想正确地使用汇编指令编写程序，必须掌握操作数的寻址方式。

3.2　寻址方式

指令执行中所需的操作数可以在片内数据存储器、寄存器、I/O 接口中，而访问这些操作数的方法称为寻址方式。显然，寻址方式越丰富，CPU 指令功能越强，灵活性越大，但结构将越复杂。

单片机中采用了 7 种寻址方式。

1．立即寻址

对于立即寻址，助记符后面跟的操作数是一个具体数字，而且这个数可以立即被获得。我们将这个数称为立即数，利用立即数的寻址方式称为立即寻址，例如：

MUV　　A, #44H　　　　　（对应机器码为 74 44）

这个指令表示将 44H 这个数送给累加器 A，在 44H 前面加#号就表示它是一个立即数。立即寻址如图 3-1 所示。

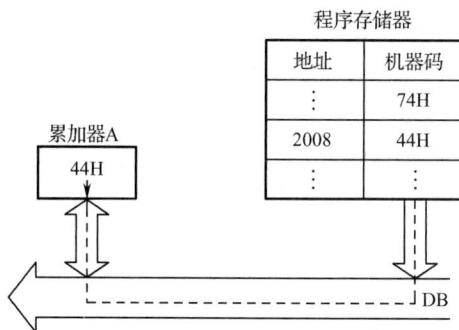

图 3-1　立即寻址

2．直接寻址

对于直接寻址，操作数不是一个立即数，而是一个地址，指令所需的操作数从该地址存储单元中获得，如图 3-2 所示。由于这个地址被直接注明在指令中，所以将这种寻址方式称为直接寻址。

如果指令中的数前加#号，则该数为立即数，如果指令中的数前不加#号，则该数为地址。例如，在地址 44H 的存储单元中存有数 08H，当执行指令 "MOV　A, 44H" 时，送给累加器 A 的不是 44H 而是 08H。

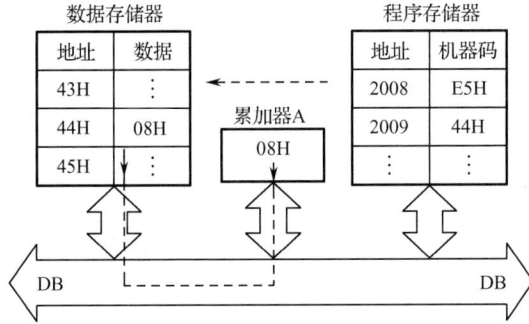

图 3-2　直接寻址

3. 寄存器寻址

对于寄存器寻址，操作数不是立即数，也不是地址，而是一个寄存器名称，如图 3-3 所示。

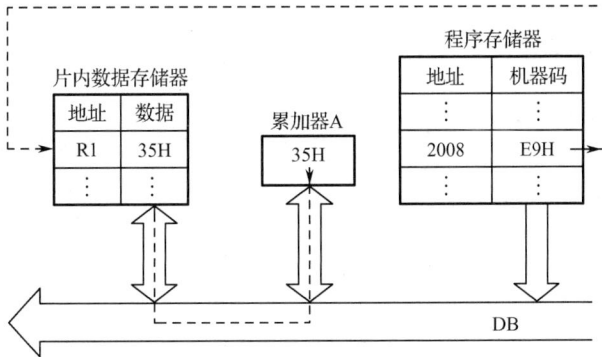

图 3-3　寄存器寻址

寄存器寻址实际上也是一种直接寻址，因为寄存器名称与其地址一一对应。例如，当 RS1=RS0=0 时，"MOV　A,R1" 和 "MOV　A,01H" 两条指令的作用完全一样，R1 地址就等于 01H。又如，B 寄存器的具体地址为 0F0H，所以 "MOV　A,B" 和 "MOV　A,0F0H" 两条指令的作用完全一样。

4. 寄存器间接寻址

寄存器间接寻址是指指令所需的操作数，其地址不标明在指令中，而要从指令所标明的寄存器中去找该操作数地址，如图 3-4 所示。

以 "MOV　A,@R0" 为例，该操作数间接寻址的第一步是找出 R0 的内容。设 R0 的内容为 44H，表示操作数的存储单元地址为 44H。第二步是从地址为 44H 的存储单元中找出所存的内容。设 44H 单元的内容为 07H，07H 就是所要传送的操作数。第三步才是把 07H 传送给累加器 A。

5. 变址间接寻址

这种寻址方式是将基地址（包括 PC 或 DPTR）加上变地址（只能是累加器 A），并以此为地址，从该地址的存储单元中取数，如图 3-5 所示。变址间接寻址指令形式为

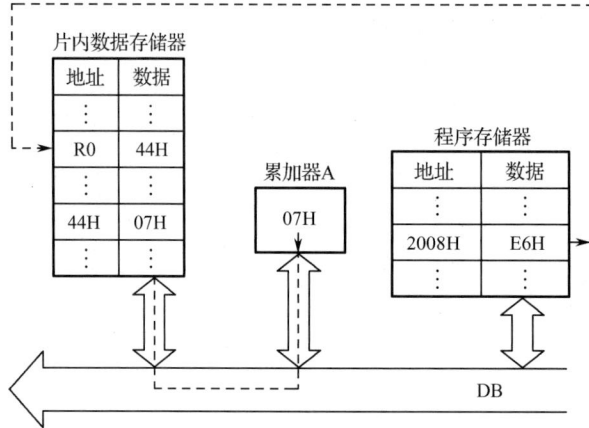

图 3-4　寄存器间接寻址

| MOVC | A, @A+DPTR |
| MOVC | A, @A+PC |

这里应注意，DPTR 和 PC 的内容都是 16 位数，而累加器 A 必须是无符号的 8 位数，在相加时，以累加器 A 的内容作为低位字节，高位字节补 0，再与 DPTR 或 PC 的内容相加。

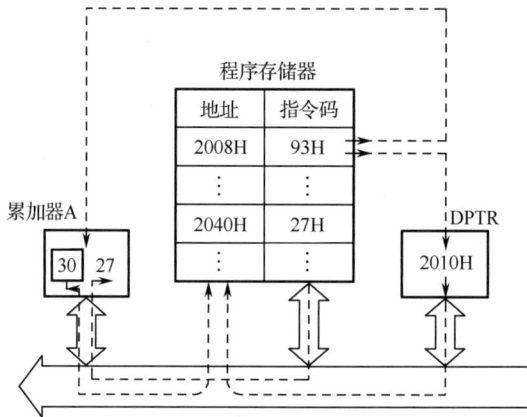

图 3-5　变址间接寻址

6．相对寻址

相对寻址只限于转移类指令使用，它以 PC 当前值为基地址，加上指令中给出的偏移量作为转移地址，指令中的偏移量必须是带符号的 8 位补码。

7．位寻址

位寻址是指对片内数据存储器的位寻址区（字节地址 20H～2FH）和可以位寻址的专用寄存器进行位操作时的寻址方式。在进行位操作时，借助进位标志位 C 作为位累加器。操作数直接给出该位的地址，然后根据操作码的功能对其进行位操作。位寻址的位地址与直接寻址的字节地址形式完全一样，主要由对应的操作数的位数来区分，使用时应加以注意。

例如：MOV　20H, C　　　;20H 是位寻址的位地址（C 是位累加器）
　　　　MOV　A, 20H　　　;20H 是直接寻址的字节地址（A 是字节累加器）

7 种寻址方式可寻址的存储空间如表 3-1 所示。

表 3-1 7 种寻址方式可寻址的存储空间

寻 址 方 式	可寻址的存储空间
立即寻址	程序存储器，数据存储器
直接寻址	片内数据存储器低 128B，专用寄存器 SFR 和片内数据存储器可位寻址的 20H～2FH 存储单元
寄存器寻址	工作寄存器 R0～R7、A、B、C、DPTR
寄存器间接寻址	片内数据存储器低 128B；52 子系列单片机、89 系列单片机增加的 128B 数据存储器区；片外 RAM
变址间接寻址	程序存储器
相对寻址	程序存储器 256B
位寻址	片内数据存储器的 20H～2FH 存储单元中的所有位和部分特殊功能寄存器 SFR 的位

3.3 指令系统

MCS-51 单片机指令系统有 42 种助记符，代表了 33 种操作功能，这是因为有的功能可以有几种助记符，如数据传送的助记符有 MOV、MOVC、MOVX。助记符与操作数以各种可能的寻址方式相结合，共构成 111 种指令。这 111 种指令中，如果按字节分类，单字节指令有 49 条，双字节指令有 45 条，三字节指令有 17 条。若从指令执行的时间看，单机器周期（12 个时钟周期）指令有 64 条，双机器周期指令有 45 条，4 机器周期指令有 2 条（乘、除）。在 12MHz 晶振的条件下，单机器周期指令、双机器周期指令、4 机器周期指令的执行时间分别为 1μs、2μs 和 4μs。由此可见，MCS-51 单片机指令系统具有存储空间效率高和执行速度快的特点。

按指令的功能，MCS-51 单片机指令可分为下列 5 类。

（1）数据传送类。

（2）算术运算类。

（3）逻辑操作类。

（4）位操作类。

（5）控制转移类。

在分类介绍这 5 类指令之前，先把描述指令的一些符号加以简单说明。

● Rn：现行选定的寄存器区中的 8 个寄存器 R7～R0。

● direct：8 位片内数据存储单元地址。它可以是一个片内数据存储单元（0～127）或一个特殊功能寄存器地址，即 I/O 接口、控制寄存器、程序状态字等（128～255）。

● @Ri：通过寄存器 R1 或 R0 间接寻址的 8 位片内数据存储单元（0～255）。

● #data：指令中的 8 位立即数。

● #data$_{16}$：指令中的 16 位立即数。

- addr$_{16}$：16 位目标地址，用于 LCALL 和 LJMP 指令，可指向 64KB 程序存储器地址空间的任何地方。
- addr$_{11}$：11 位目标地址，用于 ACALL 和 AJMP 指令，转向至下一条指令第一字节所在的同一个 2KB 程序存储器地址空间内。
- rel：带符号（2 的补码）的 8 位偏移量字节，用于 SJMP 和所有条件转移指令中。偏移字节是相对于下一条指令的第一字节计算的，在-128～+127 范围内取值。
- bit：片内数据存储器或特殊功能寄存器里的直接寻址位。
- DPTR：数据指针，可用作 16 位地址寄存器。
- A：累加器 A。
- B：B 寄存器，用于乘（MUL）和除（DIV）指令中。
- C：进位标志位。
- /bit：表示对该位操作数取反。
- (X)：X 中的内容。
- ((X))：由 X 所指出的存储单元中的内容。

3.3.1　数据传送类指令

数据传送类指令的一般操作是把源操作数传送到指令所指定的目标地址，指令执行后，源操作数不变，目的操作数被源操作数所代替。数据传送类指令是一种最基本、最主要的操作，是编制程序时使用最频繁的一类指令。数据传送的速度对整个程序的执行效率有很大的影响。在 MCS-51 单片机指令系统中，数据传送类指令非常灵活，可以把数据方便地传送到数据存储器和 I/O 接口中。

数据传送类指令用到的助记符有 MOV、MOVX、MOVC、XCH、XCHD、PUSH、POP。数据传送类指令源操作数和目的操作数的寻址方式及传送路径如图 3-6 所示。数据传送类指令如表 3-2 所示。

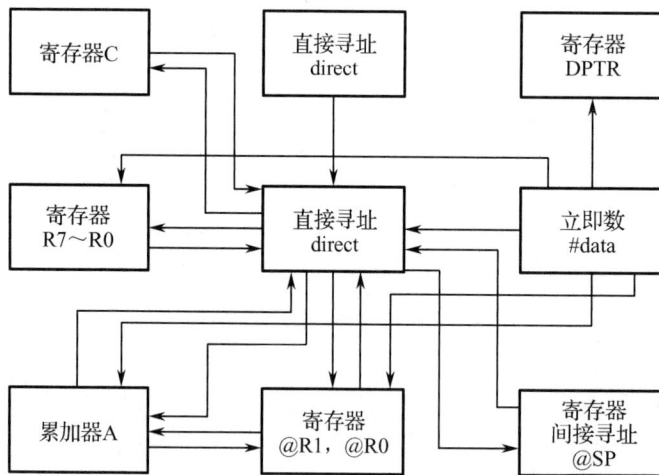

图 3-6　数据传送类指令源操作数和目的操作数的寻址方式及传送路径

表 3-2　数据传送类指令

助记符（包括寻址方式）	说　　　明	字　节　数	执行周期数（机器周期数）
MOV　A, Rn	A←Rn	1	1
MOV　A, direct	A←(direct)	2	1
MOV　A, @Ri	A←((Ri))	1	1
MOV　A, #data	A←#data	2	1
MOV　Rn, A	Rn←(A)	1	1
MOV　Rn, direct	Rn←(direct)	2	2
MOV　Rn, #data	Rn←#data	2	1
MOV　direct, A	direct←(A)	2	1
MOV　direct, Rn	direct←(Rn)	2	1
MOV　direct1, direct2	direct1←direct2	3	2
MOV　direct, @Ri	direct←((Ri))	2	2
MOV　direct, #data	direct←#data	3	2
MOV　@Ri, A	(Ri)←A	1	2
MOV　@Ri, direct	(Ri)←(direct)	2	1
MOV　@Ri, #data	(Ri)←#data	2	2
MOV　DPTR, #data$_{16}$	DPTR←#data$_{16}$	3	2
MOVC　A, @A+DPTR	A←((A)+(DPTR))	1	2
MOVC　A, @A+PC	A←((A)+(PC))	1	2
MOVX　A, @Ri	A←((Ri))	1	2
MOVX　A, @ DPTR	A←((DPTR))	1	2
MOVX　@Ri, A	(Ri)←A	1	2
MOVX　@DPTR, A	(DPTR)←A	1	2
PUSH　direct	SP←(SP)+1,(SP) ←(direct)	2	2
POP　direct	direct←((SP)),(SP) ←(SP)−1	2	2
XCH　A, Rn	(A)←→(Rn)	1	1
XCH　A, direct	(A)←→(direct)	2	1
XCH　A, @Ri	(A)←→(Ri)	1	1
XCHD　A, @Ri	(A)$_{3\sim0}$←→((Ri))$_{3\sim0}$	1	1

　　数据传送类指令比较简单。由图 3-6 和表 3-2 很容易理解数据传送类指令的功能，故不对其做详细叙述，下面仅对其做一些必要的说明。

1．源操作数是立即数的传送指令

　　这类指令源操作数为 8 位立即数或 16 位立即数，目标地址则可以是累加器 A，也可以是直接地址（direct）、间接地址（@Ri），但 16 位立即数只能传送给 DPTR。

　　在这类指令中，前面的操作数是目标地址，后面是源操作数，箭矢表示传送方向，例如，A←#data 表示#data 这个数传送给累加器 A。

　　【例 3.1】　将数 87H 传送给地址为 45H 的片内存储单元。

　　由于源操作数是立即数的传送指令比较丰富，所以实现这个任务可以任意选用一种指令，可以用：

```
MOV   45H, #87H
```

也可以用：

```
MOV   R0, #45H
MOV   @R0, #87H
```

在"MOV　@R0, #87H"这条指令中，87H 并不传送给 R0，而是传送给以 R0 的内容 45H 作为地址的存储单元。

2．片内数据存储器的传送指令

在 8051 单片机中，片内数据存储器是指地址为 00H～0FFH 的所有片内存储单元，也包括工作寄存器 R0～R7。要在片内数据存储器之间传送数据，可以用直接寻址，也可以用寄存器寻址或寄存器间接寻址。

（1）工作寄存器可以用寄存器符号 R0～R7，也可以用具体地址。当系统复位时，R0～R7 分别对应于 00H～07H 存储单元。所以，指令"MOV　R0, #03H"也可以写成"MOV　01H, #01H"，这两条指令等效。R0～R7 在程序状态字（PSW）中的 RS1、RS0 改变之后，所对应的地址也会随之变化。

【例 3.2】　将地址为 40H 的存储单元内容传送给 R0 和 14H。

可以用：

```
MOV   A, 40H
MOV   R0, A
MOV   14H, A
```

也可以用：

```
MOV   R0, 30H          ;此时 R0=00H
MOV   PSW, #10H        ;使用 2 区，10H～17H
MOV   R4, 30H          ;此时 R4=14H
```

（2）对于特殊功能寄存器，可以使用其地址，也可以使用其名称。例如，累加器 A 可以用名称 ACC 或 A，也可以用具体地址 0E0H；对于 I/O 接口 P1 的传送指令，可以用名称 P1，也可以用地址 90H。"MOV　P1, A"和"MOV　90H, A"这两条指令等效。

3．片外存储器的传送指令

在 8051 单片机中，片外存储器包括片外数据存储器和片外程序存储器。向片外数据存储器传送数据，必须用助记符为 MOVX 的指令；向程序存储器传送数据，则必须用助记符为 MOVC 的指令。所有这些指令，传送的一方都必须是累加器 A。

（1）因为片内存储器的地址都是用一个 8 位数表示（00H～0FFH）的，所以前述向片内存储器进行数据传送的指令，用的都是 8 位地址。规定片外存储器的地址为 16 位的，从而向片外存储器进行数据传送的指令就必须用 16 位地址。为此，要用 DPTR 和 PC 两个 16 位寄存器来表示源或目标地址。

（2）"MOVX　A, @Ri"和"MOVX　@Ri, A"两条指令也是向片外数据存储器传送数据的指令。因为 Ri 是 8 位寄存器，只能存 8 位地址，而片外存储器用的是 16 位地址，所以规定 Ri 只存放 16 位地址的低 8 位，16 位地址的高 8 位由 P2 接口负责传送。为此，在使用这两条指令前，必须先对 P2 赋值。

【例 3.3】　将数据 28H 传送给地址为 4516H 的片外数据存储单元。

可以用：

```
MOV   DPTR, #4516H
MOV   A, #28H
MOVX  @DPTR, A
```

也可以用：

```
MOV   P2, #45H      ；送 16 位地址的高 8 位
MOV   R0, #16H
MOV   A, #28H
MOVX  @R0, A
```

（3）MOVC 类的指令只有两条读取指令，而没有写入指令，这意味着不能随意通过这类指令对程序存储器进行改写。

4. 片内数据存储器的交换指令

要把片内两个数据存储单元中的内容进行交换，传统的办法是设置一个暂存单元。例如，把甲单元内的数据先放在暂存单元中，等乙单元的数据传送到甲单元后，再把暂存单元的数据传送给乙单元，以达到交换的目的。但这种办法比较麻烦，如果使用交换指令直接进行交换，则简单得多。由于交换指令所指定的交换对象必须有一方是累加器 A，因此交换前要先把交换一方传送到累加器 A，然后进行交换。

【例 3.4】　将 40H 和 41H 存储单元的内容进行交换。

交换前找一个存储单元作为暂存单元，设选用 50H 存储单元负责暂存，即

```
MOV   50H, 41H
MOV   41H, 40H
MOV   40H, 50H
```

也可以直接使用交换指令，但交换指令必须将其中一个数置于累加器 A 中，即

```
MOV   A, 40H
XCH   A, 41H
MOV   40H, A
```

两种方法用的指令条数虽然相同，但第二种方法汇编成机器码时所用的字节数比第一种方法的少。

5. 堆栈操作指令

堆栈是在片内数据存储器中划定的一个区。它可以用来暂时保存一些要重新使用的数据或地址。使用堆栈可以在执行某些指令时自动完成。例如，调用子程序时，把当前 PC 值保存于堆栈，以便返回时使用。这个工作就是由 CPU 自动完成的，但也可以用指令对堆栈进行操作。

【例 3.5】　设数据存储单元(44H)=15H，(45H)=30H，将它们的内容进行交换，即要求交换后(44H)=30H，(45H)=15H。

交换数据存储单元的内容可以用上面的传送指令、交换指令，但也可以用堆栈操作指令。

设操作前堆栈指针 SP=07H,

PUSH 44H	; (SP)=08H	将 44H 内容 15H 压入堆栈, 压入后(08H)=15H
PUSH 45H	; (SP)=09H	将 45H 内容 30H 压入堆栈, 压入后(09H)=30H
POP 44H	; (SP)=09H	将(09H)=30H 弹出给 44H 单元, 弹出后(SP)=08H
POP 45H	; (SP)=08H	将(08H)=15H 弹出给 45H 单元, 弹出后(SP)=07H

SP 所指向的存储单元称为栈顶。从上面执行过程可以看出, 栈顶不是空存储单元, 而是最近一次操作时压入数据的存储单元。所以, 在(SP)=07H, 执行"PUSH 44H"时, 44H 内容不是被压入 07H 存储单元而是 08H 存储单元。

初学者在学习数据传送类指令时, 可能会产生困惑, 为什么计算机要把数据传来传去? 数据已经存在一个存储单元中, 为什么还要将其取出传走呢? CPU 在某一个时刻, 只能进行一种操作。CPU 在操作前, 必须从某个存储单元取出数据并将其放在操作指令所需要的地方, 才能进行操作, 而在操作后又要选择一个地方把数据保存起来, 这就是为什么要进行传送的原因。

同时还要注意, 源地址的内容(数据)被传送出去之后不会改变。例如, (A)=01H, (B)=02H 执行"MOV B, A"之后(B)=01H, 但累加器 A 的内容仍然为 01H, 并不会变为 0, 这种特点有点类似于复制。要清除源地址的内容, 可以向它传送个 0, 即所谓清零。

3.3.2 算术运算类指令

在 MCS-51 单片机指令系统中, 具有单字节的加、减、乘、除等算术运算类指令, 如表 3-3 所示, 其运算功能比较强。

算术运算类指令执行的结果将影响进位标志(C)、辅助进位标志(AC)和溢出标志(OV)等, 但是加 1 和减 1 指令不影响这些标志。对标志有影响的所有指令列于表 3-4 中, 其中包括一些非算术运算类指令在内。注意, 对特殊功能寄存器(专用寄存器)字节地址、D0H 或位地址 D0H~D7H 进行操作也会影响标志。

表 3-3　算术运算类指令

助记符 (包括寻址方式)	说　明	字　节　数	执行周期数 (机器周期数)
ADD A, Rn	A←(A)+(Rn)	1	1
ADD A, direct	A←(A)+(direct)	2	1
ADD A, @Ri	A←(A)+((Ri))	1	1
ADD A, #data	A←(A)+data	2	1
ADDC A, Rn	A←(A)+(Rn)+C	1	1
ADDC A, direct	A←(A)+(direct)+C	2	1
ADDC A, @Ri	A←(A)+((Ri))+C	1	1
ADDC A, #data	A←(A)+data+C	2	1
SUBB A, Rn	A←(A)−(Rn)−C	2	1
SUBB A, direct	A←(A)−(direct)−C	2	1
SUBB A, @Ri	A←(A)−((Ri))−C	1	1
SUBB A, #data	A←(A)−data−C	2	1

续表

助记符（包括寻址方式）	说　　明	字　节　数	执行周期数（机器周期数）
INC　A	A←(A)+1	1	1
INC　Rn	(Rn)←(Rn)+1	1	1
INC　direct	direct←(direct)+1	2	1
INC　@Ri	(Ri)←((Ri))+1	1	1
INC　DPTR	DPTR←(DPTR)+1	1	2
DEC　A	A←(A)−1	1	1
DEC　Rn	Rn←(Rn)−1	1	1
DEC　direct	direct←(direct)−1	2	1
DEC　@Ri	(Ri)←((Ri))−1	1	1
MUL　AB	AB←(A)*(B)	1	4
DIV　AB	AB←(A)/(B)	1	4
DA　A	对累加器 A 进行十进制调整	1	1

表 3-4　影响标志的指令

助　记　符	标　　志		
	C	OV	AC
ADD	√	√	√
ADDC	√	√	√
SUBB	√	√	√
MUL	0	√	×
DIV	0	√	×
DA	√	×	×
RRC	√	×	×
RLC	√	×	×
SETB　C	1	×	×
CLR　C	0	×	×
CPL　C	√	×	×
ANL　A, bit	√	×	×
ANL　C, /bit	√	×	×
ORL　C, bit	√	×	×
ORL　C, /bit	√	×	×
MOVC　C, bit	√	×	×
CJNE	√	×	×

注：" √ "表示指令执行对标志有影响；" × "表示指令执行对标志无影响。

算术运算类指令可分为以下 8 组。

1. 加法指令

助记符		机器码
ADD	A, Rn	00101×××
ADD	A, direct	00100101+直接地址
ADD	A, @Ri	0010011×
ADD	A, #data	00100100+立即数

这组加法指令的功能是把指出的字节变量加到累加器 A 上，其结果放在累加器 A 中。在相加过程中，如果位 7（d_7）有进位，则进位标志 C 被置 1，否则被清 0；如果位 3（d_3）有进位，则辅助进位标志 AC 被置 1，否则被清 0；如果位 6（d_6）有进位而位 7 没有进位或位 7 有进位而位 6 没有进位，则溢出标志 OV 被置 1，否则被清 0。对于源操作数，有寄存器寻址、直接寻址、寄存器间接寻址和立即寻址等方式。

【例 3.6】 (A)=85H，(R0)=20H，(20H)=0AFH，执行下列指令：

ADD	A,@R0

运算过程如下：

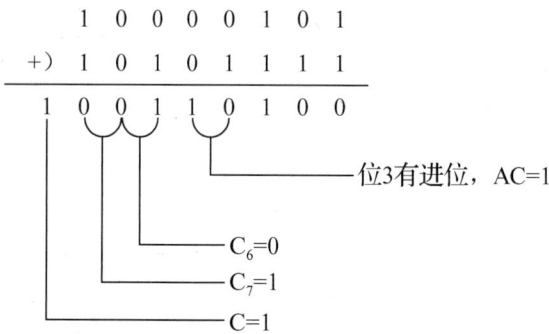

```
      1 0 0 0 0 1 0 1
  +)  1 0 1 0 1 1 1 1
  1   0 0 1 1 0 1 0 0
```

位3有进位，AC=1

C_6=0

C_7=1

C=1

结果为：(A)=34H，C=1，AC=1，OV=1。

对于加法，溢出只能发生在两个加数符号相同的情况下。在进行有符号数的加法运算时，溢出标志 OV 是一个重要的编程标志，用于判断两个有符号数相加时，和数是否溢出（和大于+127 或小于-128）。

2. 带进位加法指令

助记符		机器码
ADDC	A, Rn	00111×××
ADDC	A, direct	00110101+直接地址
ADDC	A, @Ri	0011011×
ADDC	A, #data	00110100+立即数

这组带进位加法指令的功能是把所指出的字节变量、进位标志与累加器 A 的内容相加，结果留在累加器 A 中，如果位 7 有进位，则进位标志被 C 置 1，否则被清 0。如果位 3 有进位，则辅助进位标志 AC 被置 1，否则被清 0。如果位 6 有进位而位 7 没有或位 7 有进位而位 6 没有，则溢出标志 OV 被置 1，否则被清 0。带进位加法指令的寻址方式和 ADD 指令的相同。

【例 3.7】 (A)=85H，(20H)=0FFH，C=1，执行下列指令：

ADDC	A, 20H

运算过程如下：

```
      1 0 0 0 0 1 0 1
  +)  1 1 1 0 1 1 1 1
  1 0 0 1 1 0 1 0 1
```

位3有进位，AC=1

$C_6=0$
$C_7=1$
$C=1$

结果为：(A)=85H，C=1，AC=1，OV=0。

3. 增量指令

助记符	机器码
INC A	00000100
INC Rn	00001×× ×
INC direct	00000101+直接地址
INC @Ri	0000011×
INC DPTR	10100011

这组增量指令的功能是把所指出的变量加 1。若原来变量为 0FFH，则该变量执行增量指令后，将溢出为 00H，不影响任何标志。对于操作数，有寄存器寻址、直接寻址和寄存器间接寻址方式。

注意：当用增量指令修改接口（指令中的 direct 为 P0～P3，地址分别为 80H，90H，A0H，B0H）时，其功能是修改接口的内容。在增量指令执行过程中，首先读入接口的内容，然后在 CPU 中执行加 1 操作，继而输出到接口。这里读入接口的内容来自接口的锁存器而不是接口的引脚。

【例 3.8】 (A)=0FFH，(R3)=0FH，(30H)=0F0H，(R0)=40H，(40H)=00H，执行下列指令：

INC A	; A←(A)+1
INC R3	; R3←(R3)+1
INC 30H	; 30H←(30H)+1
INC @R0	; (R0)←((R0))+1

结果为：(A)=00H，(R3)=10H，(30H)=0F1H，(40H)=01H，不改变 PSW 状态。

4. 十进制调整指令

助记符	机器码
DA A	11010100

这条指令对累加器 A 参与的 BCD 加法运算所获得的 8 位结果（在累加器 A 中）进行十进制调整，使累加器 A 中的内容调整为 2 位 BCD。DA A 指令执行流程图如图 3-7 所示。

【例 3.9】 (A)=56H,(R5)=67H，执行下列指令：

```
ADD   A,R5
DA    A
```

结果为：(A)=23H,C=1。

5. 带进位减法指令

助记符	机器码
SUBB A, Rn	10011×××
SUBB A, direct	10010101+直接地址
SUBB A, @Ri	1001011×
SUBB A, #data	10010100+立即数

这组带进位减法指令的功能是从累加器 A 中减去指定的变量和进位标志，结果存放在累加器 A 中。在带进位减法过程中，如果位 7 要借位，则 C 被置 1，否则被清 0；如果位 3 要借位，则 AC 被置 1，否则被清 0；如果位 6 要借位而位 7 不用借位或位 7 要借位而位 6 不用借位，则溢出标志 OV 被置 1，否则被清 0。在有符号数运算时，只有当符号不相同的两数相减时才会发生溢出。

图 3-7　DA　A 指令执行流程图

6. 减 1 指令

助记符	机器码
DEC A	00010100
DEC Rn	00011×××
DEC direct	00010101+直接地址
DEC @Ri	0001011×

这组指令的功能是将指定的变量减 1。若原来变量为 00H，则该变量减 1 后将溢出为 0FFH，不影响任何标志。

当减 1 指令中的直接地址 direct 为 P0～P3（地址分别为 80H、90H、A0H、B0H）时，该指令可用来修改一个接口的内容，即是一条具有读—修改—写功能的指令。在减 1 指令执行时，首先读入接口的原始数据，在 CPU 中执行减 1 操作，然后再送到接口。

注意：此时读入的数据来自接口的锁存器而不是接口的引脚。

【例 3.10】 (A)=0FH，(R7)=19H，(30H)=00H，(R1)=40H，(40H)=0FFH，执行下列指令：

```
DEC   A      ; A←(A)—1
DEC   R7     ; R7←(R7)—1
DEC   30H    ; 30H←(30H)—1
DEC   @R1    ; R1←((R1))—1
```

结果为：(A)=0EH，(R7)=18H，(30H)=0FFH，(40H)=0FEH，不影响标志。

7. 乘法指令

助记符	机器码
MUL AB	10100100

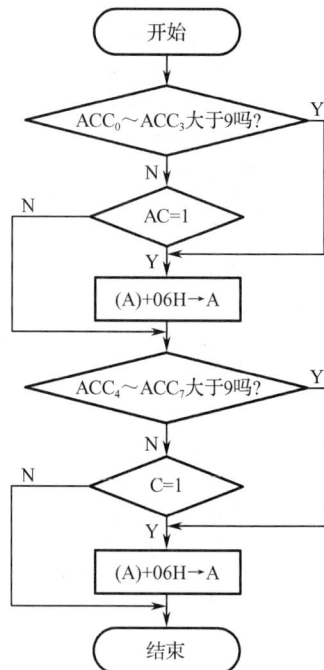

这条指令的功能是将累加器 A 和 B 寄存器中的无符号 8 位整数相乘，所得 16 位积的低位字节存放在累加器 A 中，高位字节存放在 B 寄存器中。如果积大于 255（0FFH），则溢出标志 OV 被置 1，否则 OV 被清 0。进位标志 C 总是被清 0。

【例 3.11】 (A)=50H，(B)=0A0H，执行下列指令：

MUL　AB

结果为：(B)=32H，(A)=00H（积为 3200H），C=0，OV=1。

8．除法指令

助记符	机器码
DIV　AB	10100100

这条指令的功能是把累加器 A 中的 8 位无符号整数除以 B 寄存器中的 8 位无符号整数，所得商的整数部分存放在累加器 A 中，余数部分存放在 B 寄存器中。进位标志 C 和溢出标志 OV 被清 0。如果原来 B 寄存器中的内容为 0（被零除），则结果累加器和 B 寄存器中的内容不确定，且溢出标志 OV 被置 1。进位标志 C 总是被清 0。

【例 3.12】 (A)=0FBH，(B)=12H，执行下列指令：

DIV　AB

结果为：(A)=0DH，(B)=11H，C=0，OV=0。

3.3.3　逻辑操作类指令

逻辑操作类指令如表 3-5 所示。

表 3-5　逻辑操作类指令

助记符（包括寻址方式）	说　明	字　节　数	执行周期数 （机器周期数）
ANL　A,Rn	A←(A)∧(Rn)	1	1
ANL　A,direct	A←(A)∧(direct)	2	1
ANL　A,@Ri	A←(A)∧((Ri))	1	1
ANL　A,#data	A←(A)∧data	2	1
ANL　direct,A	direct←(direct)∧(A)	2	1
ANL　direct,#data	direct←(direct)∧data	3	2
ORL　A,Rn	A←(A)∨(Rn)	1	1
ORL　A,direct	A←(A)∨(direct)	2	1
ORL　A,@Ri	A←(A)∨((Ri))	1	1
ORL　A,#data	A←(A)∨data	2	1
ORL　direct,A	direct←(direct)∨(A)	2	1
ORL　direct,#data	direct←(direct)∨data	3	2
XRL　A,Rn	A←(A)⊕(Rn)	1	1
XRL　A,direct	A←(A)⊕(direct)	2	1

助记符（包括寻址方式）	说　明	字　节　数	执行周期数 （机器周期数）
XRL　A,@Ri	A←(A)⊕((Ri))	1	1
XRL　A,#data	A←(A)⊕data	2	1
XRL　direct,A	direct←(direct)⊕(A)	2	1
XRL　direct,#data	direct←(direct)⊕data	3	2
CLR　A	A←0	1	1
CPL　A	A←($\overline{A}$)	1	1
RL　A	A 循环左移一位	1	1
RLC　A	A 带进位循环左移一位	1	1
RR　A	A 循环右移一位	1	1
RRC　A	A 带进位循环右移一位	1	1
SWAP　A	A 半字节交换	1	1

1. 逻辑运算指令

逻辑运算指令包括对两个数的"与"运算、"或"运算、"异或"运算指令，对一个数的"求反"运算指令，5 条移位指令及一条 A 半字节交换指令。在执行逻辑运算指令后，程序状态字的标志基本不受影响。

逻辑运算指令在使用中，除了可以对两个数进行逻辑运算，还可以完成以下一些特殊的操作。

（1）清 0 操作。要将某个存储单元清 0，除了可以直接用 0 对它赋值，如指令"MOV 40H, #00H"，还可以使用"异或"运算指令，对其进行清 0，例如：

```
MOV     A, 40H
XRL     40H, A
```

也可以用 "与"运算指令达到对其清 0 的目的，即

```
ANL     40H, #00H
```

（2）屏蔽操作。将某个存储单元若干位清 0，其他位保持不变，称为屏蔽。被屏蔽的位，原来的数值将被消除，而被 0 所代替。要对某个数的若干位进行屏蔽，可以选用一个适当的数与某个数进行"与"运算以达到屏蔽的目的。

【例 3.13】 将 P2 接口的低 4 位屏蔽，高 4 位不变，结果保存在 43H 存储单元。

```
MOV     A, P2
ANL     A, #0F0H
MOV     43H, A
```

（3）置位操作。被置位的位，原来的数值将被 1 所代替，所以置位又称置 1。要对某个数的若干位进行置位，可以选用一个适当的数与某个数进行"或"运算以达到置位的目的。

【例 3.14】 将 P2 接口的低 4 位置位，高 4 位不变，结果保存在 43H 存储单元。

```
MOV     A, P2
ORL     A, #0FH
MOV     43H, A
```

（4）求反操作。任何数对 1 进行"异或"运算，其结果是该数的求反数据，利用这个特性可以对某个存储单元的内容求反。

【例 3.15】　将 P2 接口的高 4 位求反，同时保持低 4 位不变，结果保存在 43H 单元存储单元。

```
MOV     A, P2
XRL     A, #0F0H
MOV     43H, A
```

（5）MCS-51 单片机还专门提供了清 0 指令"CLR A"和求反指令"CPL A"。这两条指令只对累加器 A 进行操作，要求被清 0 或求反的数必须放在累加器 A 中。

2．移位指令

MCS-51 单片机指令系统的移位指令有 5 条，其中包括一条 A 半字节交换指令。在使用移位指令时，要求被移位的数必须放在累加器 A 中。移位指令有时还可以实现乘 2 和除 2 运算。移位指令的操作如图 3-8 所示。

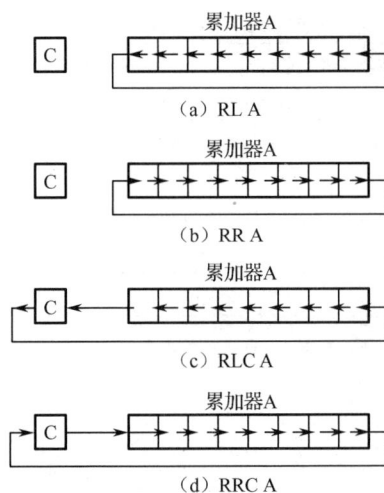

图 3-8　移位指令的操作

3.3.4　控制转移类指令

程序通常是按顺序被执行的。也就是说，CPU 每读取一个字节的机器码，程序计数器（PC）便自动加 1，然后自动判别是否要读取下一个机器码，直至取出一条完整指令为止。如果每次取出的一条指令被执行完毕，就会按顺序执行下一条指令。PC 总是不断地给出下一条指令的地址。如果遇到转移指令，情况就不同了，程序将被直接跳转到转移指令所标明的转移地址去取指令，然后执行该地址的指令，而不是按顺序执行指令了。正因为这样，使得计算机的程序可以根据需要被转移到不同的程序段，去执行不同的操作，好像计算机具有智能一样。这也是转移指令在程序中重要的原因。控制转移类指令如表 3-6 所示。

表 3-6　控制转移类指令

助记符（包括寻址方式）	说　　明	字　节　数	执行周期数（机器周期数）
AJMP addr$_{11}$	PC$_{10}$～PC0←addr$_{11}$	2	2
LJMP addr$_{16}$	PC←addr$_{16}$	3	2
SJMP rel	PC←(PC)+rel	2	2
JMP@A+DPTR	PC←(A)+(DPTR)	1	2
JZ rel	PC←(PC)+2，若(A)=0，则 PC←(PC)+rel	2	2
JNZ rel	PC←(PC)+2，若(A)≠0，则 PC←(PC)+rel	2	2
CJNE A, direct,rel	PC←(PC)+3，若(A)≠(direct)，则 PC←(PC)+rel	3	2
CJNE A,#data,rel	PC←(PC)+3，若(A)≠data，则 PC←(PC)+rel	3	2
CJNE Rn,#data,rel	PC←(PC)+3，若(Rn)≠data，则 PC←(PC)+rel	3	2
CJNE @Ri,#data,rel	PC←(PC)+3，若((Ri)) ≠data，则 PC←(PC)+rel	3	2
DJNZ Rn,rel	PC←(PC)+2,Rn←(Rn)−1，若(Rn)≠0，则 PC←(PC)+rel	2	2
DJNZ direct,rel	PC←(PC)+3,(direct)←(direct)−1，若(direct)≠0，则 PC←(PC)+rel	3	3
ACALL addr$_{11}$	PC←(PC)+2,SP←(SP)+1,SP←(PC)$_L$,SP←(SP)+1,SP←(PC)$_H$,PC$_{10}$～PC$_0$←addr$_{11}$	2	2
LCALL addr$_{16}$	PC←(PC)+3,SP←(SP)+1,SP←(PC)$_L$,SP←(SP)+1,SP←(PC)$_H$,PC←addr$_{16}$	3	2
RET	PC$_H$←((SP)),SP←(SP)−1,PC$_L$←((SP)),SP←(SP)−1，从子程序返回	1	2
RETI	PC$_H$←((SP)),SP←(SP)−1,PC$_L$←((SP)),SP←(SP)−1，从中断返回	1	2
NOP	空操作	1	1

注：如果第一操作数小于第二操作数，则 C 被置 1，否则 C 被清 0。

1．无条件转移指令

无条件转移指令共以下 4 条。

1）长跳转指令

长跳转指令的目标地址是 16 位的直接地址，可以在 64KB 范围内跳转，所以将该指令称为长跳转指令。长跳转指令中的目标地址一目了然，比较直观，如"LIMP 2000H"就表示程序要转移到 2000H 存储单元。它的不足之处是：其机器码要占用 3 字节存储空间，而且在修改程序时，插入或删除一条指令，都会造成插入、删除位置后面的指令地址向前或向后挪动，使得所有长跳转指令的目标地址要跟着做相应的修改。为此，编写有转移指令的程序时，尽量采用符号地址，而不用具体数字，例如，用"LIMP　NEXT"，这样尽管 NEXT 所代表的地址改变了，但只要符号本身不改变也就无须修改相应指令中的地址了。

2）短跳转指令

短跳转指令是一条双字节的指令，占用存储空间较少。它的助记符也可以直接标以目标地址，例如，在指令"AJMP　LOOP"中，LOOP 就代表目标地址，也可写成"AJMP 2300H"，

2300H 则为所转移地址的具体数值。它所以称为短跳转指令，是因为其跳转的范围只有 2KB，没有长跳转指令转移范围 64KB 那样大。

如果要把短跳转指令写成机器码，则操作数必须根据目标地址的低 11 位填写。在执行该指令时，因为目标地址的高 5 位与该指令当前所在地址的高 5 位相同，所以可以直接从该指令当前地址中获取高 5 位，而另外的低 11 位从机器码中求取。如果拟跳转的目标地址的高 5 位与该指令当前所在地址的高 5 位不同，就不能使用短跳转指令。

短跳转指令的操作码为 00001，将其放在高字节的低 5 位。若将 16 位的目标地址的每个位用符号 a0～a15 表示，在该指令中只能填写 11 位，即 a0～a10，填写的位置为

a10 a9 a8 0 0 0 0 1 a7 a6 a5 a4 a3 a2 a1 a0

其中，0 0 0 0 1 就是操作码。

【例 3.16】 用一条短跳转指令，使程序能从 2780H 地址跳转到 2300H 地址，写出这条指令的助记符与机器码。

由于 2780H=00100111 10000000、2300H=00100011 00000000，它们的高 5 位都是 00100，因此可以使用短跳转指令，即

助记符　　AJMP　2300H

机器码　01100001 00000000 或写成 6100H

上述机器码从高位开始的 011 分别是目标地址的 a10 a9 a8，之后的 00001 是短跳转指令的操作码，后 8 位分别为目标地址的 a7 a6 a5 a4 a3 a2 a1 a0。可见，在短跳转指令的机器码中只有目标地址的低 11 位，跳转范围为 2KB。

3）相对跳转指令

相对跳转指令也是一条双字节的指令。与长跳转指令相比，相对跳转指令的机器码短，所占存储空间少，而且它的目标地址是以相对偏移量表示的。当相对跳转指令遇到修改程序时，只要目标地址与当前地址的相对位置不变，偏移量也不变，这样就可以减少修改的工作量。相对跳转指令的转移范围比短跳转指令的还小。该范围不能超过 1 个字节有符号补码所表示的数值，即从 -128～+127。如果目标地址到当前地址的范围超过这个数值，显然就不能使用该指令。例如，要转移的目标地址为 1400H，当前地址为 1500H，目标与当前的距离超过规定转移范围，不能使用相对跳转指令 "SJMP 2300H"，而应该改用 "LJMP 1400H" 或 "AJMP 1400H"。

如果要将相对跳转指令写成机器码，则第一字节固定为操作码，即 80H，第二字节为操作数 rel。rel 称为偏移量。由于执行相对跳转指令时，程序计数器已指向下一条指令的地址，所以偏移量补码的计算公式可简化为

rel=(目标地址)低 8 位-(下一条指令地址)低 8 位

或者写成

(目标地址)低 8 位+rel=(下一条指令地址)低 8 位

如果程序从当前地址往后跳转，即目标地址大于当前地址，则 rel 为正值；相反，若程序从当前地址往前跳转，即目标地址小于当前地址，则 rel 为负值。为此规定相对跳转指令的偏移量 rel 必须用有符号二进制数，以区别正、负值，并用补码形式表示。由于程序从当

前地址往前跳转和往后跳转体现在 rel 的正、负符号中，所以在 CPU 求目标地址的时候，一律采用加法运算，即下一条指令地址等于目标地址加偏移量 rel。

【例 3.17】　设相对跳转指令的下一条指令地址为 1252H，欲转移的目标地址为 1270H，试求出相对跳转指令的偏移量 rel 和指令的机器码。

从 1252H 转移到 1270H，其偏移量没有超过 +127，可以使用相对跳转指令。

rel=1270H-1252H=1EH

相对跳转指令的机器码为 80 1E。

实际上，要把汇编语言编写的程序转换为机器码，总是利用汇编软件自动生成的，无须进行人工计算。对于程序编写者来讲，最重要的是如何在指令中标明目标地址，而不是偏移量。偏移量是由汇编软件自动生成的，也就是说程序编写者在写相对跳转指令的助记符时必须使用目标地址或地址标号，不能使用偏移量 rel。例如，从 SJMP 指令的下一条地址 3110H 转移到 311BH，且设 311BH 的标号为 HERE，助记符可以写成"SJMP 311BH"，也可以写成"SJMP　HERE"。虽然可算出 rel=0BH，但不要写成"SJMP 0BH"。如果写成"SJMP 0BH"，汇编程序会误认为目标地址是 0008H，虽然指令表上相对跳转指令标明为"SJMP rel"，但汇编软件用的助记符不能标 rel。

4）散转指令

散转指令（JMP 指令）的功能是把累加器 A 中的 8 位无符号数，与数据指针 DPTR 中的 16 位数中的低 8 位数相加，其结果送入 PC，作为下一条要执行的指令地址。执行 JMP 指令后累加器 A 和 DPTR 的内容不变。散转指令可以根据累加器 A 的内容，使程序转移到不同的地址。

2．条件转移指令

条件转移指令附有规定的转移条件，即只有在规定条件满足时，才允许将程序转移到目标地址；如果条件不满足，仍然要按顺序执行下一条指令。根据所规定的转移条件不同，条件转移指令可分为以下 3 种指令。

1）零条件转移指令

在 MCS-51 单片机指令系统中，零条件转移指令规定累加器 A 的内容是零还是非零，从而决定程序是否被转移。如果被判别对象不是累加器 A，则不能使用该指令。

零条件转移指令也属于相对转移指令。它的偏移量 rel 计算及助记符书写方法与无条件相对转移指令的相同。

2）比较转移指令

比较转移指令是对两个指定的操作数进行比较，看其是否相等：若相等则程序不被转移，并顺序执行下一条指令；若不相等，则按相对偏移量 rel 实现程序的转移，并根据不相等是大于或小于两种状态，改变 C 值，为下一步继续判断准备条件，即

第一比较量=第二比较量，程序顺序执行；

第一比较量>第二比较量，0→C 并跳转到目标地址；

第一比较量<第二比较量，1→C 并跳转到目标地址。

例如，要将累加器 A 的内容与 50H 存储单元的内容进行比较，并按比较后可能产生的 3 种状态，分别进行处理，其程序为

```
         CJNE   A, 50H, NOEQ
EQ:      LIMP   …    ；A=(50H)的处理程序
         ⋮
NOEQ:    JC  SMAL
LARG:    LIMP   …    ；A>(50H)的处理程序
         ⋮
SMAL:    LIMP   …    ；A<(50H)的处理程序
         ⋮
```

比较转移指令需要 3 个操作数。其中，第一操作数和第二操作数为比较量；第三操作数为相对偏移量 rel。偏移量 rel 的计算及助记符与前述的相同。在助记符中，可以直接写上目标地址，如"CJNE   A, #00H, 3500H"中的 3500H 即目标地址。

比较转移指令的机器码为三字节指令。其中，第一字节为操作码；第二字节为操作数，指明第二比较量；第三字节也是操作数，指明偏移量。

3）减 1 非零跳转指令

减 1 非零跳转指令在执行时，先将第一操作数减 1，并保存结果。若减 1 结果不为零，则按该指令提供的偏移量实现转移；若减 1 结果为零，则按顺序执行程序的下一条指令。

减 1 非零跳转指令也是一种相对跳转指令，其机器码为双字节，最后一个字节表示偏移量。它跟其他相对转移指令一样，机器码的偏移量必须用有符号数的补码表示，转移范围、助记符及偏移量 rel 的计算都与无条件相对转移指令相同。例如，"DJNZ   R0, 2100H"表示如果 R0 减 1 后不为零，则跳转的目标地址为 2100H。

3. 子程序调用与返回指令

通常在编制程序时，会在几个地方都要使用同样的程序段。这时可将这个程序段从程序中分离出来，形成子程序模块，在每次使用时，可通过调用子程序的指令，运行这段程序。在 MCS-51 单片机指令系统中，调用子程序指令分为长调用指令、短调用指令两种。这两种的特点和长跳转指令、短跳转指令相似。

在长调用指令 LCALL 的操作码后面跟的是子程序的 16 位首地址，所以该指令在使用时比较直观。但它的机器码有 3 个字节。短调用指令 ACALL 的机器码只有 2 个字节，但该机器码只注明子程序首地址的低 11 位，而子程序首地址的高 5 位与当前地址高 5 位相同，因此子程序的位置要处于调用指令地址在 2KB 之内，即不能超过当前地址 2KB。LCALL 和 ACALL 后面跟的操作数都可以用目标地址。

在执行长调用指令时，先把 PC 值，即下一条指令地址压入堆栈，并先压入低 8 位地址再压入高 8 位地址，而后将子程序首地址置入 PC，转向执行子程序。当子程序执行结束时，必须有一条返回指令 RET。通过执行 RET 指令把堆栈内容弹回 PC，继续执行长调用指令的下一条指令。

执行短调用指令的过程与执行长调用指令的过程相同。

4. 空操作指令

CPU 遇到空操作指令 NOP 时，不进行任何操作。既然如此，为什么有时要在程序中设置空操作指令呢?这是因为空操作指令虽然不做工作，但执行它却需要一个机器周期（当系统振荡频率为 12MHz 时，一个机器周期为 1μs），所以可利用它作为空耗时间的延时指令。

3.3.5　位操作类指令

8051 系列单片机内部有个按位操作的布尔处理机。它的操作对象不是一个字节或一个字，而是一个位。有的控制是按位进行的，有了位操作类指令，使这种控制实现起来更加方便。在 MCS-51 单片机指令系统中，位操作类指令有 17 条，其中 5 条指令属于控制转移类指令，其余 12 条指令用于传送或运算，如表 3-7 所示。

表 3-7　位操作类指令

助记符（包括寻址方式）	说　明	字　节　数	执行周期数 （机器周期数）
CLR C	C←0	1	1
CLR bit	bit←0	2	1
SETB C	C←1	1	1
SETB bit	bit←1	2	1
CPL C	C←$\overline{C}$	1	1
CPL bit	bit←$\overline{bit}$	2	1
ANL C,bit	C←(C)∧(bit)	2	2
ANL C,/bit	C←(C)∧($\overline{bit}$)	2	2
ORL C,bit	C←(C)∨(bit)	2	2
ORL C,/bit	C←(C)∨($\overline{bit}$)	2	2
MOV C,bit	C←(bit)	2	1
MOV bit,C	bit←C	2	2
JNC rel	PC←(PC)+2，若(C)=0，则 PC←(PC)+rel	2	2
JB bit,rel	PC←(PC)+3，若(bit)=1，则 PC←(PC)+rel	3	2
JC rel	PC←(PC)+2，若(C)=1，则 PC←(PC)+rel	2	2
JNB bit,rel	PC←(PC)+3，若(bit)=0，则 PC←(PC)+rel	3	2
JBC bit,rel	PC←(PC)+3，若(bit)=1，则(bit)←0,PC←(PC)+rel	3	2

1．对进位标志 C 进行操作的指令

在 MCS-51 单片机指令系统中，有些指令操作时要有进位标志 C 参与，如"ADDC""SUBB""RLC A""RRC A"等。因此，在使用这些指令前，要先对进位标志 C 做一些必要的处理，如使之清 0、置 1 或取反。有了"CLR C""SETB C""CPL C"等指令，这些操作实现起来就比较方便。

2．对具有位地址的存储空间进行操作的指令

当单片机用于控制时，往往只对某个字节的一个位进行操作。当然，我们可以通过对该字节进行置数的办法来保持字节的其他位不变，而只改变其中一个位。例如，要将 P1 的 0 位（P1.0）置 1，而 P1 的原来值为 0F0H，可以使用"MOV　P1，#0F1H"去改变 P1.0 的数值；也可以使用只针对 P1.0 的位操作指令，而不涉及其他位，即用指令"SETB P1.0"将 P1.0 置 1，这样不但指令占用字节较少，而且执行时间也比较快。

对具有位地址的存储空间进行操作的指令有清 0、置 1、取反指令，以及与进位标志 C 进行各种逻辑运算的指令。

3．位控制转移指令

位控制转移指令都是条件转移指令，分别以进位标志 C 或位单元内容作为转移条件。若位控制转移指令的转移条件满足，则程序按偏移量被转移；若位控制转移指令的转移条件不满足，程序仍按顺序继续执行下一条指令。其中，位控制转移指令"JBC bit, rel"还有位单元清 0 功能，并以指定的位单元内容是否等于 1 为条件，即位单元内容若为 1 则条件满足，程序按偏移量被转移并能同时将位单元内容清 0；若不为 1 则条件不满足，程序继续顺序执行下一条指令。

位控制转移指令的偏移量计算方法与前述相对转移类指令的偏移量计算方法相同。

4．使用位操作类指令注意事项

（1）位操作类指令只限于在具有位地址的存储单元使用，位寻址范围为 00H～0FFH。其中，00H～7FH 位于片内字节地址为 20H～2FH 的 16 个存储单元，每个存储单元有 8 位，共 128 位。为了避免混淆，我们把片内存储单元的地址称为字节地址，一个字节地址内容有 8 位，每一位又都赋予一个位地址，分别为 00H～7FH。而位地址 7FH～0FFH，则专指特殊功能寄存器中的可位寻址的存储单元。我们知道，特殊功能寄存器是分布在字节地址为 80H～0FFH 存储空间内的部分存储单元。这个存储空间有的存储单元是没有定义的空单元，有定义的就是特殊功能寄存器。这些特殊功能寄存器并非都能位寻址，只有能被 8 整除的存储单元才是位寻址单元，而能被 8 整除的存储单元有 16 个，共 128 位，其位地址定为 80H～0FFH。

（2）00H～0FFH 既可以指字节地址又可以指位地址，CPU 只能根据它出现的场合进行判别。该地址凡在位操作指令中，就被认定为位地址，而在其他操作指令中，就被认定为字节地址。

【例 3.18】　将片内数据存储器中地址为 10H 的存储单元清 0。

正确程序应为

```
MOV   A, 10H
CLR   A
MOV   10H, A
```

若程序写为"CLR 10H"，则被清 0 的将是 22H 存储单元的最低位。因为针对字节地址没有清 0 指令，所以在这个指令中 10H 只能被认定为位地址。

习　　题

1．在程序状态字 PSW 中，有哪几个状态位？有哪几个控制位？

2．分别指出下列指令中的目的操作数的寻址方式。

```
MOV        A, #64H
MOV        A, R3
MOV        A, 60H
MOV        A, @R1
```

```
MOVX        A, @DPTR
MOVC        A, @A+PC
```

3．试述指令"MOV   A, #50H"与"MOV   A, 50H"的区别。

4．若堆栈指针的初始值为 60H，DPTR=2000H，试问：

（1）在"PUSH DPH"和"PUSH DPL"后的 SP 值是什么？

（2）在"POP ACC"又"POP ACC"后的 ACC 值是什么？

5．已知：(20H)=25H, (25H)=10H, (P1)=0F0H，在执行下列指令后，(A)，(30H)，(R1)，(R0)，(B)，(P3)的内容是什么？

```
MOV    R1, #20H
MOV    30H, @R1
MOV    R0, 30H
MOV    B, @R0
MOV    A, P1
MOV    P3, A
```

6．写出完成下列要求的指令。

（1）将地址为 4000H 的片外数据存储单元内容送入地址为 30H 的片内数据存储单元中。

（2）将地址为 4000H 的片外数据存储单元内容送入地址为 3000H 的片外数据存储单元中。

（3）将地址为 0800H 的程序存储单元内容送入地址为 30H 的片内数据存储单元中。

（4）将片内数据存储器中地址为 30H 与 40H 的单元内容交换。

（5）将片内数据存储器中地址为 30H 单元的低 4 位与高 4 位交换。

7．将 30H，31H 存储单元中的十进制数与 38H，39H 存储单元中的十进制数进行十进制加法运算，其和送入 40H，41H 存储单元中。

8．将片外数据存储器的 2600H 存储单元与 2610H 存储单元中的数据分别进行十六进制加法、十进制加法运算，其和送入 2620H 单元中，请写出完成上述要求的指令。

9．已知：(30H)=55H, (31H)=0AAH，分别写出完成下列要求的指令，并写出 32H 存储单元的内容。

（1）(30H)∧(31H) →(32H)。

（2）(30H)∨(31H) →(32H)。

（3）(30H)⊕(31H) →(32H)。

10．什么指令可以改变程序计数器 PC 的值？

11．当 8051 单片机没有外扩 RAM 时，将永远不会用到什么指令？为什么？

12．在 MCS-51 单片机指令系统中，没有不带借位标志的减法指令，那么如何实现不带借位的减法指令呢？

第 4 章 汇编语言程序设计

学习了一种计算机的指令系统以后，便可开始试编或练习剖析已编好的计算机语言程序。编程技巧应通过实践不断地被积累并提高。

4.1 汇编语言程序的格式

汇编语言程序是由一条条语句组成的，而语句要有一定的书写格式。语句一般自左到右按序包括下列内容。

标号：操作码　操作数；注释

标号用来作为一条指令或一段程序的标记，实际是这条指令或这段程序的符号地址。标号通常由 1～6 个字符组成，第一个字符必须是英文字母，随后的可以是英文字母或数字。标号与指令的操作码之间必须用冒号分开。

没有必要每条指令都采用标号。为了便于编程、阅读或识别，在一段程序的入口处（起始位置）要写出标号，在作为转移指令转移的目标地址前面也应该写出标号。

操作码和操作数是语句的主体，这两项书写内容合在一起便是指令自身。

操作码用指令的英文缩写表示，这样便于辨识指令的功能，也便于记忆。操作码又称助记符。

操作数是参与该指令操作的操作数或操作数所在的地址（寻址方式）。有时，用一个表达式来表示一个操作数，如#TAB+1。

在操作码与操作数之间应留有空格。

少数指令没有操作数（如 NOP、RET、RETI）或只有 1 个操作数（如累加器 A 的操作指令，位取反、位清 0、位置 1 指令，进栈、出栈指令，调用子程序指令，无条件转移指令，根据累加器 A 或 C 的内容来执行的条件转移指令，加 1、减 1 指令等）或有 3 个操作数（如 CJNE 指令）。多数指令都具有两个操作数。对于具有两个或两个以上操作数的指令，在操作数之间一定要用逗号分开。

操作数字段的内容是复杂多样的，可能包括下列诸项。

1．工作寄存器名

由 PSW.3 和 PSW.4（RS0 和 RS1）规定的当前工作寄存器区中的 R0～R7 都可以出现在操作数字段中，例如：

MOV R0, A

2．特殊功能寄存器名

8051 单片机中的 21 个特殊功能寄存器的名字都可以作为操作数使用，例如：

```
MOV    PSW, #18H
MOV    A, B
```

3. 标号名

可以在操作数字段中引用的标号名如下。

（1）赋值标号。由 EQU 等命令赋值的标号可以作为操作数。

（2）指令标号。指令标号虽未被赋值，但这条指令的第一字节地址就是这个标号的值，在以后指令操作数字段中可以被引用，例如：

```
CALCU：MOV   A, #0FH
            ⋮
MOV   DPTR，# CALCU
```

4. 常数

为了方便用户，汇编语言程序允许以各种数制表示常数，即常数可以写成二进制、十进制或十六进制等形式。常数总是要以一个数字开头的（若一个十六进制数的第一个数为"A～F"字符，则其前面要加 0），而数字后要直接跟一个表明数制的字母（"B"表示二进制，"H"表示十六进制）。

5. $

操作数字段中还可以使用一个专门符号"$"来表示程序计数器的当前值。这个符号最常出现在转移指令中，例如，"JNB TF0, $"表示若 TF0 为零，则仍执行该指令，否则往下执行（它等效于"HERE：JNB TF0, HERE"）。

6. 表达式

汇编语言程序允许把表达式作为操作数使用。在汇编时，计算出表达式的值，并把该值填入操作码中。

必要的注释有助于对汇编语言程序的理解、阅读和交流。

在指令与注释之间一定要用分号隔开。汇编程序在机译时见到分号将不再理会后面的内容而换行，即汇编程序对注释段将不进行任何处理。注意：分号必须是在英文输入状态下输入的分号。

除了上面这几项内容外，有的汇编语言程序在标号前面往往还有两项内容，自左到右依次为地址单元与机器码。

地址单元用来指明每条指令在程序存储器中的存放地址。在遇到多字节指令时，地址单元应是该指令的首址。

机器码即本行指令译出的机器数。有了机器码，便可方便地将程序输入计算机来执行。

在遇到多字节指令时，在机器码的每两个字节间应留有空隙，这样比较清晰，也便于辨读。

4.2　伪指令

前面介绍的 MCS-51 单片机指令系统中的每条指令都是用意义明确的助记符来表示的。

这是因为现代计算机一般都配备汇编语言，每条语句就是一条指令，以命令 CPU 执行一定的操作，完成规定的功能。因为计算机只认识机器指令（二进制编码），所以汇编语言程序不能被计算机直接执行。汇编语言程序必须通过汇编程序翻译成机器语言程序（称为目标程序）之后，才能被计算机执行，这个翻译过程称为汇编。在汇编程序对汇编语言程序进行汇编时，还要提供一些汇编用的指令，如要指定程序或数据存放的起始地址、要给一些连续存放的数据确定存储单元等。但是，这些指令在汇编时并不产生目标代码，不影响程序执行，所以称为伪指令。常用的伪指令有以下几种。

1．ORG——汇编起始命令

格式：ORG　16 位地址

ORG 的功能是规定其后面程序的汇编地址，即汇编后生成目标程序存放的起始地址。例如：

```
      ORG  4000H
START: MOV  A, #25H
```

这里既规定了标号 START 的地址是 4000H，又规定了从 4000H 开始存放汇编后的第一条指令码。

ORG 可以多次出现在程序的任何地方。当它出现时，下一条指令的地址就被重新定位。

2．END——汇编结束命令

END 通知汇编程序结束汇编。在 END 之后所有的汇编语言指令均不予以处理。

3．EQU——赋值命令

格式：字符名称　EQU　项（数或汇编符号）

EQU 是把"项"赋给"字符名称"。注意：这里的字符名称不等于标号（其后没有冒号）。其中的项可以是数，也可以是汇编符号。用 EQU 赋过值的字符名称可以用作数据地址、代码地址、位地址或一个立即数。因此，该字符名称可以是 8 位的，也可以是 16 位的。例如：

```
ABC  EQU  R0
MOV  A, ABC
```

这里 ABC 就代表了工作寄存器 R0。又如：

```
A40  EQU  40H
DELAY EQU  07EBH
MOV   A, A40
LCALL  DELAY
```

这里 A10 为片内 RAM 的一个直接地址；DELY 为一个 16 位地址，实际上是一个子程序入口。

4．DATA——数据地址赋值命令

格式：字符名称　DATA　表达式

DATA 的功能与 EQU 的类似，但有以下差别。

（1）EQU 定义的字符名称必须被先定义后使用，而 DATA 定义的字符名称可以被后定义先使用。

（2）用 EQU 可以把一个汇编符号赋给一个名字，而 DATA 只能把数据赋给字符名称。

（3）DATA 语句可以把一个表达式的值赋给字符名称，其中的表达式应是可求值的。DATA 常在程序中用来定义数据地址。

5．DB——定义字节命令

格式：DB　项或项表

项或项表可以是一个字节、用逗号隔开的字符串或括在单引号（' '）中的 ASCII 字符串。DB 通知汇编程序从当前 ROM 地址开始保留一个字节或字符串的存储单元，并存入 DB 后面的数据。例如：

```
        ORG   3000H
        DB    0E1H
LIST:   DB    22H，30H
STR:    DB    'ABC'
```

经汇编后：

```
(3000H)=E1H
(3001H)=22H
(3002H)=30H
(3003H)=41H
(3004H)=42H
(3005H)=43H
```

其中，41H，42H，43H 分别为 A，B，C 的 ASCII 编码值。

6．DW——定义字命令

格式：DW　数据项或项表

DW 把其后的数据项或项表从当前地址连续存放。每个数据项为 16 位二进制数，低 8 位先被存放，高 8 位后被存放，即低字节放在低地址，高字节放在高地址。例如：

```
        ORG   1500H
TABLE:  DW    7234H，8AH，10H
汇编后：
(1500H)=34H    (1501H)=72H
(1502H)=8AH    (1503H)=00H
(1504H)=10H    (1505H)=00H
```

7．DS——定义存储空间命令

格式：DS 表达式

在汇编时，从指定地址开始保留 DS 之后表达式的值所规定的存储单元以备后用。例如：

```
ORG  1000H
DS   08H
DB   30H，8AH
```

汇编以后，从 1000H 保留 8 个单元，然后从 1008H 开始按 DB 命令给内存赋值，即

```
(1008H)=30H
(1009H)=8AH
```

注意：以上的 DB、DW、DS 伪指令都只对程序存储器起作用，而不能对数据存储器进行初始化。

8．BIT——位地址符号命令

格式：字符名称　BIT　位地址

其中，字符名称不是标号，其后没有冒号，但它是必需的。其功能是把 BIT 之后的位地址值赋给字符名称。例如：

```
A1  BIT  P1.0
A2  BIT  02H
```

这样，P1 接口第 0 位的位地址 90H 赋给了 A1，而位地址 02H 赋给了 A2。

4.3　汇编语言程序的基本结构

汇编语言程序具有 4 种基本结构，即顺序结构、分支结构、循环结构和子程序结构。

4.3.1　顺序结构

顺序结构是最简单的程序结构，又称直线结构。这种结构既无分支、循环，也不调用子程序，语句按顺序一条一条地被执行。

【例 4.1】　将 16 位二进制数存放在 R1、R0 中，试求其补码，并将结果存放在 R3、R2 中。

程序如下：

```
MOV    A, R0        ; 读低 8 位
CPL    A            ; 取反
ADD    A, #1        ; 加 1
MOV    R2, A        ; 存低 8 位
MOV    A, R1        ; 读高 8 位
CPL    A            ; 取反
ADDC   A, #0        ; 加进位
MOV    20H, R1      ; 将高 8 位送入位寻址区
MOV    C, 07H       ; 将符号位送入 C
MOV    ACC.7, C     ; 恢复符号
MOV    R3, A        ; 存高 8 位
SJMP   $            ; 等待新的指令
```

4.3.2　分支结构

程序分支是通过条件转移指令实现的，即根据条件对程序的执行进行判断，满足条件则进行程序转移，不满足条件就顺序执行程序。

在 8051 单片机指令系统中，通过条件判断实现单分支程序转移的指令有 JZ、JNZ、CJNE 和 DJNZ 等。此外，还有以位状态作为条件进行程序分支的指令，如 JC、JNC、JB、JNB 和 JBC 等。使用这些指令，可以将 0 和 1、正和负、相等和不相等作为条件判断依据而进行程序转移。

分支结构又分为单分支结构和多分支结构。

【例 4.2】 求单字节有符号二进制数的补码。

正数补码是其本身，负数补码是其反码加 1。因此，程序应首先判断被转换数的符号。负数就要进行转换，正数本身即为补码。

将二进制数放在累加器 A 中，如果是负数，则将其补码放回到累加器 A 中，如图 4-1 所示。

程序如下：

CMPT:	JNB	ACC.7, RETURN	; (A)>0，无须转换
	MOV	C, ACC.7	; 保存符号位
	CPL	A	; (A)求反，加 1
	ADD	A, #1	
	MOV	ACC.7,C	; 将符号位存在 A 的最高位
RETURN:	RET		

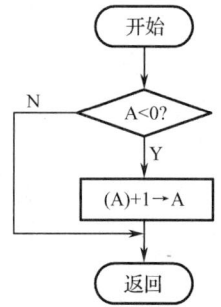

图 4-1　例 4.2 流程图

【例 4.3】 求符号函数的值。符号函数定义如下：

$$Y = \begin{cases} 1 & X > 0 \\ 0 & X = 0 \\ -1 & X < 0 \end{cases}$$

在 40H 单元存放 X，在 41H 单元存放 Y，如图 4-2 所示。

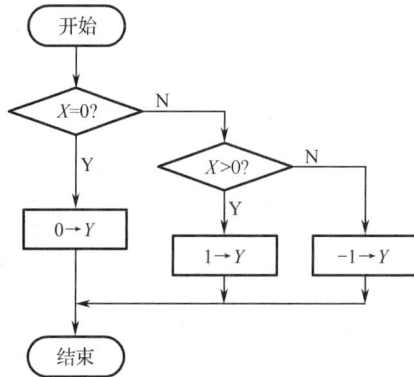

图 4-2　例 4.3 流程图

程序如下：

SIGNFUC:	MOV	A, 40H
	CJNE	A, #00H, NZEAR
	AJMP	NEGT
MZEAR:	JB	ACC.7, POSI
	MOV	A, #01H
	AJMP	NEGT
POSI:	MOV	A, #81H
NEGT:	MOV	41H, A
	END	

在实际应用中，经常遇到图 4-3 所示结构形式的分支转移程序的设计，即在不少应用场

合，要根据某个单元的内容是 0，1，…，n 分别转向处理程序 0，处理程序 1，…，处理程序 n。一个典型的例子就是当单片机系统中的某个键被按下时，就会得到一个键值，根据不同的键值，跳向不同的键处理程序入口。此时，可用直接转移指令（LJMP 或 AJMP 指令）组成一个转移表，然后把该单元的内容读入累加器 A。将转移表首地址放入 DPTR 中，再利用间接转移指令实现分支转移。

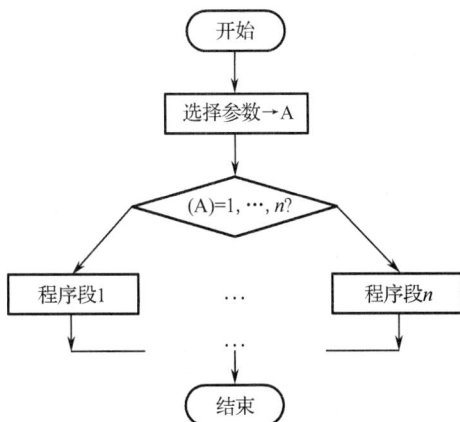

图 4-3　多分支选择结构的程序流程图

【例 4.4】　根据寄存器 R2 的内容，转向以下各个处理程序：

(R2)=0，转向 PRG0；
(R2)=1，转向 PRG1；
⋮
(R2)=n，转向 PRGn。

程序如下：

```
JMP6:   MOV     DPTR, #TAB5     ;将转移表首地址送入 DPTR
        MOV     A, R2           ;将分支转移参量送入 A
        MOV     B, #03H          ;将乘数 3 送入 B
        MUL     AB              ;分支转移参量乘以 3
        MOV     R6, A           ;将乘积的低 8 位暂存在 R6 中
        MOV     A, B            ;将乘积的高 8 位送入 A
        ADD     A, DPH          ;将乘积的高 8 位加到 DPH 中
        MOV     DPH, A
        MOV     A, R6
        JMP     @A+DPTR          ;多分支转移选择
        ⋮
TAB5:   LJMP    PRG0            ;多分支转移表
        LJMP    PRG1
        ⋮
        LJMP    PRGn
```

4.3.3　循环结构

循环结构是最常用的程序组织方式。在程序运行时，有时要连续重复执行某段程序，这

时可以使用循环结构。采用循环结构可大大地简化程序。

1．循环结构程序

1）置初始值

对于循环结构程序中使用的工作单元，在循环开始时应对其置初始值，如设置工作寄存器计数初始值，使累加器 A 清 0，以及设置地址指针、长度等。这是循环结构程序中的一个重要环节，不注意就很容易出错。

2）循环体（循环工作部分）

循环体是指重复执行的程序段部分。

3）修改循环控制变量

在循环结构程序中，必须给出循环结束条件。循环结构程序通常使用计数循环，即当循环了一定的次数后，就停止循环。在单片机中，一般用一个工作寄存器 Rn 作为计数器，对该计数器赋的初始值作为循环次数。每循环一次，计数器的值减 1，即修改循环控制变量。当计数器的值减为 0 时，就停止循环。根据循环结束条件判断是否结束循环。8051 单片机可采用 DJNZ 指令来自动修改循环控制变量并能结束循环。

上述几个部分有两种循环组织方式，其流程图如图 4-4 所示。

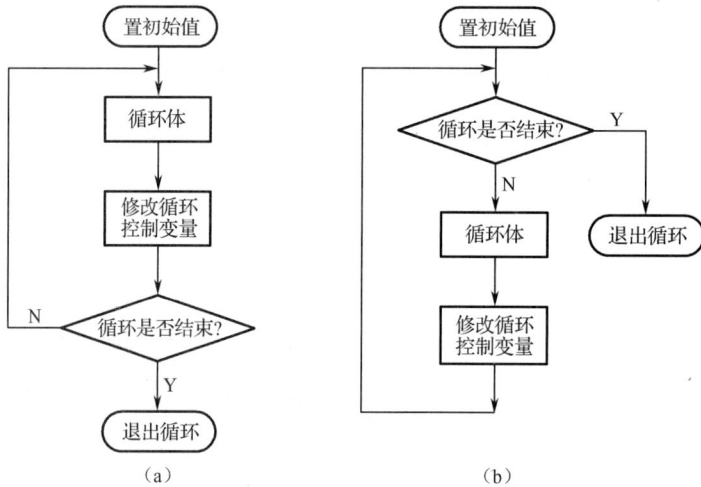

图 4-4　循环组织方式流程图

2．循环结构的类型

1）计数循环结构

计数循环结构是依据计数器的值来决定循环次数的，一般为减"1"计数器，计数器减到"0"时，结束循环。计数器的初始值是在初始化时设定的。

MCS-51 单片机指令系统提供了功能极强的循环控制指令：

| DJNZ | Rn, rel | ;以工作寄存器作为控制计数器 |
| DJNZ | direct,rel | ;以直接寻址单元作为控制计数器 |

例如，计算 n 个数据的和，计算公式为

$$y = \sum_{i=1}^{n} x_i$$

如果直接按这个公式编写程序，则 $n=100$ 时，要编写连续的 100 次加法程序。这样程序将太长，并且 n 可变时，将无法编写出顺序程序。可见，这个公式要改写为易于实现的形式，即

$$\begin{cases} y_i = 0 & ;i=1 \\ y_{i+1} = y_i + x & ;i \leq n \end{cases}$$

当 $i=n$ 时，y_{n+1} 即为所求的 n 个数据之和 y。在用计算机程序来实现时，y_i 是一个变量，可表示为

$$\begin{cases} 0 \to y, 1 \to i \\ y + x_i \to y_i, i+1 \to i & ;i \leq n \end{cases}$$

按这个公式，可以很容易地画出相应的程序流程图，如图 4-5 所示。

【例 4.5】　如果 x_i 均为单字节数，按 i 顺序将其存放在 AT89C51 单片机内部 RAM 从 50H 开始的单元中，并将 n 放在 R2 中，现将要求的和（双字节）放在 R3 及 R4 中。

程序如下：

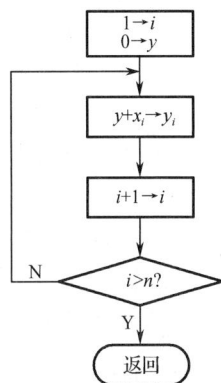

图 4-5　求数据和的
程序流程图

```
ADD1:    MOV    R2, #n        ;加法次数送入 R2
         MOV    R3, #0
         MOV    R4, #0
         MOV    R0, #50H
LOOP:    MOV    A, R4
         ADD    A, @R0
         MOV    R4, A
         INC    R0
         CLR    A
         ADDC   A, R3
         MOV    R3, A
         DJNZ   R2, LOOP      ;判断加法循环是否结束？
         END
```

在这里，用工作寄存器 R2 作为计数控制变量，R0 作为变址单元以寻址 x_i。一般来说，循环工作部分中的数据应该用间接方式来寻址，如这里用 "ADD　A, @R0"。

计数循环结构只有在循环次数已知的情况下才能被使用。对循环次数未知的问题，不能用循环次数来控制循环结束，往往要根据某种条件来判断是否应该终止循环。

2）条件循环结构

【例 4.6】　设有一串字符，依次被存放在内部 RAM 从 30H 单元开始的连续单元中，该字符串以 0AH 为结束标志，编写测试字符串长度的程序。

本例可以采用逐个字符依次与 "0AH" 比较的方法。为此设置一个长度计数器和一个字符串指针。长度计数器用来累计字符串的长度，字符串指针用于指定字符。如果指定字符与 "0AH" 不相等，则长度计数器和字符串指针都加 1，以便继续往下比较；如果比较相等，则表示该字符为 "0AH"，字符串结束。长度计数器的值就是字符串的长度。

程序如下：

	MOV	R4, #FFH	;将长度计数器初始值送入 R4
	MOV	R1, #2FH	;将字符串指针初始值送入 R1
NEXT:	INC	R4	
	INC	R1	
	CJNE	@ R1, #0AH, NEXT	;比较，不等则进行下一个字符比较
	END		

前面介绍的两个例子的程序都在一个循环结构程序中，不再包含其他循环结构程序，将这样的循环结构程序称为单循环程序。如果一个循环结构程序中包含了其他循环结构程序，则将这样的循环结构程序称为多重循环程序。

最常见的多重循环程序是由 DJNZ 指令构成的软件延时程序。它是常用的程序之一。

【例 4.7】 编写 50ms 延时程序。

软件延时程序与指令执行时间有很大的关系。在使用 12MHz 晶振时，一个机器周期为 1μs，执行一条 DJNZ 指令的时间为 2μs。这时，可用双重循环方法写出如下的延时 50ms 的程序：

DEL:	MOV	R7, #200	;指令执行时间为 1μs
DEL1:	MOV	R6, #125	;指令执行时间为 1μs
DEL2:	DJNZ	R6, DEL2	;指令执行时间为 2μs，总计 125×2μs=250μs
	DJNZ	R7, DEL1	;指令执行时间为 2μs，本循环体执行 200 次
	RET		;指令执行时间为 2μs

以上程序的延时时间不是太精确，如果把所有指令执行时间计算在内，则该程序的延时时间为

$$1+（1+250+2）×200+2=50.603（ms）$$

如果要求比较精确的延时时间，应该考虑对上述程序进行修改，才能得到较为精确的延时时间。

注意：用软件实现的延时程序不允许有中断，否则将严重影响定时的准确性。

对于要延时更长时间的程序，可采用更多重循环程序。例如，对于实现 1s 延时，可用三重循环程序。

【例 4.8】 编写程序：采用冒泡排序法，将 8031 单片机片内 RAM 50H～57H 的内容以无符号数的形式从小到大进行排序，即程序运行后，50H 存储单元的内容为最小无符号数，57H 存储单元的内容为最大无符号数。

算法说明

数据排序的方法很多，常用的有插入排序法、快速排序法、选择排序法等，本例以冒泡排序法为例。

冒泡排序法是一种相邻数互换的排序方法，由于其过程类似于水中的气泡上浮，故称为冒泡排序法。冒泡排序法是从前向后进行相邻数比较的，若数据的大小次序与要求的顺序不符（也就是逆序），就将这两个数交换，否则不互换。如果要升序排列，则通过这种相邻数互换的排序方法使小的数向前移，大的数向后移，如此从前向后进行一次冒泡排序，就会把最大的数换到最后，再进行一次冒泡排序，会把次大的数排到倒数第 2 的位置上，如此下去，

直到排序完成。

若原始数据的顺序为：50，38，7，13，59，44，78，22，第 1 次冒泡排序的过程如下：

50, 38, 7, 13, 59, 44, 78, 22（逆序，互换）
38, 50, 7, 13, 59, 44, 78, 22（逆序，互换）
38, 7, 50, 13, 59, 44, 78, 22（逆序，互换）
38, 7, 13, 50, 59, 44, 78, 22（正序，不互换）
38, 7, 13, 50, 59, 44, 78, 22（逆序，互换）
38, 7, 13, 50, 44, 59, 78, 22（正序，不互换）
38, 7, 13, 50, 44, 59, 78, 22（逆序，互换）
38, 7, 13, 50, 44, 59, 22, 78（第 1 次冒泡排序结束）

如此进行，各次冒泡排序的结果是：

38, 7, 13, 50, 44, 59, 22, 78（第 1 次冒泡排序）
7, 13, 38, 44, 50, 22, 59, 78（第 2 次冒泡排序）
7, 13, 38, 44, 22, 50, 59, 78（第 3 次冒泡排序）
7, 13, 38, 22, 44, 50, 59, 78（第 4 次冒泡排序）
7, 13, 22, 38, 44, 50, 59, 78（第 5 次冒泡排序）
7, 13, 22, 38, 44, 50, 59, 78（第 6 次冒泡排序）

可以看出，冒泡排序到第 5 次已完成。针对上述冒泡排序过程，必须说明以下两个问题。

（1）由于每次冒泡排序都是从前向后排定一个大数（假定升序），因此每次冒泡排序所需进行的比较次数都递减 1。例如，如果有 n 个数排序，则第 1 次冒泡排序要比较（$n-1$）次，第 2 次冒泡排序则要比较（$n-2$）次，依次类推。但在实际编程时，有时为了简化程序，往往把各次的比较次数都固定为（$n-1$）。

（2）对于有 n 个数的排序，应进行（$n-1$）次冒泡排序才能完成排序，但实际上并不需要这么多次冒泡排序。本例中，当进行到第 5 次排序时就完成了排序。判断排序是否已完成的最简单方法是看各次冒泡排序中有无数据互换的发生。如果有数据互换，则说明排序还没完成，否则表明已完成排序。

例 4.8 流程图如图 4-6 所示。

程序如下：

```
SORT:   MOV    R0, #50H      ;置数据存储区首单元地址
        MOV    R7, #07H      ;置每次冒泡排序比较次数
CLR     F0                   ;将交换标志清 0
        LOOP:  MOV A, @R0    ;取前数
        MOV    2BH, A        ;存前数
        INC    R0            ;R0←(R0)+1
        MOV    2AH, @R0      ;取后数
        CLR    C             ;将 C1 清 0
        SUBB   A, @R0        ;前数减后数
        JC     NEXT          ;C=1 表明前数<后数，不互换
        MOV    @R0, 2BH      ;C=0 表示前数≥后数，前数存入后数位置（存储单元）
        DEC    R0            ;R0←(R0)-1
        MOV    @R0, 2AH      ;将后数存入前数位置（存储单元）
        INC    R0            ;恢复 R0 值，准备下一次比较
```

	SETB	F0	;置交换标志
NEXT:	DJNZ	R7, LOOP	;(R7)-1=0 时返回，进行下一次比较
	JB	F0, SORT	;F0=1 返回，进行下一轮冒泡排序
HERE:	SJMP	$	;F0=0，无互换，排序结束

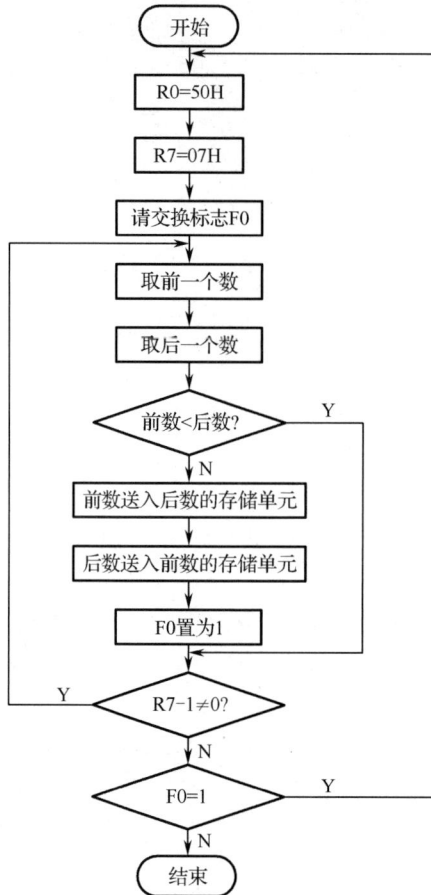

图 4-6　例 4.8 流程图

4.4　系统编程的步骤、方法和技巧

计算机在完成一项工作时，必须按顺序执行各种操作。这些操作是程序设计人员用计算机所能接受的语言把解决问题的步骤事先描述好的，也就是事先编制好计算机语言程序，再由计算机去执行。汇编语言程序设计要求程序设计人员对单片机的硬件结构有较详细的了解。在汇编语言程序设计时，数据的存放、寄存器和工作单元的使用等要由程序设计人员安排；在高级语言程序设计时，这些工作是由计算机软件完成的，程序设计人员不必考虑。

在设计一个单片机应用系统程序前，必须要先了解（或确定）该系统所要实现的功能，然后拟定系统工作的流程图，再把该流程图分解成若干子功能模块，并对子功能模块进行分析，在确定算法后进行程序调试，而后把所有调试成功后的子功能模块程序或子程序连接起来形成一个完整的系统程序，最后进行系统程序调试。

4.4.1　拟定系统的工作流程图

在设计单片机应用系统时，要根据应用要求，拟定系统的工作流程图，然后根据工作流程图设计系统的硬件和软件。有关系统硬件设计在后续章节进行讨论，这里只讨论软件设计问题。

常见的单片机系统的工作流程图如图 4-7 所示。系统的工作流程图与系统的程序流程图大体相同，但也有区别。工作流程图表明系统的工作过程，而程序流程图则指明程序的流向；工作流程图规定了程序流程图的形式与流向，而程序流程图则更具体地规划程序所完成的工作与程序结构。

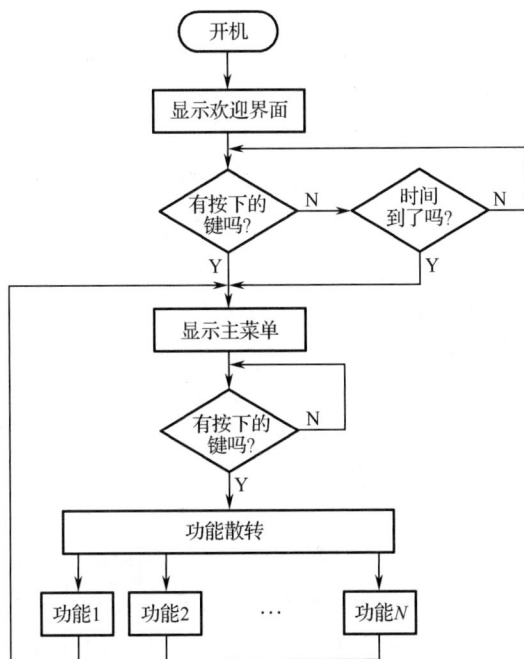

图 4-7　常见的单片机系统的工作流程图

在拟定系统的工作流程图之后，可以设计系统的程序流程图，或者直接把系统的工作流程图作为系统的程序流程图。

4.4.2　子功能模块程序或子程序的分解与分析

实际的应用程序一般都要完成若干个功能，而这些功能中又经常要完成多项任务，实现某个具体功能，如计算、发送、接收、延时、显示、打印等。把这些功能划分为子功能模块程序或子程序来进行设计和调试的方法，称为模块化程序设计方法。模块化程序设计方法有以下优点。

（1）单个模块结构的程序功能单一，易于编写、调试和修改。

（2）便于分工，从而可使多个程序员同时进行程序的编写和调试工作，加快软件研制进度。

（3）程序可读性好，便于功能扩充和版本升级。

（4）可局部进行程序的修改，其他部分程序可以保持不变。

（5）对于使用频繁的子程序可以建立子程序库，便于多个模块调用。

在进行模块划分时，应首先弄清楚每个模块的功能，确定其数据结构，以及与其他模块的关系；其次是对主要任务进一步细化，把一些专用的子任务交由下一级即第二级子模块完成，这时也要弄清楚它们之间的相互关系。按这种方法一直细分成易于理解和实现的小模块为止。

模块的划分有很大的灵活性，但也不能随意划分。划分模块时应考虑以下几个方面。

（1）每个模块应具有独立的功能，能产生一个明确的结果，这就是单模块的功能高内聚性。

（2）模块之间的控制耦合应尽量简单，数据耦合应尽量少，这就是模块间的低耦合性。控制耦合是指模块进入和退出的条件及方式；数据耦合是指模块间的信息交换（传递）方式、交换量的多少及交换的频繁程度。

（3）模块长度适中。模块长度通常在 20～100 条语句的范围较合适。如果模块太长，则对程序的分析和调试比较困难，失去了模块化程序结构的优越性；如果模块过短，则模块的连接太复杂，信息交换太频繁。

（4）不仅要明确子功能模块程序或子程序的任务，还要初步地分配其占用的资源。资源应该包括堆栈、寄存器和存储器等。

4.4.3　子功能模块程序或子程序的设计与调试

划分合理的子功能模块程序或子程序可以方便调试，从而使多名程序员能协同设计系统并提高系统的开发效率。

在子功能模块程序或子程序的设计与调试时应该注意以下几点。

（1）要注意完成子功能模块程序或子程序被赋予的任务是否完整。例如，在完成除法运算时，不能只考虑正常情况下的程序设计，还应考虑出现溢出和除 0 的情况，甚至四舍五入的情况。

（2）尽可能在所分配的资源内实现所赋予的任务，最后实际占用的资源、程序入口和出口都应有明确、详细的记载和说明。

（3）对程序应有尽可能详细的注释。

在编写子程序时，也应该先设计好程序流程图。程序流程图是使用各种图形、符号、有向线段等来说明程序设计过程的一种直观的表示，常采用以下图形及符号。

椭圆形框（⬭）或桶形框（▭）表示程序的开始或结束。

矩形框（▭）表示要进行的工作。

菱形框（◇）表示要判断的事情，菱形框内的表达式表示要判断的内容。

圆圈（〇）表示连接点。

指向线（→）表示程序的流向。

一个除法的子程序流程图如图 4-8 所示。

```
            入口
             │
        ┌────┴────┐
        │除数为0吗?│────Y────────────┐
        └────┬────┘                  │
             │N                  ┌────┴────┐
   ┌─────────────────────┐       │ 置溢出标志│
   │清部分余数，初始化计数器R1│       └────┬────┘
   └──────────┬──────────┘            │
   ┌──────────┴──────────┐            │
   │  部分余数、被除数左移  │            │
   └──────────┬──────────┘            │
       ┌──────┴──────┐                │
       │  部分余数-除数 │                │
       └──────┬──────┘                │
          ┌───┴───┐                   │
          │ 够减吗? │────N──┐           │
          └───┬───┘        │           │
             │Y            │           │
      ┌───────┴───────┐    │           │
      │商加1、建立新余数 │    │           │
      └───────┬───────┘    │           │
          ┌───┴───┐        │           │
   N──────│次数到了吗?│───────┘           │
          └───┬───┘                    │
             │Y                        │
      ┌───────┴────────┐               │
  Y───│ 余数最高位为1吗? │               │
  │   └───────┬────────┘               │
  │          │N                        │
  │   ┌───────┴────────┐               │
  │ Y─│ 余数×2>除数吗?  │               │
  │ │ └───────┬────────┘               │
┌─┴─┴─┐      │N                        │
│ 商加1│──────┤                         │
└─────┘ ┌────┴────┐                    │
        │ 清溢出标志│                    │
        └────┬────┘                    │
             ├───────────────────────┘
          ┌──┴──┐
          │ 返回 │
          └─────┘
```

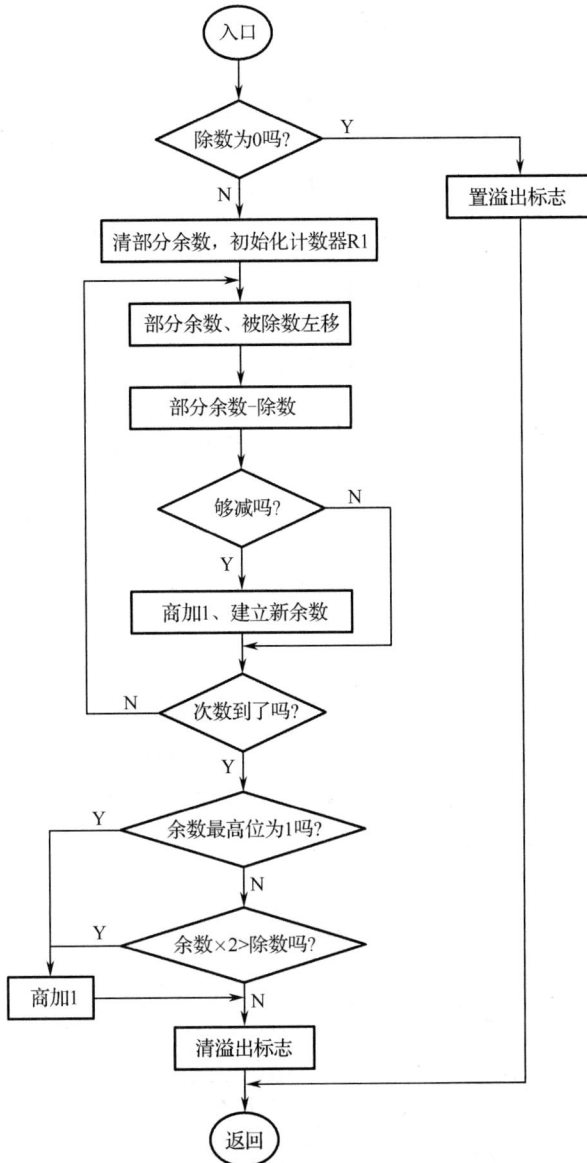

图 4-8　一个除法的子程序流程图

4.4.4　系统程序的连接与调试

在调试系统程序时，应该一个一个地连接子功能模块程序或子程序来进行调试。连接、调试好一个子功能模块程序或子程序后，再连接、调试好另一个子功能模块程序或子程序。切忌把所有的子功能模块程序或子程序一次全部连接在一起一次进行调试。

4.5　实验

实验电路如图 4-9 所示。

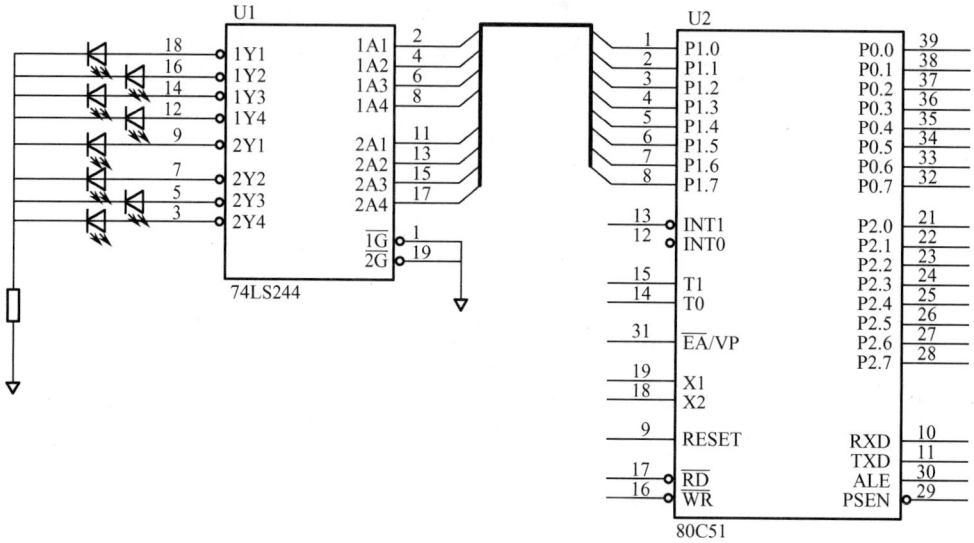

图 4-9　实验电路

1. 实验步骤

（1）运行程序 1，观察 8 个发光二极管的亮灭状态。

（2）在实验电路的基础上增加一个拨动开关，如图 4-10 所示。

将拨动开关 S0 拨到接地位置，运行程序 2，观察发光二极管的亮灭状态。

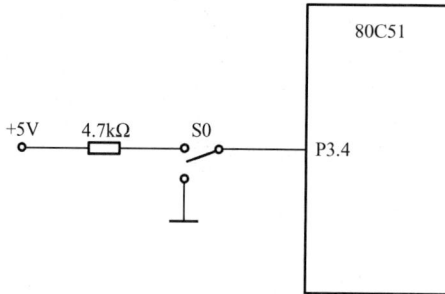

图 4-10　实验中的开关电路

（3）运行程序 3，观察 8 个发光二极管的亮灭状态。

程序 1：所有发光二极管不停地闪动。

```
        ORG   0000H
START:  MOV   P1, #00H      ；给 P1 接口送全 0 信号，所有发光二极管都熄灭
        ACALL  DELAY        ；调用延时子程序延时
        MOV   P1, #0FFH     ；给 P1 接口送全 1 信号，所有发光二极管全亮
        ACALL  DELAY        ；调用延时子程序延时
        AJMP   START        ；重复执行该程序段
DELAY:  MOV   R3, #7FH
DEL2:   MOV   R4, #0FFH
DEL1:   NOP
        DJNZ   R4, DEL1
        DJNZ   R3, DEL2
```

```
                RET
                END
```

程序 2：用开关控制发光二极管的显示方式。

```
                ORG    0000H
                MOV    P3,#11111111B      ; 给 P3 接口全 1 信号
                MOV    A, P3              ; 将 P3 接口的值送给 A
                ANL    A, #00010000B      ; 将 P3 接口的值与 10H 相与，取得 P3.4 的状态
                JZ     DDPING             ; 如果 P3.4=0，则跳转到 DDPING 处
                MOV    P1, #00H           ; 否则让所有发光二极管熄灭
                SJMP   $
DDPING:  MOV    P1, #55H           ; 让发光二极管每隔一个亮
                SJMP   $
                END
```

程序 3：使 8 个发光二极管顺序点亮。

```
                ORG    0000H
START:   MOV    R2, #08H            ; R2 作为计数寄存器，存放计数值（8 次）
                MOV    A, #0FEH           ; 将初始的 P1 接口值存放在 A 里
NEXT:    MOV    P1, A              ; 将 A 的值传给 P1 接口，此时接在 P1.0 的发光二极管亮
                ACALL  DELAY              ; 调用延时子程序延时
                RL     A                  ; 将 A 里的初始值左移，得到值 11111101=FDH
                DJNZ   R2, NEXT           ; 如果移动了 8 次，则 R2=0，程序跳往 NEXT 处
                                          ; 否则跳往 START 处
                SJMP   START
DELAY:   MOV    R3, #0FFH
DEL2:    MOV    R4, #0FFH
DEL1:    NOP
                DJNZ   R4, DEL1
                DJNZ   R3, DEL2
                RET
                END
```

2．实验分析与总结

（1）程序 1 的运行结果是：8 个发光二极管同时闪动。程序 1 的执行过程是按照指令的排列顺序逐条执行的，直到全部指令执行完毕为止，属于顺序结构。

（2）程序 2 的运行结果是：若开关 S0 接+5V，则 8 个发光二极管全部处于点亮状态；若开关 S0 拨到接地状态，则 8 个发光二极管处于"亮灭亮灭亮灭亮灭"状态，属于分支结构。

（3）程序 3 的运行结果是：顺序点亮 8 个发光二极管。程序 3 将"点亮—延时—移位"这个程序段重复执行了 8 次，即循环结构。

（4）在程序 1 和程序 3 中都使用了一段相同的延时子程序。

思考

在程序 1 和程序 3 中，如果去掉程序中的 ACALL DELAY 指令，程序运行结果是否有变化？为什么？如果想改变 8 个发光二极管的闪动或点亮速度，如何修改程序？

习　题

1. 简述 MCS-51 单片机指令的基本格式。

2. 说明下列符号的意义，并指出它们之间的区别。

（1）R0 与@R0　　　　　　（2）A←R1 与 A←(R1)

（3）DPTR 与@DPTR　　　　（4）30H 与#30H

3. 什么是寻址方式？80C51 单片机指令系统有几种寻址方式？试述各种寻址方式所能访问的存储空间。

4. 若 R0=11H,(11H)=22H,(33H)=44H，写出执行下列指令后的结果。

（1）MOV　A, R0　　　　　（2）MOV　A, @R0

（3）MOV　A, 33H　　　　　（4）MOV　A, #33H

5. 若 A=78H, R0=34H,(34H)=DCH,(56H)=ABH，求分别执行下列指令后 A 和 C 中的数据。

（1）ADD　A, R0　　　　　（2）ADDC　A, @R0

（3）ADD　A, 56H　　　　　（4）ADD　A, #56H

6. 被减数保存在 31H 和 30H 中（高位在前），减数保存在 33H 和 32H 中，试编写其减法程序，差值存入 31H 和 30H 中，借位存入 32H 中。

7. 若 A=B7H=10110111B,R0=5EH=0101110B,(5EH)=D9H=11011001B,(D6H)=ABH= 10101011B，分别写出执行下列各条指令后的结果。

（1）ANL　A, R0　　　（2）ANL　A, @R0　　　（3）ANL　A, #D6H

（4）ANL　A, D6H　　　（5）ANL　D6H, A　　　（6）ANL　D6H, #D6H

8. 若 A=01111001B,C=0，分别写出执行下列各条指令后的结果。

（1）RL　　A　　　　　（2）RCL　　A

（3）RR　A　　　　　　（4）RRC　　A

9. 编写程序，将位存储单元 33H 与 44H 中的内容互换。

10. 试编程序，将片外数据存储区的 2000H～20FFH 数据块传送到 3000H～30FFH 区域。

11. 使用循环转移指令编写延时 30ms 的延时子程序（设单片机的晶振频率为 12MHz）。

12. 试编写延时 1 min 子程序（设 f_{osc}=6MHz）。

13. 从片内数据存储区的 30H 存储单元开始存放着一组无符号数，这组无符号数的个数存放在 31H 中。试编写程序，找出其中最小的数，并将其存入 30H 中。

14. 计算片内数据存储区的 50H～57H 单元中数的算术平均值，结果存放在 5AH 中。

15. 已知累加器 A 中的 2 位十六进制数，试编写程序将其转换为 ASCII，并存入 21H 和 20H 中。

16. 试编写程序，根据 R2（不大于 85）中的数值实现以下散转功能：

(R2) = 0，转向 PRG0；

(R2) = 1，转向 PRG1；

⋮

(R2)= n，转向 PRGn。

第 5 章　单片机的 C 语言程序设计

随着单片机硬件性能的提高，单片机的工作速度越来越快。目前，80C51 单片机的最高时钟频率可达 24MHz 以上。因此，在编写单片机应用系统程序时，更着重于程序本身的编写效率。为了适应这种要求，现在许多单片机开发系统，除了支持汇编语言之外，还支持了高级语言，如 C51 语言。

5.1　C51 语言概述

单片机在推广应用的初期，主要使用汇编语言，这是因为当时的开发工具只能支持汇编语言。随着硬件技术的发展，单片机开发工具的功能也有很大提高。对于 80C51 单片机，可使用 4 种语言编程，这 4 种语言是汇编语言、PL/M 语言、C 语言和 BASIC 语言。80C51 单片机的 C 语言（简称 C51 语言）是一种通用的程序设计语言，其代码效率高、数据类型及运算符丰富，并具有良好的程序结构，适用于各种应用的程序设计。

支持 MCS-51 单片机用 C 语言编程的编译器主要有两种：Franklin C51 编译器和 Keil C51 编译器，简称 C51 编译器。C51 编译器是专为 MCS-51 单片机开发的一种高性能的 C 语言编译器，由 C51 编译器产生的目标代码的运行速度极高，所需存储空间极小，完全可以和汇编语言媲美。

5.1.1　C51 语言与汇编语言的比较

与汇编语言相比，用 C51 语言编写 MCS-51 单片机应用程序具有以下特点。

（1）不用了解 MCS-51 单片机的硬件及指令系统，只要初步了解 MCS-51 单片机的存储器结构。

（2）C51 语言能解决内部寄存器的分配、不同存储器的寻址和数据类型等细节问题，但对硬件控制有限，而汇编语言可以完全控制资源。

（3）C51 语言在小应用程序中产生的代码量大且执行速度慢，但在较大的程序中产生的代码执行速度快。汇编语言在小应用程序中可以产生紧凑的、高速的代码。

（4）C51 语言程序由若干函数组成，具有良好的模块化结构，便于改进和扩充。

（5）C51 语言程序具有良好的可读性和可维护性；汇编语言在应用程序开发中，开发难度增加，可读性差。

（6）C51 语言有丰富的库函数，可大大减少程序员的编程量，显著缩短程序的编程与调试时间，大大提高软件开发效率。

（7）使用汇编语言编制的程序，当单片机的机型改变时，无法被直接移植使用；C51 语言程序是面向用户的程序设计语言程序，能在不同机型的单片机上运行，可移植性好。

5.1.2　C51 语言与标准 C 语言的比较

C51 语言与标准 C 语言有很多相同之处，但也有其自身的一些特点。不同的嵌入式 C51 语言之所以与标准 C 语言有不同的地方，主要是由于它们所针对的硬件系统不同。

C51 语言的基本语法与标准 C 语言相同。C51 语言在标准 C 语言的基础上进行了适合于 8051 内核单片机硬件的扩展。深入理解 C51 语言对标准 C 语言的扩展部分及它们的不同之处，是掌握 C51 语言的关键之一。

C51 语言与标准 C 语言的一些差别如下。

（1）库函数的不同。标准 C 语言中不适合单片机应用的库函数被排除在 C51 语言之外，如字符屏幕和图形函数，而有些库函数必须针对 8051 单片机的硬件特点来做出相应的开发。例如，库函数 printf 和 scanf，在标准 C 语言中，这两个函数通常用于屏幕打印和接收字符，而在 C51 语言中，主要用于串行接口数据的收发。

（2）数据类型有一定区别。在 C51 语言中，增加了几种针对 8051 单片机特有的数据类型，在标准 C 语言的基础上又扩展了 4 种类型。例如，8051 单片机包含位操作空间和丰富的位操作类指令，因此 C51 语言的数据类型与标准 C 语言的相比增加了位类型。

（3）C51 语言中的变量存储模式与标准 C 语言中的变量存储模式不一样。标准 C 语言最初是为通用计算机设计的。在通用计算机中，只有一个程序和数据统一寻址的内存空间，而 C51 语言中的变量存储模式与 8051 单片机的各种存储器区紧密相关。

（4）数据存储类型不同。8051 单片机存储区可分为片内数据存储区、片外数据存储区及程序存储区。片内数据存储区可分为 3 个不同的存储类型：data、idata 和 bdata。片外数据存储区分为两个不同的存储类型：xdata 和 pdata。对于程序存储区，只能对其读、不能对其写，并可能在 8051 单片机片内或片外。C51 语言提供的 code 存储类型用来访问程序存储区。

（5）标准 C 语言中没有处理单片机中断的函数，而 C51 语言中有专门的中断函数。

（6）头文件不同。C51 语言头文件必须把 8051 单片机内部的外设硬件资源（如定时器、中断、I/O 等）相应的特殊功能寄存器写入头文件内，而 C 语言头文件不用把这些写入头文件。

（7）程序结构的差异。8051 单片机的硬件资源有限，它的编译系统不允许太多的程序嵌套。标准 C 语言所具备的递归特性不被 C51 语言支持。

从数据运算操作、程序控制语句及函数的使用上来说，C51 语言与标准 C 语言几乎没有什么明显的差别。如果程序员具备了标准 C 语言的编程基础，只要注意 C51 语言与标准 C 语言的不同之处，并熟悉 8051 单片机的硬件结构，就能较快地掌握 C51 语言的编程。

5.1.3　使用 C51 语言编制程序的步骤

（1）使用通用的文字编辑软件，如用 EDIT、仿真器开发商提供的集成开发软件等编写 C51 语言的源程序。

（2）可用支持 C51 语言的仿真器对编好的源程序进行调试、纠错和优化。

（3）对调试好的源程序进行编译。用 C51 编译器对源程序进行编译后，可生成后缀为 HEX 的目标程序文件。

（4）将生成的目标程序文件，用编程器写入单片机的程序存储器，就完成了程序编制的全过程。

5.2　C51 语言对标准 C 语言的扩展

本章主要分析 C51 语言和标准 C 语言之间的区别，或者说 C51 语言对标准 C 语言的扩展。如果读者对标准 C 语言不是很了解，可以参考一本专门介绍 C 语言的书籍。

C51 语言的特色主要体现在以下几个方面。

（1）C51 语言虽然继承了标准 C 语言的绝大部分特性，而且它们的基本语法相同，但其本身又在特定的硬件结构上有所扩展，如关键字 sbit、data、idata、pdata、xdata、code 等。

（2）应用 C51 语言更要注重对系统资源的理解。因为单片机的系统资源相对 PC 来说很贫乏，对于 RAM、ROM 中的每个字节都要充分利用。可以通过多看编译生成的.m51 文件来了解自己程序中资源的利用情况。

（3）C51 语言程序引用的各种算法要精简，不要对系统构成过重的负担。C51 语言程序尽量少用浮点运算，可以用 unsigned 无符号型数据就不要用有符号型数据；尽量避免多字节的乘法、除法运算，多使用移位运算等。

C51 语言相对于标准 C 语言的扩展是直接针对 51 系列单片机 CPU 硬件的。

5.2.1　数据类型

C51 语言具有标准 C 语言的所有标准数据类型。除此之外，为了更加有效地利用 8051 单片机结构，还扩展了以下特殊的数据类型。

（1）位变量 bit。bit 的值可以是 1（True），也可以是 0（False）。

（2）特殊功能寄存器 sfr。8051 单片机的特殊功能寄存器分布在片内数据存储区的 80H～FFH 之间，sfr 数据占用一个存储单元。利用它可以访问 8051 单片机内部的所有特殊功能寄存器。例如，"sfr P1 =0x90" 定义了 P1 接口在片内的寄存器，在程序后续的语句中可以用"P1 = 0xff"，使 P1 的所有引脚为高电平的语句来操作特殊功能寄存器。

（3）特殊功能寄存器 sfr16。sfr16 数据占用两个存储单元。sfr16 和 sfr 一样用于操作特殊功能寄存器。所不同的是它用于操作占两个字节的特殊功能寄存器。例如，"sfr16 DPTR =0x82" 定义了片内 16 位数据指针寄存器 DPTR，其低 8 位字节地址为 82H，高 8 位字节地址为 83H，在程序的后续语句中就可对 DPTR 进行操作。

（4）特殊功能位 sbit。sbit 是指 8051 片内特殊功能寄存器的可寻址位。

举例如下：

```
sfr   PSW = 0xd0;    //定义 PSW 寄存器地址为 0xd0
sbit  OV = PSW^2;    //定义 OV 位为 PSW.2
```

符号 "^" 前面是特殊功能寄存器的名字，后面的数字定义特殊功能寄存器可寻址位在寄存器中的位置，取值必须是 0～7。

注意：不要把 bit 与 sbit 相混淆。bit 是用来定义普通的位变量，编译时是会被分配存储空间的；sbit 定义的是特殊功能寄存器的可寻址位，更像是类型定义，不是变量定义，编译时是不会被分配存储空间的。

其余数据类型如 char、short、int、long、float 等与标准 C 语言相同。C51 语言的数据类型如表 5-1 所示。bit、sbit、sfr 和 sfr16 数据类型专门用于 8051 单片机硬件和 C51 编译器，并不是标准 C 语言的一部分，不能通过指针进行访问。bit、sbit、sfrs 和 sfr16 数据类型用于访问 8051 单片机的特殊功能寄存器。

表 5-1　C51 语言的数据类型

数据类型	位	字 节	值 的 范 围
char	8	1	−128~127
unsigned char	8	1	0~255
enum	16	2	−32 768~32 767
short	16	2	−32 768~32 767
unsigned short	16	2	0~65 535
int	16	2	−32 768~32 767
unsigned int	16	2	0~65 535
long	32	4	−2 147 483 648~2 147 483 647
unsigned long	32	4	0~4 294 967 295
float	32	4	$\pm（1.175\ 494\times10^{-38}\sim3.402\ 823\times10^{38}）$
bit	1	—	0，1
sbit	1	—	0，1
sfr	8	1	0~255
sfr16	16	2	0~65 535

80C51 单片机有 21 个特殊功能寄存器。这 21 个特殊功能寄存器在片内 RAM 中具有绝对地址。80C51 单片机为这 21 个特殊功能寄存器用预定义标识符起了名字。

【例 5.1】　用 sfr 数据类型定义特殊功能寄存器。

程序如下：

```
sfr   SCON=0x98;     /*声明 SCON 为串行接口控制器，地址为 0x98*/
sfr   P0=0x80;       /*声明 P0 为特殊功能寄存器，地址为 0x80*/
sfr   TMOD=0x89;     /*声明 TMOD 为定时/计数器的模式寄存器，地址为 0x89*/
sfr   PSW=0xd0;      /*声明 PSW 为特殊功能寄存器，地址为 0xd0*/
```

说明：sfr 之后的寄存器名称必须大写，并可以直接对这些定义之后的寄存器赋值。

【例 5.2】　用 sbit 数据类型定义位变量。

程序如下：

```
sbit   CY=PSW^7;  /*从已声明的 PSW 中，指定 PSW.7 为 CY*/
sbit   CY=0xd0^7;  /*整数 0xd0 为基地址，指定 0xd0 的第 7 位为 CY*/
```

在 sbit 声明中，"^"号右边的表达式定义特殊位在寄存器中的位置，该值必须是 0~7。

当然以上两例的类型说明都已经在寄存器说明头文件 reg51.h 中了，用户只要在主程序的一开始使用指令#include <reg51.h>，将该头文件包含在自己的程序中即可。

5.2.2　存储类型及存储区

1．存储类型及存储区描述

C51 编译器支持 8051 单片机及其扩展系列，并可以对 8051 单片机所有存储区进行访问。8051 单片机的片内数据存储区是可读/写的。8051 单片机派生系列最多可有 256B 的片内数据存储区，其中低 128B 可直接寻址，高 128B（80H～FFH）只能间接寻址，从 20H 开始的 16B 可位寻址。片内数据存储区又可分为 3 个不同的存储类型：data、idata、bdata。片外数据存储区也是可读/写的。访问片外数据存储区比访问片内数据存储区慢，这是因为片外数据存储区是通过数据指针加载地址被间接访问的。C51 编译器提供两种不同的存储类型（xdata 和 pdata）来访问片外数据存储区。程序存储区是只读、不写的。程序存储区可能在 8051 单片机片内或片外，具体要根据设计时选择的 CPU 型号来决定程序存储区在 8051 单片机片内、片外的分布情况，以及根据程序容量来决定是否扩展程序存储区。

在 C51 语言程序设计时，每个变量可以被明确地分配到指定的存储空间。因为访问片内数据存储区比访问片外数据存储区快许多，所以应当将频繁使用的变量放在片内数据存储区中，而把较少使用的变量放在片外数据存储区中。各存储区的描述如表 5-2 所示。

表 5-2　各存储区的描述

类型关键字	存 储 空 间	说　　明
data	片内数据存储区（00H～7FH）	128B，直接寻址
bdata	片内数据存储区（20H～2FH）	16B，位寻址
idata	片内数据存储区（00H～FFH）	256B，间接寻址全部片内数据存储区
pdata	片外数据存储区（00H～FFH）	256B，用 MOVX@Ri 指令访问
xdata	外部 RAM（0000H～FFFFH）	64KB，用 MOVX@DPTR 指令访问
code	程序存储区（0000H～FFFFH）	64KB，用 MOVC@A+DPTR 指令访问

2．存储类型及存储区使用举例

（1）data 区。data 区声明中的存储类型标识符为 data。

data 区是指低 128B 的片内数据存储区。data 区可被直接寻址。由于直接寻址的速度是最快的，所以应该把经常使用的变量放在 data 区。data 区的存储空间是有限的。data 区除了包含程序变量外，还包括了堆栈和存储器组。

举例如下：

```
unsigned char data system_status=0;    /*定义无符号字符型变量 system_statu 初始值为 0，使其存储在片
                                          内数据存储区低 128B*/
unsigned int data unit_id[2];    /*定义无符号整型数组 data unit_id，使其存储在片内数据存储区中*/
```

标准变量和用户自声明变量都可存储在 data 区中，只要不超过 data 区范围即可。51 系列单片机没有硬件报错机制，当内部堆栈溢出时，会莫名其妙被复位。堆栈的溢出只能以这种方式表示出来，所以要声明足够大的堆栈空间以防止堆栈溢出。

（2）bdata 区。bdata 区声明中的存储类型标识符为 bdata。bdata 区是指内部可位寻址的 16B 存储区（20H～2FH）。

btada 区实际就是 data 区中的位寻址区。在这个区声明变量就可进行位寻址。位变量的

声明对状态寄存器来说是十分有用的，这是因为状态寄存器可能仅仅被使用某一位，而不是被使用整个字节。

在 bdata 区中声明的位变量和使用位变量的举例如下：

```
unsigned char bdata status_byte;        /*定义无符号字符型变量 status_byte，使其存储在 20H～2FH 区，
                                          可进行位寻址*/

unsigned int bdata status_word;         /*定义无符号整型变量 status_word，使其存储在 20H～2FH 区*/
unsigned long bdata status_dword;       /*定义无符号长整型变量 status_dword，使其存储在 20H～2FH 区*/
sbit start_flag=status_byte^4;          /*将 status_byte 的第 4 位赋值给位变量 start_flag*/
 if(status_word^15){                     /*如果 status_word 的第 15 位为 1，则执行{}中的语句*/
                    start_flag=0;  …
                    }
                   start_flag=1;        /*否则 stat_flag=1*/
```

注意：C51 编译器不允许在 bdata 区中声明 float 和 double 型的变量。如果想对浮点数的每一位进行寻址，可以通过包含 float 和 long 的联合体来实现。

举例如下：

```
typedef union{                          /*声明联合体类型*/
              unsigned long lvalue;     /*长整型数为 32 位*/
              float fvalue;             /*浮点数为 32 位*/
              }bit_float;               /*联合体名*/
bit_float bdata myfloat;                /*在 bdata 区中声明联合体*/
sbit float_id=myfloat^31;               /*声明位变量名*/
```

（3）idata 区。idata 区声明中的存储类型标识符为 idata。idata 区是指 256B 的片内数据存储区，只能被间接寻址。间接寻址的速度比直接寻址的速度慢。

举例如下：

```
unsigned char idata system_status=0;
unsigned int idata unit_id[2];
char idata inp_string[16];
float idata outp_value;
```

（4）pdata 和 xdata 区。pdata 和 xdata 区属于片外数据存储区。

片外数据存储区是可读/写的存储区，最多可有 64KB。当然这些地址不是必须用作存储区的。访问片外数据存储区比访问片内数据存储区慢。这是因为片外数据存储区是通过数据指针加载地址来间接访问的。

在这两个区中的变量声明和在其他区中的变量声明是一样的，但 pdata 区只有 265B 而 xdata 区可达 65 536B。对 pdata 区和 xdata 区的操作是相似的。对 pdata 区寻址比对 xdata 区寻址要快。这是因为对 pdata 区寻址只需要 8 位地址，而对 xdata 区寻址需要 16 位地址，所以要尽量把片外数据存储在 pdata 区中。

pdata 和 xdata 区声明中的存储类型标识符分别为 pdata 和 xdata。xdata 存储类型标识符可以指定片外数据存储区的任何地址，而 pdata 存储类型标识符仅指定 1 页或 256B 的片外数据存储区。

举例如下：

```
unsigned char xdata system_status=0;
unsigned int pdata unit_id[2];
char xdata inp_string[16];
float pdata outp_value;
```

（5）程序存储区。程序存储区声明中的存储类型标识符为 code。在 C51 编译器中可用 code 存储类型标识符来访问程序存储区。程序存储区的数据是不可改变的。编译时要对程序存储区中的对象进行初始化，否则就会产生错误。

程序存储区声明的举例如下：

```
unsigned char code a[]={0x00, 0x01, 0x02, 0x03, 0x04, 0x05, 0x06, 0x07, 0x08, 0x09, 0x10, 0x11, 0x12,
0x13, 0x14, 0x15};
```

5.2.3　特殊功能寄存器

51 系列单片机提供 128B 的特殊功能寄存器寻址区，地址为 80H～FFH。除了程序计数器 PC 和 4 组通用寄存器之外，其他所有的寄存器均为特殊功能寄存器，并位于片内特殊功能寄存器区。对片内特殊功能寄存器区可位寻址、字节寻址或字寻址，从而实现对定时器、计数器、串行、I/O 及其他部件的控制。特殊功能寄存器可由以下几种关键字来说明。

1. sfr

sfr 声明字节寻址的特殊功能寄存器。例如，"sfr　P0=0x80"表示 P0 接口地址为 80H。

注意："sfr"后面必须跟一个特殊功能寄存器名；"="后面的地址必须是常数，不允许是带有运算符的表达式。这个常数值的范围必须在特殊功能寄存器地址范围内，位于 0x80 到 0xff 之间。

2. sfr16

许多新的 8051 派生系列单片机用两个连续地址的特殊功能寄存器来指定 16 位值。例如，8052 用地址 0xcc 和 0xcd 表示定时/计数器 2 的低和高字节。如"sfr16　T2=0xcc"表示 T2 接口地址的低字节地址 T2L=0xcc，高字节地址 T2H=0xcd。sfr16 声明和 sfr 声明遵循相同的原则，任何符号名都可用在 sfr16 的声明中，并且声明中名字后面不是赋值语句，而是一个特殊功能寄存器地址，其高字节必须位于低字节之后。这种声明适用于所有新的特殊功能寄存器，但不适用于定时/计数器 0 和计数器 1。

3. sbit

sbit 声明可位寻址的特殊功能寄存器和别的可位寻址的目标。

sbit 声明变量位寻址的形式如下。

1）sfr_name^int_constant

sbit 声明变量用 sfr_name 作为 sbit 的基地址；"^"后面的表达式指定了位的位置，并且必须是 0～7 之间的一个数字。

举例如下：

```
sfr  PSW=0xd0;       /*声明 PSW 为特殊功能寄存器，地址为 0xd0*/
sfr  IE=0xa8;        /*声明 IE 为特殊功能寄存器，地址为 0xa8*/
sbit OV=PSW^2;       /*声明溢出位变量 OV 是 PSW 的第 2 位*/
```

```
sbit   CY=PSW^7;        /*声明进位位变量 CY 是 PSW 的第 7 位*/
sbit   EA=IE^7;         /*声明中断允许位变量 EA 是 IE 的第 7 位*/
```

2）int_constant^int_constant

sbit 声明变量用一个整常数，作为 sbit 的基地址；"^"后面的表达式指定位的位置，并且必须是 0～7 之间的一个数字。

举例如下：

```
sbit   OV=0xd0^2;       /*声明溢出位变量 OV 是 0xd0 的第 2 位*/
sbit   CY=0xd0^7;       /*声明进位位变量 CY 是 0xd0 的第 7 位*/
sbit   EA=0xa8^7;       /*声明中断允许位变量 EA 是 0xa8 的第 7 位*/
```

3）int_constant

sbit 声明变量是一个绝对位地址。

举例如下：

```
sbit   OV=0xd2;         /*声明溢出位变量的地址是 0xd2*/
sbit   CY=0xd7;         /*声明进位位变量的地址是 0xd7*/
sbit   EA=0xaf;         /*声明中断允许位变量的地址是 0xaf*/
```

特殊功能位代表一个独立的声明类。sbit 数据类型可以用来访问使用 bdata 存储类型标识符的变量的位。

不是所有的特殊功能寄存器都是可位寻址的，只有地址可被 8 整除的特殊功能寄存器才是可位寻址的。特殊功能寄存器地址的低字节必须是 0 或 8。例如，0xa8 和 0xd0 的特殊功能寄存器是可位寻址的，0xc7 和 0xeb 的特殊功能寄存器是不可位寻址的。

MCS-51 单片机所有标准寄存器符号都已经由 C51 语言的头文件定义完成。编程人员可以直接使用已定义的寄存器符号。在使用已定义的寄存器符号时，要用预编译命令#include 将有关头文件包括到源文件中。使用 MCS-51 内部资源定义时要到 reg51.h 文件，因此源文件开头应有以下预编译命令：

```
#include   <reg51.h> 或  #include  "reg51.h"
```

二者功能相同，只是搜索头文件的路径有差异。reg51 是 MCS-51 单片机中的寄存器。其他型号单片机所对应的头文件名称应为"regxx.h"，其中，"xx"为单片机型号简称。reg51.h 文件的内容定义了特殊功能寄存器中的所有寄存器和位地址。

【例 5.3】 如图 5-1 所示，80-51 单片机的 P1.0 引脚连接一个 LED，给 P1.0 引脚送"0"信号时点亮 LED，给 P1.0 引脚送"1"信号时熄灭 LED。

程序如下：

```
#include   "reg51.h"
sbit   P1_0=P1^0;
void   main ()
{
    P1_1=0;
}
```

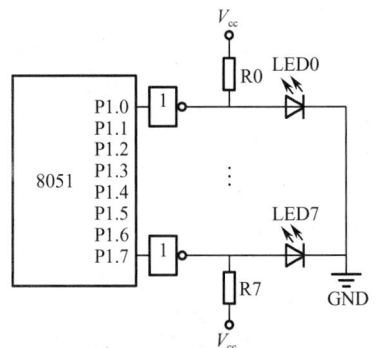

图 5-1　8051 单片机连接 LED

程序说明

（1）#include 代表的是加载头文件。头文件是 C51 编译器中自带的已经定义的函数的集合或自定义的函数的集合。本程序中加载了一个 reg51.h 文件，其中的内容是什么呢？如果编译器在 C 盘下的 C51 文件夹内，则 reg51.h 文件的路径是 C:\C51\INC\reg51.h。打开此文件，可以看到：

P1 定义为	sfr　P1　=0x90;
累加器 A 定义为	sfr　ACC　=0xe0;
定时模式 TMOD 定义为	sfr　TMOD=0x89;
PSW 中的 C 定义为	sbit　C　=0xd7;
TCON 中的 TF1 定义为	sbit　TF1　=0x8f;
IE 中的 EA 定义为	sbit　EA　=0xaf;
SCON 中的 TI 定义为	sbit　TI　=0x99;
⋮	

通过这个头文件就能解释本程序。因为 P1 这个变量是在 reg51.h 头文件中被定义的，所以可以在 C51 语言中直接被引用。用户不仅可以引用 P1，还可以引用很多变量，具体可以查看 reg51.h 文件中的内容。

（2）main()称为主函数。C51 语言都是从 main()开始执行的。前面加了一个 void 是说明该函数是没有返回值的。

（3）如果点亮 8 个 LED，可令 P1=0x00。给 P1 接口中的某引脚送"0"信号，则点亮相应的 LED。0x00 对应二进制数为 00000000，所以该条语句是同时点亮了 8 个 LED。

（4）整个程序用{}括起来，形成了一个完整的 C51 语言程序。

在例 5.3 中，P1_0 表示 P1.0 引脚，没有被事先定义好，所以要使用 sbit 对其进行定义。

5.2.4　位变量的定义

（1）C51 语言的位变量定义。8051 单片机能够进行位操作。用 C51 语言扩展的 bit 数据类型来定义位变量，这是 C51 语言与标准 C 语言的一个不同之处。

C51 语言采用关键字"bit"来定义位变量，一般格式为：

```
bit  bit_name;
```

举例如下：

```
bit  ov_flap;              //将 ov_flag 定义为位变量
bit  lock_pointer;         //将 lock_pointer 定义为位变量
```

（2）C51 语言的函数可包含 bit 数据类型的参数，也可将其作为返回值。

举例如下：

```
bit  func(bit  b0, bit  b1);   //位变量 b0 与 b1 作为 func 函数的参数
{
    ......
    return(b1);               //位变量 b1 作为 func 函数的返回值
}
```

（3）位变量定义的限制。位变量不能用来定义指针和数组。

举例如下：

```
bit  *ptr;                    //错误，不能用位变量来定义指针
bit  array[ ];                //错误，不能用位变量来定义数组
```

在定义位变量时，允许定义存储类型，位变量都被放入一个位段，此段总是位于 8051 单片机的片内数据存储区中，因此其存储类型限制为 data 或 idata。如果将位变量定义成其他类型都会导致编译时出错。

5.2.5　存储模式

存储模式可以分为 3 种，分别为 small、compact 和 large 模式。存储模式是在 C51 编译器中被选定的。存储模式决定了没有明确指定存储类型的变量、函数参数等数据的默认存储区。如果在某些函数中要使用非默认的存储模式，也可以使用关键字直接说明。

1．small 模式

在 small 模式中，所有默认变量均存入片内数据存储区中（与使用显式的 data 关键字来定义是相同的）。small 模式的优点是访问速度快；其缺点是存储空间有限，尤其是堆栈空间比较少。small 模式只适用于小程序。

2．compact 模式

在 compact 模式中，所有默认变量均存入片外数据存储区的一页（与使用显式的关键字 pdata 来定义是相同的）。其中，最大变量为 256B。compact 模式的存储空间比 small 模式的大，其访问速度比 small 模式的慢、比 large 模式的快。使用 compact 模式时，可能会因地址空间结构而受到一些限制（与 R0 和 R1 有关）。使用本模式时，程序通过@R0 和@R1 指令来进行访问存储器的操作（这两个寄存器是用来提供低位字节的地址的）。如果在 compact 模式下要使用多于 256B 的变量，高位字节可由 P2 接口指定。

3．large 模式

在 large 模式中，所有默认变量可存入多达 64KB 的片外数据存储器中（与使用显式的 xdata 关键字来定义是相同的），均使用数据指针 DPTR 来寻址。这种模式的优点是存储空间大，可存入的变量多；其缺点是访问速度较慢，尤其对两个以上的多字节变量的访问速度来说更是如此。

5.2.6　函数的使用

1．函数声明

C51 语言中函数的定义与标准 C 语言中函数的定义是相同的。C51 编译器扩展了标准 C 语言函数声明，这些扩展如下。

（1）指定一个函数作为一个中断函数。

（2）选择所用的寄存器组。

（3）选择存储模式。

（4）指定一个函数是可重入的。

函数声明可以包含这些扩展或属性。

声明 C51 函数的标准格式：

[return_type]funcname([args])[{small | compact | large}][reentrant][interrupt n][using n]

return_type：函数返回值的类型，默认是 int。

funcname：函数名。

args：函数的参数列表。

small，compact，large：函数的存储模式。

reentrant：表示函数是递归的或可重入的。

interrupt：表示是一个中断函数。

using：指定函数所用的寄存器组。

2．寄存器组选择

8051 单片机最低端的 32 个字节被分为了 4 个不同的块，每块 8 个字节。程序可以通过 R0 到 R7 来访问这些字节。R0～R7 具体为哪一块中的内容，则通过程序状态字（PSW）来决定。寄存器组的选择功能在中断处理函数或实时操作系统中尤其重要，因为 CPU 可以通过切换到一个不同的寄存器组来执行程序而不用对若干寄存器进行保存。

using 关键字用来选择哪一个寄存器组供函数使用，并且只可以带一个 0～3 之间的整数作为参数。using 关键字对代码的影响如下。

（1）当前选定的寄存器组被存储到堆栈中。

（2）指定的寄存器组被设置。

（3）函数退出时，从前的内容被恢复。

一般来说，using 关键字一般在不同优先级别的中断函数中很有用，这样可以不用在每次中断的时候都对所有寄存器进行保存。

3．中断函数

8051 单片机的中断系统十分重要，可以用 C51 语言来声明中断和编写中断程序，当然也可以用汇编语言来编写这些程序。中断过程通过使用 interrupt 关键字和中断编号 0～4 来实现。

中断函数的完整格式：

返回值　函数名([参数][模式][重入])interrupt　n　[using　n]

interrupt n 中的 n 对应中断源的编号。中断编号告诉 C51 编译器中断程序的入口地址，对应着 IE 寄存器中的使能位，即 IE 寄存器中的 0 位对应着外部中断 0，而外部中断 0 的编号是 0。

using n 中的 n 如上所述对应 4 个寄存器组中的一组。当正在执行一个特定任务时，可能有更紧急的事情要 CPU 处理，这就涉及了中断优先级。高优先级中断可以中断正在处理的低优先级中断程序。因此，最好给每种不同优先级程序分配不同的寄存器组，这样可以不用在每次中断的时候都对所有寄存器进行保存。

8051 单片机的中断源及中断程序入口地址如表 5-3 所示。

表 5-3　8051 单片机的中断源及中断程序入口地址

中　断　编　号	中　断　源	中断程序入口地址
0	外部中断 0	0003H

中 断 编 号	中 断 源	中断程序入口地址
1	定时/计数器 0 溢出	000BH
2	外部中断 1	0013H
3	定时/计数器 1 溢出	001BH
4	串行接口中断	0023H

在 51 系列单片机中，有的单片机多达 32 个中断源，所以中断编号是 0～31。

【例 5.4】　编写定时器中断程序。

```
unsigned int interruptcnt;
unsigned char second;
void timer( ) (void) interrupt 1 using 2
{
    if(++interruptcnt = = 4000)
        {                       //计数到 4 000
            second++;           //另一个计数器
            interruptcnt=0;     //将计数器清 0
        }
}
```

【例 5.5】　设单片机的 f_{osc}=12MHz，要求用定时器 T0 的方式 1 编程，使 P1.0 引脚输出周期为 2ms 的方波。

中断程序如下：

```
#include   <reg51.h>
sbit   P1_0=P1^0;
void timer0(void)interrupt  1  using 1 {      //T0 中断程序入口地址
P1_0=!P1_0;
TH0=-(1000/256);          //重装计数初始值
TL0=-(1000%256);
}
Void main(void)
{
TMOD=0x01;                //定时器 T0 工作在方式 1
P1_0=0;
TH0=-(1000/256);          //预置计数初始值
TL0=-(1000%256);
EA=1;                     //CPU 开中断
ET0=1;                    //T0 开中断
TR0=1;                    //启动 T0
do
{}
while(1);                 //等待中断
}
```

4．重入函数

8051 单片机内部堆栈空间有限。一般在 C 语言中，调用函数时会将函数的参数和函数中使用的局部变量入栈。为了提高效率，C51 语言没有提供这种堆栈方式，而是为每个函数设定一个存储空间用于存放局部变量。

一般函数中的每个变量都存放在这个存储空间的固定位置。递归调用或在中断程序中调用这个函数会导致变量被覆盖。因此，在某些实时应用中，一般函数是不适用的。C51 语言允许将函数声明成重入函数。重入函数又称再入函数，是一种可以在函数体内间接调用其自身的函数。重入函数不仅可以被递归调用，还可以"同时"被两个或多个进程调用，而不用担心变量被覆盖。这种性质常常被用在实时处理的系统中。

声明重入函数的关键字为 reentrant。

举例如下：

```
int calc(char i，int b) reentrant
{
    int x；
    x=table[i]；
    return(x*b)；
}
```

5.2.7　C51 语言的指针

C51 编译器支持用星号(*)进行指针声明。可以用指针完成在标准 C 语言中所有操作。另外，由于 8051 单片机及其派生系列所具有的独特结构，C51 编译器支持两种不同类型的指针：通用指针和指定存储区指针。

1．通用指针

C51 语言提供了 3 个字节的通用指针，这 3 个字节分别表示存储区类型、高位偏移量、低位偏移量。C51 语言的通用指针的声明和使用均与标准 C 语言的相同。

举例如下：

● long　*state　为一个指向长整型的指针，而 state 本身则根据存储模式存放在不同的数据存储区中。

● char　*xdata　ptr 为一个指向 char 数据的指针，而 ptr 本身存放于片外数据存储区中。

通用指针可以用来访问所有类型的变量，而不用考虑变量存储在哪个存储空间中。因而，许多库函数都使用通用指针。通过使用通用指针，一个函数可以访问数据，而不用考虑该数据存储在什么存储区中。

通用指针使用起来很方便，但是其访问数据的速度很慢。在所指向目标的存储空间不明确的情况下，通用指针用得最多。

2．指定存储区指针

C51 语言允许使用者规定指针指向的存储段，这种指针称为指定存储区指针。

举例如下：

```
char data *str；        //str 指向 data 区中 char 型数据
int xdata *numtab；     // numtab 指向片外数据存储区的 int 型数据
```

正是由于存储器类型在指定存储区指针编译时已经被确定了，就不再需要通用指针中用来表示存储区类型的字节了。指向 idata、data、bdata 和 pdata 的指定存储区指针用一个字节保存，指向 code 和 xdata 的指定存储区指针用两个字节保存。

使用指定存储区指针的好处是节省了存储空间。C51 编译器不用为存储区选择正确的存储区操作指令而产生代码，但必须保证指针不指向所声明的存储区以外的地方，否则会产生错误。通用指针产生的代码执行速度比指定存储区指针的要慢，因为存储区在运行前是未知的，C51 编译器不能优化存储区访问，必须产生可以访问任何存储区的通用代码。如果优先考虑代码执行速度，应该尽可能地使用指定存储区指针而不是通用指针。

3．不同类型的指针转换

当把指定存储区指针作为参数传递给要求使用通用指针的函数时，C51 编译器就把指定存储区指针转换为通用指针。

当指定存储区指针作为函数的参数时，如果没有函数原形，就经常被转换成通用指针。如果调用的函数用短指针作为参数，则会引起错误。如果要在程序中避免这种错误，则可用 #include 文件和所有外部函数的原形，以确保 C51 编译器进行必需的指针类型转换，并检测出指针类型转换错误。

4．指针的基本用法

【例 5.6】　P1 接口连接 8 个单色灯（L1～L8）。如果 P1 接口某个引脚的信号为 "0" 或 "1"，则相应连接的单色灯被点亮或熄灭。编写程序使 8 个单色灯按如下顺序被点亮：首先点亮 L1, L3, L5, L7 这组灯，之后点亮 L2, L4, L6, L8 这组灯，然后这两组灯循环交替被点亮。

```
#include    <reg51.H>        //预处理文件里面定义了特殊功能寄存器的名称，如 P1 接口定义为 P1
void main(void)
{
//定义花样数据，数据存放在片内程序存储区中
unsigned char code design[]={0xaa, 0x55};    //0xaa 为 L1, L3, L5, L7 这组灯的数据
                                             //0x55 为 L2, L4, L6, L8 这组灯的数据
unsigned int a;                              //定义循环用的变量
unsigned char b;
unsigned char code *dsi;                      //定义基于 code 区的指令
do{
dsi=&design[0];                              //取得数组第一个单元的地址
for(b=0;b<2;b++)
{
for(a=0;a<30000;a++);                         //延时一段时间
P1=*dsi;                                      //从指针指向的地址取数据到 P1 接口
dsi++;                                        //指针加 1
}
}while(1);
}
```

5.2.8　访问绝对地址

如何对 8051 单片机的片内数据存储区、片外数据存储区及 I/O 存储空间进行访问呢？C51

语言提供了两种常用的访问绝对地址的方法。

1．绝对宏

C51 编译器提供了一组宏定义来对 code, data, pdata 和 xdata 存储空间进行绝对寻址。在程序中，用"#include〈absacc.h >"对 absacc.h 中声明的宏访问绝对地址，这些宏包括 CBYTE, CWORD, DBYTE, DWORD, XBYTE, XWORD, PBYTE, PWORD。

- CBYTE 以字节形式对 code 区寻址。
- CWORD 以字形式对 code 区寻址。
- DBYTE 以字节形式对 data 区寻址。
- DWORD 以字形式对 data 区寻址。
- XBYTE 以字节形式对 xdata 区寻址。
- XWORD 以字形式对 xdata 区寻址。
- PBYTE 以字节形式对 pdata 区寻址。
- PWORD 以字形式对 pdata 区寻址。

举例如下：

```
#include   < absacc.h >
#define PORTA XBYTE[0xffc0]   /*将 PORTA 定义为外部 I/O 接口，地址为 0xffc0，长度为 8 位*/
#define NRAM DBYTE[0x50]    /*将 NRAM 定义为片内数据存储区，地址为 0x50，长度为 8 位*/
```

【例 5.7】　定义片内数据存储区、片外数据存储区及 I/O 接口。

程序如下：

```
#include < absacc. h >
#define   PORTA   XBYTE[0xffc0]   /*将 PORTA 定义为外部 I/O 接口，地址为 0xffc0*/
#define   NRAM   DBYTE[0x50]    /*将 NRAM 定义为片内数据存储区，地址为 0x50*/
main( )
{
    PORTA =0x3d;        /*将数据 3DH 写入地址为 0xffc0 的外部 I/O 接口 PORTA */
    NRAM =0x01；        /*将数据 01H 写入片内数据存储区的 0x50 存储单元*/
}
```

2．关键字_at_

使用关键字_at_可对指定的存储空间的绝对地址进行访问，其格式如下：

```
[存储器类型] 数据类型说明符 变量名 _at_地址常数
```

其中，存储器类型为 C51 语言能识别的数据类型；数据类型为 C51 语言支持的数据类型；地址常数用于指定变量的绝对地址，必须位于有效的存储空间之内；使用_at_定义的变量必须为全局变量。

举例如下：

```
data unsigned char y1   _at_ 0x50；       //在 data 区定义字节变量 y1，地址为 50H
xdata unsigned int y2   _at_   0x4000；//在 xdata 区定义字节变量 y2，地址为 4000H
```

_at_在使用时要注意以下两点。

- 绝对地址的变量是不可以被初始化的。

● 函数或类型为 bit 的变量是不可以被定义成绝对地址的。

5.3 C51 和汇编语言的混合编程

汇编语言具有程序结构紧凑、占用存储空间小、实时性强、执行进度快、能直接管理和控制存储器及硬件接口的特点。因此，C51 语言并不能完全替代汇编语言。单独应用汇编语言或 C51 语言进行编程时，都是应用同一种语言编程。程序应用不同的语言进行编程，称为混合编程。

由于 C51 语言程序的开发时间短，而汇编语言程序占用存储空间小、执行速度快，所以在混合编程时，通常主程序应用 C51 语言编写，与硬件有关的程序应用汇编语言编写。

5.3.1 命名规则

在编译 C51 语言程序时，程序中的函数名会被自动进行转换。函数名的转换如表 6-4 所示。

表 5-4　函数名的转换

说　　　明	符　号　名	解　　　释
void func(void)	FUNC	无参数传递或不含寄存器参数的函数名不作改变，转入目标文件中，函数名只是简单地被转为大写形式
void func(char)	_FUNC	带寄存器参数的函数名加入_字符前缀以示区别，表明这类函数包含寄存器内的参数传递
void func(char) reentrant	_?FUNC	对于重入函数加上_?字符串前缀以示区别，表明该函数包含栈内的参数传递

在编写汇编语言程序时，应根据该规则人工加入相应的字符串前缀。

5.3.2 参数传递规则

在混合编程中，传递参数和函数的返回值必须有完整的约定，否则在程序中获取不到传递的参数。两种语言必须使用同一规则。在通常情况下，汇编语言服从高级语言。并非所有的编译器都可编译混合不同规则的编程语言。

典型的规则是将所有参数通过片内数据存储区的固定单元传递给程序（KEIL C 控制命令）。若是传递位，也必须位于内部可位寻址空间的顺序位中。事实上，在片内数据存储区中相同标示的块可以被共享。在汇编语言程序被调用前，在块中填入要传递的参数。调用程序在调用汇编语言程序时，假定所需的值已在块中。

KEIL C 编译器可通过寄存器传递参数，也可通过固定存储单元或堆栈传递参数。若函数递归调用，则堆栈的存储空间被扩大且没有改写变量。只有保证有较大存储空间的堆栈，才能存取片外数据存储区，而且所有操作必须用一对指令，每次要设置和保存数据指针。

通过寄存器最多可以传递 3 个参数，而且这种参数传递方法可以产生高效代码。参数传递的寄存器如表 5-5 所示。

表 5-5　参数传递的寄存器

参 数 类 型	char	int	long，float	一 般 指 针
第 1 个参数	R7	R6，R7	R4～R7	R1，R2，R3
第 2 个参数	R5	R4，R5	R4～R7	R1，R2，R3
第 3 个参数	R3	R2，R3	无	R1，R2，R3

下面提供了几个说明参数传递规则的例子。

- func1(int a)　　　　　　　　　"a"是第 1 个参数，在 R6，R7 中传递。
- func2(int b, int c, int *d)　　　　"b"是第 1 个参数，在 R6，R7 中传递；"c"是第 2 个参数，在 R4，R5 中传递；"d"是第 3 个参数，在 R1，R2，R3 中传递。
- func3(long e, long f)　　　　　　"e"是第 1 个参数，在 R4～R7 中传递；"f"是第 2 个参数，不能在寄存器中传递，只能在参数传递段中传递。
- func4(float g, char h)　　　　　　"g"是第 1 个参数，在 R4～R7 中传递；"h"是第 2 个参数，必须在参数传递段中传递。

参数传递段给出了汇编语言子程序使用的固定存储区，就像参数传递给 C 函数一样，参数传递段的首地址通过名为"? 函数名?BYTE"的 PUBLIC 符号确定。当传递位值时，使用名为"?函数名?BIT"的 PUBLIC 符号。将所有传递的参数放在以首地址开始递增的存储区内，将函数返回值放入 CPU 寄存器，如表 5-6 所示，这样与汇编语言的接口相当直观。

表 5-6　函数返回值的寄存器

返 回 值	寄 存 器	说 明
bit	C	进位标志
（unsigned）char	R7	—
（unsigned）int	R6，R7	高位字节在 R6，低位字节在 R7
（unsigned）long	R4～R7	高位字节在 R4，低位字节在 R7
float	R4～R7	32 位 IEEE 格式，指数和符号位在 R7
指针	R1，R2，R3	R3 放存储器类型，高位字节在 R2，低位字节在 R1

在汇编语言子程序中，当前选择的寄存器组及寄存器 ACC, B, DPTR 和 PSW 都可能被改变。当汇编语言子程序被调用时，必须无条件地假设这些寄存器的内容已被破坏。

5.3.3　在 C51 语言中直接插入汇编语言指令

在 C51 语言中直接插入汇编语言指令有以下两种方法。

1. 使用 asm 功能

当在某一行写入_asm"字符串"时，可以把双引号中的字符串按汇编语言看待。这种方法通常用于直接改变标志和寄存器的值或做一些高速处理，双引号中只能包含一条指令。

语法格式：

```
_asm
"Assemble Code Here";
```

2. 使用 #pragma ASM 功能

如果在 C51 语言中嵌入的汇编语言包含许多行,可以使用#pragma ASM 功能识别程序段,并可将编译通过的汇编语言程序直接插入 C51 语言程序中。

语法格式:

```
#pragma ASM
Assembler Code Here
#pragma ENDASM
```

【例 5.8】 编写从 P1.0 接口输出方波的程序。要求在 Keil C 环境下在 C51 语言程序中插入汇编语言程序段。

程序如下:

```
#include<reg52.h>
sbit P1_0=P1^0;            /*定义位变量 P1.0*/
void main(void)            /*主函数*/
{
while(1){
    P1_0=! P1_0;           /*将 P1 接口输出值取反*/
    #pragma ASM            /*汇编语言程序段开始*/
        MOV R4，#18
        DJNZ R4，$          /*延时等待*/
    #pragma ENDASM         /*汇编语言程序段结束*/
    }
}                          /*程序结束*/
```

注意:在 Keil C 环境下,插入汇编语言指令时要将 SRC CONTROL 功能激活。激活该功能的方法是:右击 Project 窗口中包含汇编代码的 C 文件,选择 Options for 选项,勾选右边的 Generate Assembler SRC File 和 Assemble SRC File 复选框,使之由灰色变成黑色(有效)状态。

5.4 使用 C51 语言编程的技巧

C51 编译器能从 C 程序源代码中产生代码,而通过一些 C51 语言编程的技巧又可以帮助 C51 编译器产生更好的代码。下面总结了一些使用 C51 语言编程的技巧。

1. 使用短型变量

一个提高代码效率的最基本方式就是减小变量的长度。在使用 C51 语言编程时,循环控制变量不要使用 int 类型。int 类型数据为 16 位,会占用 8 位单片机很大的存储空间。

2. 使用无符号类型变量

由于 51 系列单片机不支持符号运算,所以程序中也不要使用带符号类型变量的外部代码。除了根据变量长度来选择变量类型外,还要考虑变量是否会出现负数。如果程序中不需要负数,就可以把变量都声明成无符号类型变量。

3．避免使用浮点指针

在 8 位单片机上，使用 32 位浮点数会耗费大量程序运行时间。因此，在程序中声明浮点数时，要慎重考虑是否一定需要这种数据类型。可以通过提高数值数量级和使用整形运算来消除浮点指针。当不得不在程序中加入浮点指针时，代码长度会增加，程序执行速度也会比较慢。

如果浮点指针运算能被中断的话，必须确保在中断程序中不会使用浮点指针运算，或者在中断程序前使用 fpsave 指令把浮点指针推入堆栈，在中断程序执行后使用 fprestore 指令恢复浮点指针。

4．使用位变量

对于某些标志，应使用位变量而不是 unsingned char 类型变量。这将节省 7 位存储区，而且在数据存储区中访问位变量只需要一个处理周期。

使用位变量时应注意以下几点。

（1）用#pragma disable 说明和用 using 指定的函数，不能返回 bit 值。

（2）bit 变量不能声明为指针，如"bit　*ptr；"是错误的。

（3）不能使用 bit 数组，如"bit arr[5]"。

5．用局部变量代替全局变量

把变量声明成局部变量比声明成全局变量更有效。C51 编译器在片内存储区中为局部变量分配了存储空间，从而会提升访问局局变量的速度。

6．为变量分配片内数据存储区

将经常使用的变量放在片内数据存储区中，不但使程序执行的速度得到提高，还缩短了代码长度。考虑到存储速度，一般按下面的顺序使用存储区，即 data 区、idata 区、pdata 区、xdata 区，同时要留出足够的堆栈空间。

7．使用特定指针

在程序中使用指针时，应指定指针的类型，确定它们指向哪个存储区，如 xdata 区或 code 区。这样 C51 编译器就不必去确定指针所指向的存储区，从而缩短代码长度。

8．使用宏替代函数

对小段代码，像使用某些电路或从锁存器中读取数据，可通过宏来替代函数，以使程序有更好的可读性；也可以把代码声明在宏中，这样看上去更像函数。C51 编译器在碰到宏时，按照事先声明好的代码去替代宏。宏的名字应能够描述宏的操作。当改变宏时，只要在宏的声明处修改即可。

举列如下：

```
#define led_on( )
{
    led_state=LED_ON;        -
    XBYTE[LED_CNTRL]=0x01;
}
#define led_off( )
{
```

```
        led_state=LED_OFF;
        XBYTE[LED_CNTRL]=0x00;
}
```

宏使得访问多层结构和数组更加容易。可以用宏来替代程序中经常使用的复杂语句，以减少编程的工作量，并使程序具有更好的可读性和可维护性。

5.5 实验

本实验要使 8 个单色灯先亮后灭。实验电路如图 4-9 所示。
程序如下：

```
#include  "reg51.h"
void   main( )
{
    P1=0xff;
    P1=0x00;
}
```

0xff 对应的二进制数是 11111111，前面说到了送 1 信号到 P1 接口的引脚会点亮相应的单色灯，所以这里送 8 个 1 信号代表的就是点亮 8 个单色灯。单步运行程序，可以看到当程序运行第一条语句后单色灯全亮了，运行第二条语句后单色灯全灭了。

实际上，如果全速执行上面的这段程序，只能看到单色灯全灭。因为单片机程序执行速度实在太快了，没来得及看到单色灯亮，单色灯就已经灭了。解决的办法就是"延时"。可以把"延时"编写成一个子函数。延时子函数可以有很多种，这里把它归纳为以下两类。

第 1 类：无参数传递的延时子程序。
形式 1：

```
void delay( )
{
    unsigned int i;
    for(i=0；i<10000；i++);
}
```

形式 2：

```
void delay( )
{
    unsigned int i=10000;
    while(i- -);
}
```

形式 3：

```
void delay( )
{
    unsigned int i，j;
    for(i=0；i<100；i++)
```

```
    for(j=0；j<200；j++);
}
```

第 2 类：有参数传递的延时子程序。

```
void delay(unsigned int k)
{
    unsigned int i，j;
    for(i=0；i<k；i++)
    for(J=0；j<200；j++);
}
```

第 1 类的形式 1、形式 2 的程序都是单层循环程序，循环的次数决定了延时时间的长短。如果感觉延时时间太短，可以采用第 1 类的形式 3 或第 2 类的双重循环或多循环程序。

第 2 类延时子程序更加方便一些，可以随时改变 k 的传递值，以实现不同的延时时间。

这里使用的变量被定义为 unsigned int，即无符号整型，其取值范围是 0～65 535。循环变量的值不要超过这个取值范围，否则程序就会出现死循环。这也是大家经常犯的一个错误。

一个错误的实例如下：

```
void delay( )
{
    unsigned int k;
    for(k=0；k<70000；k++);
}
```

该程序错误的原因是 k 永远加不到 70 000，所以程序无法跳出死循环。

下面可以使用延时函数对本实验开关的程序进行修改。

程序 1：延时函数写在调用程序之前，不用声明。

使用第 1 类延时函数：

```
#include   "reg51.h"
void delay( )                    //延时函数
{
    unsigned int i;
    for(i=0；1<10000；i++);
}
void main( )
{
    P1=0xff;
    delay( );                    //调用延时函数
    P1=0x00;
    delay( );
}
```

使用第 2 类延时函数：

```
#include   "reg51.h"
void delay(unsigned int k)        //延时函数
{
```

```
    unsigned int i, j;
    for(i=0; i<k; i++)
    for(J=0; j<200; j++);
}
void main( )
{
    P1=0xff;
    delay(100);              //调用延时函数
    P1=0x00;
    delay(200);              //调用延时函数
}
```

程序 2：延时函数写在调用程序之后，必须提前声明。

```
#include "reg51.h"
void delay( );               //由于延时函数在后面，因此必须提前声明
void main( )
{
    P1=0xff;
    delay( );                //调用延时函数
    P1=0x00;
    delay( );
}
void delay( )                //延时函数
{
    unsigned int i;
    for(i=0; i<10000; i++);
}
```

将源程序录入 C51 编译器后，全速运行，结果看到单色灯闪了一下就停下了。其原因是这个程序只让单色灯亮一次、灭一次就停下了。可以将程序改成循环的方式，使用一个无限的循环体就能让单色灯一直闪烁。

修改后的程序 1：

```
#include "reg51.h"
void delay( )                //延时函数
{
    unsigned int i;
    for(i=0; i<10000; i++);
}
void main( )
{
    for( ; ; )               //这里并没有循环结束的条件，所以是一个无限的循环体
    {
        P1=0xff;
        delay( );            //调用延时函数
        P1=0x00;
        delay( );
```

```
        }
    }
```

修改后的程序 2:

```
#include "reg51.h"
void delay( )                       //延时函数
{
    unsigned int i;
    for(i=0; i<10000; i++);
}
void main()
{
    while(1)                        //这里并没有循环结束的条件，所以是一个无限的循环体
    {
        P1=0xff;
        delay( );                   //调用延时函数
        P1=0x00;
        delay( );
    }
}
```

修改后的程序 3:

```
#include "reg51.h"
void delay( )                       //延时函数
{
    unsigned int i;
    for(i=0; i<10000; i++);
}
void main( )
{
    do                              //这里并没有循环结束的条件，所以是一个无限的循环体
    {
        P1=0xff;
        delay( );                   //调用延时函数
        P1=0x00;
        delay( );
    }while(1);
}
```

这时全速运行程序，可以看到 8 个单色灯开始一闪一闪的。

思考

（1）修改延时子程序让单色灯的闪烁间隔变快。

（2）先让左边 4 个单色灯亮，再让右边 4 个单色灯亮，间隔闪烁。

习　题

1. 哪些变量类型是 51 系列单片机直接支持的？
2. 简述 C51 语言的数据存储类型。
3. 简述 C51 语言对 51 系列单片机特殊功能寄存器的定义方法。
4. 简述 C51 语言对 51 系列单片机片内 I/O 接口和片外扩展的 I/O 接口的定义方法。
5. 简述 C51 语言对 51 系列单片机位变量的定义方法。
6. C51 语言和 Turbo C 语言的数据类型和存储类型有哪些异同？
7. C51 语言的 data、bdata、idata 有什么区别？
8. C51 语言中的中断函数和一般的函数有什么不同？
9. C51 语言采用什么形式对绝对地址进行访问？
10. 按照给定的数据类型和存储类型，写出下列变量的说明形式。
（1）在 data 区定义字符变量 val1。
（2）在 idata 区定义整型变量 val2。
（3）在 xdata 区定义无符号字符型数组 val3[4]。
（4）在 xdata 区定义一个指向 char 类型的指针 px。
（5）定义可位寻址变量 flag。
（6）定义特殊功能寄存器变量 P3。
11. 简述 C51 语言的基本运算、数组、指针、函数、流程控制语句。

第6章　单片机的功能部件

单片机是为工业控制设计的计算机。在工业控制系统中，单片机各控制单元之间需要通信功能。为了快速响应人工干预、外部事件及迅速处理意外故障，单片机必须具有中断能力。MCS-51 单片机在芯片内部集成了中断处理系统、定时/计数器和串行通信接口，增强了它在工业控制系统中的应用能力。

6.1　中断系统

6.1.1　中断概述

当中央处理器（CPU）正在处理某件事情时，外部发生了某一事件（如定时器计数溢出），请求 CPU 迅速去处理，CPU 暂时中断当前的工作，转入处理所发生的事件，处理完以后再回到原来被中断的地方，继续原来的工作，这样的过程称为中断。实现这种功能的部件称为中断系统（中断机构）。产生中断的请求源称为中断源。

一般计算机系统允许有多个中断源。当几个中断源同时向 CPU 请求中断并要求为它们服务的时候，就存在 CPU 优先响应哪一个中断请求的问题。一般将所发生的实时事件按轻重缓急排队，优先处理最紧急事件的中断请求，于是便规定每个中断源都有一个中断优先级别。

当 CPU 正在处理一个中断请求时，又发生了另一个优先级更高的中断请求，如果 CPU 能够暂时中止执行对原来（低级）中断程序，转而去处理优先级更高的中断请求，处理完以后再继续执行原来（低级）中断程序，这样的过程称为中断嵌套，这样的中断系统称为多级中断系统。没有中断嵌套功能的中断系统称为单级中断系统。二级中断嵌套如图 6-1 所示。

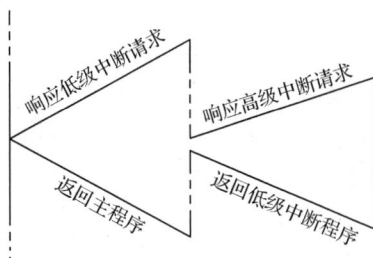

图 6-1　二级中断嵌套

中断的优点如下。

（1）计算机与其他设备的多任务被同时工作、分时操作，提高了计算机的利用率。

（2）实时处理控制系统中的各种信息，提高了计算机的灵活性。

（3）使计算机及时处理故障等突发事件，提高了可靠性。

单片机时钟如图 6-2 所示。单片机在每个机器周期的 S_5P_2 期间，顺序采样每个中断源；

CPU 在下一个机器周期 S_6 期间按优先级顺序查询中断标志。如果查询到某个中断标志为 1，将在再下一个机器周期 S_1 期间按优先级进行中断处理。

中断请求得到响应后，由硬件将程序计数器（PC）内容压入堆栈来进行保护；然后将对应的中断程序入口地址装入 PC 中，使程序转向中断入口地址，去执行相应的中断程序。

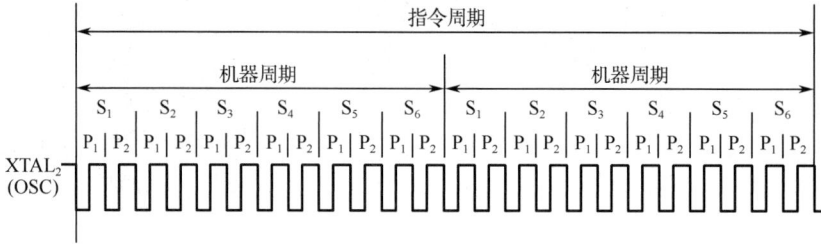

图 6-2　单片机时钟

当下列任何一种情况存在时，中断请求将被封锁。

（1）CPU 正在执行一个同级或高一级的中断程序。

（2）当前正在执行的那条指令还未执行完。

（3）当前正在执行的指令是 RETI 或对 IE、IP 寄存器进行读/写指令。执行这些指令后至少再执行一条指令才会响应中断请求。

6.1.2　单片机的中断系统

不同型号的 MCS-51 单片机的中断源数量是不同的（5～11 个）。最典型的 8051 单片机有 5 个中断源，具有两个中断优先级，可以实现二级中断嵌套。每个中断源可以通过编程确定为高优先级或低优先级，以及允许或禁止向 CPU 请求中断。与中断系统有关的特殊功能寄存器有中断允许寄存器（IE）、中断优先级控制寄存器（IP）、TCON 和 SCON 中有关位。8051 单片机的中断系统结构如图 6-3 所示。

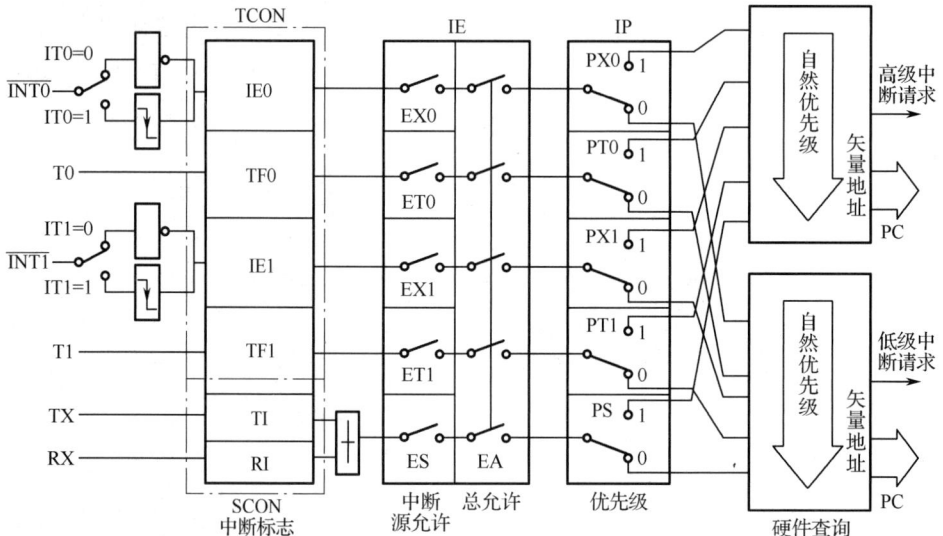

图 6-3　8051 单片机的中断系统结构

1. 中断源

典型的 8051 单片机有 5 个中断源。

1）外部中断源

$\overline{INT0}$（外部中断 0）由 P3.2 引脚引入的低电平或负跳变信号来触发；$\overline{INT1}$（外部中断 1）由 P3.3 引脚引入的低电平或下降沿来触发。

IE0 和 IE1 为外部中断源中断请求标志。当 IE0 或 IE1 为 1 时，表示 $\overline{INT0}$ 或 $\overline{INT1}$ 向 CPU 申请中断。当 CPU 响应中断请求时，IE0 或 IE1 被硬件清 0。

2）内部中断源

定时/计数器 T0 (P3.4)和 T1 (P3.5)：在定时/计数器 T0 和 T1 计数溢出时触发。

TF0 和 TF1 为中断请求标志。当 TF0 或 TF1 为 1 时，T0 或 T1 向 CPU 申请中断。当 CPU 响应中断请求时，TF0 或 TF1 被硬件清 0。

RXD (P3.0)/ TXD (P3.1)为串行接口发送/接收中断源。当完成一帧字符发送/接收时，RI 或 TI 为 1，串行接口向 CPU 申请中断。当 CPU 响应中断请求时，必须由软件将 RI 或 TI 清 0。

2. 中断请求标志

中断请求借用 TCON 和 SCON 的有关位作为标志。因此，只要判别这些位的状态就能确定中断的来源。

TCON 是定时/计数器的控制寄存器。它锁存两个定时/计数器的中断请求标志及 $\overline{INT0}/\overline{INT1}$ 的中断请求标志。TCON 中与中断有关的标志如下：

TCON	TF1		TF0		IE1	IT1	IE0	IT0

SCON 是串行接口控制寄存器。它锁存两个发送/接收中断请求标志。SCON 中与中断有关的标志如下：

SCON							TI	RI

1）外部中断

输入/输出设备的中断请求，掉电、设备故障的中断请求等都可以作为外部中断源，从 $\overline{INT0}/\overline{INT1}$ 引脚输入。

$\overline{INT0}/\overline{INT1}$ 有两种触发方式：电平触发和跳变触发。由 TCON 的 IT0 及 IT1 来选择 $\overline{INT0}/\overline{INT1}$ 的触发方式。

当 IT0 或 IT1 为 0 时，$\overline{INT0}/\overline{INT1}$ 为电平触发方式。当 $\overline{INT0}/\overline{INT1}$ 引脚出现低电平信号时，就向 CPU 申请中断。CPU 响应中断请求后要采取措施撤销中断请求信号，使 $\overline{INT0}/\overline{INT1}$ 引脚恢复高电平。

当 IT0 或 IT1 为 1 时，$\overline{INT0}/\overline{INT1}$ 为跳变触发方式。当 $\overline{INT0}/\overline{INT1}$ 引脚出现负跳变信号时，该负跳变信号经边沿检测器使 IE0（TCON.1）或 IE1（TCON.3）置 1，向 CPU 申请中断。CPU 响应中断请求后，由硬件自动使 IE0 或 IE1 为 0。CPU 在每个机器周期采样 $\overline{INT0}/\overline{INT1}$ 引脚信号，为了保证检测到负跳变信号，$\overline{INT0}/\overline{INT1}$ 引脚上的高电平与低电平至少应各自保持 1 个机器周期。

2）定时/计数器中断

定时/计数器 T0 和 T1 计数溢出时，由硬件分别使 TF0=1 或 TF1=1，向 CPU 申请中断。

CPU 响应中断请求后，由硬件自动使 TF0 或 TF1 为 0。

　　3）串行接口中断

　　串行接口的中断请求由发送或接收信号所引起。串行接口发送了一帧信息，便由硬件使 TI=1，向 CPU 申请中断。串行接口接收了一帧信息，便由硬件使 RI=1，向 CPU 申请中断。CPU 响应中断请求后，必须由软件使 TI 和 RI 为 0。

6.1.3　中断控制

　　中断控制主要实现中断的开关管理和中断优先级管理。这些管理主要通过对特殊功能寄存器 IE、IP 的软件设定来实现。

1．中断允许寄存器 IE（A8H）

　　IE 在特殊功能寄存器中的字节地址为 A8H，位地址分别是 A8H～AFH。IE 控制 CPU 对总中断源的开放或禁止，以及是否允许某个中断源的开放，如图 6-4 所示。

　　IE 中的各位是各自中断源的中断允许位。当其中的某一位为 1 时，相应的中断源允许开关闭合。在总中断允许开关闭合的条件下，CPU 即会根据位标志响应相关中断。

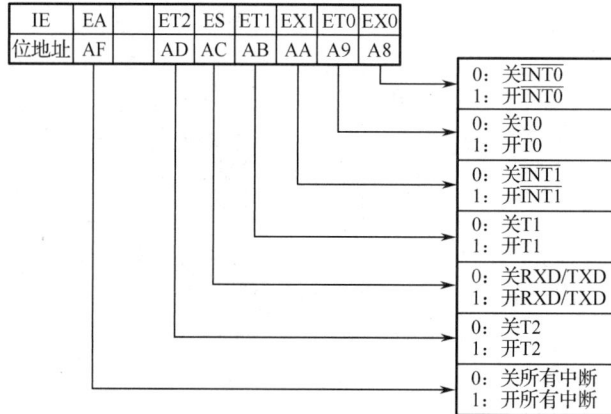

图 6-4　中断允许寄存器 IE

2．中断优先级控制寄存器 IP（B8H）

　　IP 在特殊功能寄存器中的字节地址为 B8H，位地址分别是 B8H～BFH。IP 用来锁存各中断源优先级的控制位，如图 6-5 所示。

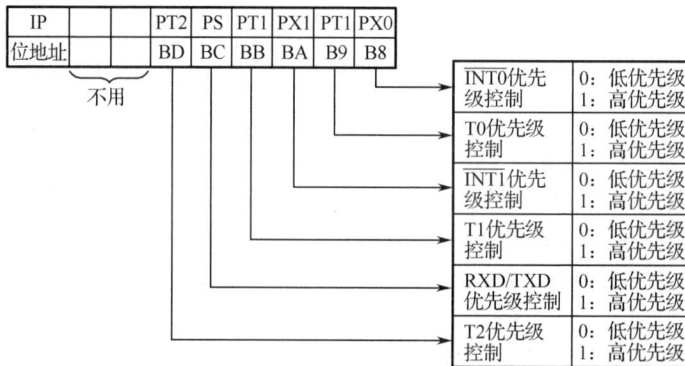

图 6-5　IP 特殊功能寄存器

IP 中的各位设定了各自中断源的优先级别。当其中的某一位为 1 时，相应的中断源被设定为高优先级，从而实现二级中断嵌套，即正在执行的中断程序可以被较高级中断请求所中断，而不能被同级或较低级中断请求所中断。

当 5 个中断源同时产生中断请求时，若未使用中断优先级寄存器 IP 的设定，则由硬件优先级顺序响应中断请求，即

最高 ————————————————————→ 最低

INT0　　　　T0　　　　INT1　　　　T1　　　串行接口

MCS-51 单片机仅提供了两个外部中断源，而在实际应用中可能有两个以上的外部中断源，这时必须对外部中断源进行扩展。其扩展的方法如下。

（1）利用定时/计数器扩展外部中断源。

（2）采用中断和查询结合的方法扩展外部中断源。

当系统有多个中断源时，可对其进行中断优先级排队，将最高优先级别的中断源接在 $\overline{\text{INT0}}$ 上，其余中断源接在 $\overline{\text{INT1}}$ 及 I/O 接口上。当 $\overline{\text{INT1}}$ 有中断请求时，通过查询 I/O 接口的状态，判断是哪一个中断申请。

6.1.4　中断响应过程

MCS-51 单片机的中断响应过程可分为中断响应、中断处理和中断返回 3 个阶段。

1．中断响应

MCS-51 单片机的 CPU 在每一个机器周期顺序检查每一个中断源。在机器周期的 S_6 采样并按优先级处理所有被激活的中断请求，如果没有被下述条件所阻止，将在下一个机器周期的 S_1 响应激活了的最高级中断请求。

● CPU 正在执行相同的或更高优先级的中断程序。

● 现行的机器周期不是所执行指令的最后一个机器周期。

● 正在执行的指令是中断返回指令（RETI）或对 IE、IP 的写操作指令（执行这些指令后至少再执行一条指令才会响应中断请求）。

在上述条件中，如果有一个存在，CPU 将丢弃中断查询的结果；若一个条件也不存在，将在紧接着的下一个机器周期执行中断程序。

在 CPU 响应中断请求时，先置位相应的优先级状态触发器（该触发器指出 CPU 开始处理的中断优先级别），然后执行一条硬件调用子程序，将中断请求标志（TI 和 RI 除外）清 0。接着把 PC 的内容压入堆栈（但不保护 PSW），将被响应的中断程序入口地址送入 PC。不同中断源的中断程序入口地址如表 6-1 所示。

表 6-1　不同中断源的中断程序入口地址

中　断　源	中断程序入口地址
$\overline{\text{INT0}}$	0003H
T0	000BH
$\overline{\text{INT1}}$	0013H
T1	001BH
RXD/TXD	0023H

以上中断程序入口地址相隔空间只有 8 个字节，一般容纳不下中断程序，所以中断程序通常都放在另外一个地方，而在中断程序入口地址处仅安排一条跳转指令，通过跳转指令再转到中断程序所在的地址。

CPU 执行中断程序一直到 RETI 指令为止。RETI 指令是表示中断程序的结束。CPU 执行完 RETI 指令后，将响应中断时所置位的优先级生效触发器清 0，然后弹出堆栈最顶端的两个字节到 PC 中，CPU 在原来程序被中断处执行原来程序。由此可见，用户的中断程序末尾必须安排一条中断返回指令 RETI，CPU 现场的保护和恢复必须由用户的中断程序实现。

2．中断处理

CPU 从执行中断程序第一条指令开始到中断返回指令 RETI 为止，这个过程称为中断处理或中断服务。中断处理一般包括保护现场、处理中断源的请求及恢复现场 3 部分内容。 如果主程序和中断程序都用到累加器、PSW 和其他特殊功能寄存器，在 CPU 进入中断程序后，原来存在这些寄存器中的内容就会被破坏。在进入中断程序后，首先应将这些寄存器的内容保护起来，这个过程称为保护现场。在执行 RETI 之前，应恢复这些寄存器原来的内容，称为恢复现场。

3．中断返回

中断返回是指执行完中断程序的最后指令 RETI 之后，程序返回到断点，继续执行原来程序。

RETI 指令与 RET 指令的相同之处：从堆栈中依次弹出两个字节到 PC 的高位字节和低位字节；都没有将 PSW 内容出栈的过程，所以系统在响应中断程序前，只将 PC 内容保存起来，而 PSW 内容却没有被保护起来。

根据 8051 单片机的结构特点，其中断系统中含有两个不可寻址的优先级生效触发器。一个触发器用于指出 CPU 是否正在执行高优先级的中断程序，这个触发器为 1 时，系统将屏蔽所有的中断请求；另一个触发器则指出 CPU 是否正在执行低优先级中断程序，这个触发器为 1 时，将阻止除高优先级以外的一切中断请求。

由此可见，若要响应同级甚至是低级中断请求，必须使得优先级生效触发器清 0。但优先级生效触发器又是不可寻址的，所以无法用软件直接使之清 0。

在通常情况下，普通的汇编子程序用 RET 指令作为返回指令，中断子程序用 RETI 指令作为中断返回指令。两条指令都能从堆栈中弹出断点地址并装入 PC，使 CPU 回到原来主程序的断点处继续运行。然而，RET 指令和 RETI 指令有本质的区别：当某个中断源的请求被响应后，优先级生效触发器中的一个将会被自动置位，用于阻止比它低级或同级的中断响应。RETI 指令可以使两个优先级生效触发器清 0，以保证后续中断源的请求被及时响应。所以，当把 RETI 指令替换为 RET 指令后，该程序在第一次运行时可能不会出错，但在第二次运行时就会出错了。

4．中断响应的时间

在不同情况下，CPU 中断响应的时间是不同的。以外部中断为例，引脚信号在每个机器周期的 S5 P2 时刻经反相器锁存到 TCON 的 IE0 和 IE1，CPU 在下一个机器周期才会查询到新置入的 IE0 和 IE1。如果满足中断响应条件，CPU 响应中断时要用两个机器周期执行一条硬件长调用指令 LCALL，由硬件将中断程序入口地址装入 PC，使程序转入中断程序入口。

因此，从产生外部中断到开始执行中断程序至少需要 3 个完整的机器周期。

如果中断请求被封锁，则中断响应的时间会更长。如果已经在处理同级或更高级中断程序，额外的等待时间取决于正在执行的中断程序的处理时间。如果正在处理的指令没有执行到最后的机器周期，所需额外的等待时间不会多于 3 个机器周期，因为最长的指令（乘法指令 MUL 和除法指令 DIV）也只有 4 个机器周期。如果正在处理的指令为 RETI 或访问 IE、IP 的指令，则额外的等待时间不会多于 5 个机器周期（执行这些指令最多需要 1 个机器周期）。因此在一个单级中断系统里，外部中断响应的时间总是在 3～8 个机器周期之间。

5．中断响应后中断请求的撤除

中断源提出中断申请，在 CPU 响应此中断请求后，该中断源的中断请求在中断返回之前应当被撤除，以免引起重复中断请求，被再次中断响应。

对于跳变触发的外部中断，CPU 在响应中断后由硬件自动使相应的中断请求标志 IE0 和 IE1 清 0。

对于电平触发的外部中断，CPU 在响应中断后的中断请求标志 IE0 和 IE1 是随 $\overline{INT0}$/$\overline{INT1}$ 引脚信号而变化的，CPU 无法对其直接控制，因此必须在 $\overline{INT0}$/$\overline{INT1}$ 引脚处外加硬件（如触发器）以撤销外部中断请求。

对于定时/计数器中断，CPU 在响应中断后就由硬件将相应的中断请求标志 TF0、TF1 清 0。

对于串行接口中断，CPU 在响应中断后并不自动将中断请求标志 RI 或 TI 清 0，因此必须在中断程序中用软件使之清 0。

6.1.5　中断系统应用实例

1．单步操作的中断实现

中断系统的一个重要特性是中断请求只有在一条指令执行完之后才会再次得到响应，并且正在中断响应时，同级中断请求将被屏蔽，利用这个特点即可实现单步操作。

例如，把 $\overline{INT0}$ 设置为电平触发方式。在某个中断程序的末尾加上以下几条指令：

```
JNB   P3.2, $     ;在 INT0 引脚变为高电平前原地等待
JB    P3.2, $     ;在 INT0 引脚变为低电平前原地等待
RETI              ;返回
```

如果 $\overline{INT0}$ 引脚保持低电平状态，且允许 $\overline{INT0}$ 中断，则 CPU 进入外部中断程序。由于有上述几条指令，中断程序就会停在 JNB 处，原地等待。当 $\overline{INT0}$ 引脚出现一个正脉冲（由低电平到高电平，再由高电平到低电平）信号时，中断程序就会往下执行，执行 RETI 后，将返回主程序，当执行完一条指令后又立即中断响应，以等待该引脚出现的下一个正脉冲信号。这样，在 $\overline{INT0}$ 引脚每出现一个正脉冲信号，主程序就执行一条指令，实现了单步操作的目的。注意：正脉冲信号的高电平持续时间不要小于 3 个机器周期，以保证 CPU 能采样到高电平。

2．外部中断源的扩展

MCS-51 单片机有两个外部中断源 $\overline{INT0}$ 和 $\overline{INT0}$。在实际应用系统中，外部中断源往往比较多，下面讨论多个外部中断源系统的设计方法。

1）利用定时/计数器扩展外部中断源

把 8051 单片机的两个定时/计数器（T0 和 T1）选择为计数方式，每当 P3.4(T0)或 P3.5 (T1) 引脚上发生负跳变时，T0 和 T1 加 1。利用这个特性，可以把 P3.4 和 P3.5 引脚作为外部中断源，而定时/计数器中断请求标志作为外部中断请求标志。

例如，设 T0 为模式 2（外部计数方式），时间常数为 0FFH，允许中断。

初始化程序如下：

```
MOV     TMOD, #06H      ;设 T0 为模式 2
MOV     TL0, #0FFH      ;时间常数 0FFH 分别送入 TL0 和 TH0
MOV     TH0, #0FFH
MOV     IE, #82H        ;允许 T0 中断
SETB    TR0             ;启动 T0 计数
```

当 P3.4 引脚信号发生负跳变时，TL0 加 1 溢出，TF0 被置位，向 CPU 提出中断请求。同时，TH0 的内容自动送入 TL0，使 TL0 恢复初始值 0FFH。因此，每当 P3.4 引脚信号发生一次负跳变时，就向 CPU 提出中断请求，这样 P3.4 引脚就相当于跳变触发的外部中断源。当然，以上例子同样适用于 P3.5 引脚。

2）中断加查询方式扩展外部中断源

中断加查询方式扩展外部中断源的一般硬件电路如图 6-6 所示。

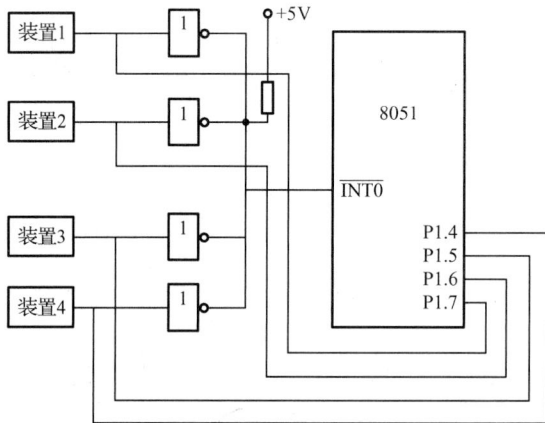

图 6-6　中断加查询方式扩展外部中断源的一般硬件电路

每个中断源信号分别通过一个非门（集电极开路门）输出后实现线与，构成或非逻辑电路，其输出信号作为 $\overline{INT0}/\overline{INT1}$ 的中断请求信号。无论哪个装置提出中断请求（高电平有效），都会使 $\overline{INT0}/\overline{INT1}$ 引脚电平发生变化。当 CPU 响应中断请求后，在中断程序中判别究竟是哪个装置在请求中断，可以通过查询相应 I/O 接口的引脚（这里为 P1.4～P1.7）电平来获知。

图 6-6 中的 4 个装置的优先级由软件设定。中断优先级按装置 1～4 由高到低顺序排列，程序如下：

```
        ORG     0003H
        LJMP    INT0
INT0:   PUSH    PSW
        PUSH    ACC
        JB      P1.7,   DV1
```

```
            JB      P1.6,   DV2
            JB      P1.5,   DV3
            JB      P1.4,   DV4
GB:         POP     ACC
            POP     PSW
            RETI
DV1:                                ;装置 1 中断程序
            ...
            LJMP    GB
DV2:                                ;装置 2 中断程序
            ...
            LJMP    GB
DV3:                                ;装置 3 中断程序
            ...
            LJMP    GB
DV4:                                ;装置 4 中断程序
            ...
            LJMP    GB
```

需要注意的是以下两点。

（1）装置 1～4 的 4 个中断请求输入信号均为高电平有效，$\overline{\text{INT0}}$ 采用电平触发方式。

（2）当要扩展的外部中断源数目较多时，需要一定的查询时间，可能在时间上不能满足系统要求。这时，可采用硬件优先权编码器实现硬件排队电路。

多中断源查询方式具有较强的抗干扰能力。如果干扰信号引起中断请求，则进入中断程序依次查询一遍，找不到相应的中断源后又返回主程序。

6.1.6　中断程序举例

【例 6.1】　在 8051 单片机的 $\overline{\text{INT0}}$ 引脚外接脉冲信号，要求每送来一个脉冲信号，把 30H 中的值加 1，若 30H 中的值计满则进位到 31H 中。试利用中断结构，编制一个脉冲计数程序。

采用汇编语言中断方法编制的程序，一般要包括以下几个内容。

（1）在主程序中，必须有一个初始化部分，用于设置堆栈位置、定义触发方式及对中断优先级控制寄存器、中断允许寄存器赋值等。

（2）选择中断程序入口地址。

（3）编制中断程序。

```
            ORG     0000H
            AJMP    MAIN        ;设置主程序入口地址
            ORG     0003H       ;外部中断入口地址
            AJMP    SUBG        ;设置中断程序入口地址
            ORG     0100H
MAIN:       MOV     A, #00H     ;将 30H、31H 清 0
            MOV     30H, A
            MOV     31H, A
            MOV     SP,#70H     ;设置堆栈指针
            SETB    IT0         ;设 INT0 为跳变触发
```

	SETB	EA	;开中断
	SETB	EX0	;允许 INT0 中断
	AJMP	$	;等待中断
	ORG	0200H	;中断子程序
SUBG:	PUSH	ACC	;保护现场
	INC	30H	
	MOV	A, 30H	
	JNZ	BACK	
	INC	31H	
BACK:	POP	ACC	;恢复现场
	RETI		;返回

该例用 C 语言编程如下：

```
#include    <reg51.h>
unsigned int data *a;
void int0_srv (void) interrupt 0 using 1
    {
        (*a)++;
    }
void main( )
    {
        a=0x30;
        IT0=1;
        EA=1;
        EX0=1;
        while(1);
    }
```

6.2   定时/计数器

由于在大多数的微机系统中都要使用定时/计数器，所以几乎所有单片机内部都集成有定时/计数器。8051 单片机有两个 16 位定时/计数器 T0 和 T1，8052 单片机有 3 个 16 位定时/计数器 T0, T1 和 T2。它们都可以用作定时器或外部事件计数器，并具有 4 种工作方式。

MCS-51 单片机的定时/计数器有几个相关的特殊功能寄存器：工作方式寄存器 TMOD，加计数寄存器高 8 位 TH0 和 TH1，加计数寄存器低 8 位 TL0 和 TL1；定时/计数到标志位 TF0 和 TF1（TCON）；定时/计数器运行控制位 TR0 和 TR1 (TCON)；定时/计数器中断允许位 ET0 和 ET1 (IE)；定时/计数器中断优先级设定位 PT0 和 PT1 (IP)。

6.2.1   定时/计数器概述

在工业检测与控制中，许多场合都要用到计数器，如对外部脉冲信号的计数、测量电机转速等，也要用到定时器，如产生精确的定时时间以实现定时或延时的控制等。

对于定时/计数这些功能，可采用数字电路硬件定时、软件定时、可编程定时/计数器来实现。

1. 数字电路硬件定时

数字电路硬件定时常采用小规模集成电路。例如，用 555 芯片构成定时电路，它不占用 CPU 的时间，但是这种电路的定时时间要靠电路中的元件参数来确定。在硬件电路连接好以后，要改变定时时间，就要改变电路中的元器件，这样就很不方便。

2. 软件定时

软件定时常常使用一个循环程序，通过正确选择指令和安排循环次数来实现所需要的定时，即通过执行一个程序段，这个程序段本身没有具体的执行目的，由于每条指令都需要时间，执行这一个程序段所需的时间就是延时时间。

3. 可编程定时/计数器

可编程定时/计数器是为了方便微机系统的设计和应用而研制的。它既是硬件定时，又可以很容易地通过软件来确定和改变定时时间，还可以通过软件编程满足不同的定时和计数要求。51 系列单片机内部就集成了可编程定时/计数器。

6.2.2　定时/计数器的结构

8051 单片机内部有两个 16 位的定时/计数器 T0 和 T1。它们受特殊功能寄存器 TMOD 和 TCON 的控制。T0 由特殊功能寄存器 TH0 和 TL0 构成，T1 由特殊功能寄存器 TH1 和 TL1 构成，其结构如图 6-7 所示。

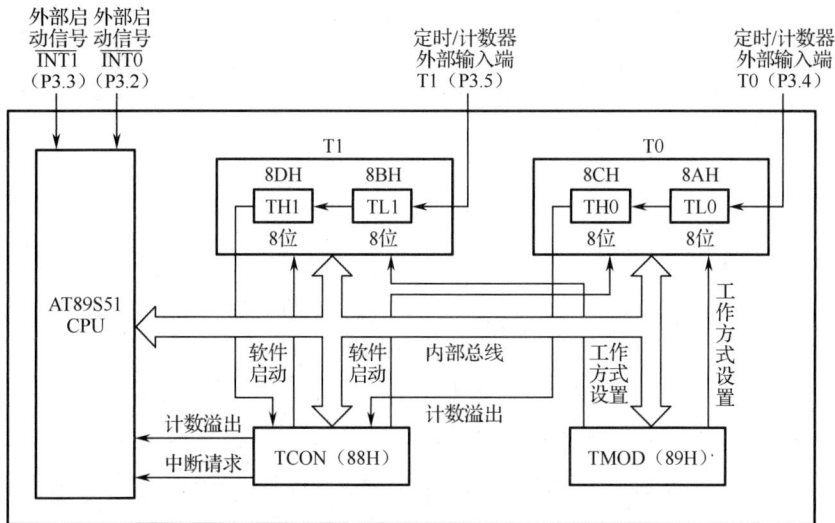

图 6-7　8051 单片机的定时/计数器的结构

T0 和 T1 在硬件上由双字节加 1 计数器 THx 和 TLx（x 代表 0 或 1）组成。

T0 和 T1 作为定时器使用时，计数脉冲信号由单片机内部振荡器提供，计数频率为时钟信号的 12 分频，即每个机器周期加 1。

T0 和 T1 作为计数器使用时，计数脉冲信号由 P3.4 或 P3.5 引脚，即 T0 或 T1 引脚输入，计数脉冲信号的下降沿触发计数。计数器在每个机器周期的 S5 P2 期间采样计数脉冲信号。如果在一个机器周期的采样值为 1，而在下一个机器周期的采样值为 0，则计数器加 1。识别一个从 1 到 0 的跳变需要两个机器周期，所以对计数脉冲信号的最高计数频率为机器周期信号的 2 分频，同时还要求计数脉冲信号的高、低电平保持时间均要大于一个机器周期。

T0 和 T1 都有两种工作模式（计数模式、定时模式）和 4 种工作方式（方式 0、方式 1、方式 2、方式 3）。

1．计数模式

T0 和 T1 的计数模式是指对外部事件进行计数。外部事件的发生以计数脉冲信号来表示，因此计数功能的实质就是对计数脉冲信号进行计数。

2．定时模式

T0 和 T1 的定时模式也是通过计数来实现的，只不过此时的计数脉冲信号来自单片机芯片内部，是系统振荡脉冲信号经 12 分频后送来的。由于一个机器周期等于 12 个振荡脉冲信号周期，所以此时的 T0 和 T1 是每到一个机器周期就加 1，计数频率为振荡脉冲信号频率的 1/12。

单片机是通过特殊功能寄存器 TMOD 和 TCON 来控制 T0 和 T1 的工作的。TMOD 控制 T0 和 T1 的工作模式和工作方式。TCON 控制 T0 和 T1 计数的启动与停止，同时还包含了计数、定时的中断标志位。

6.2.3　定时/计数器的工作方式寄存器

定时/计数器的工作方式寄存器（TMOD）用于设定两个定时/计数器的工作方式，低 4 位用于 T0，高 4 位用于 T1，如图 6-8 所示。

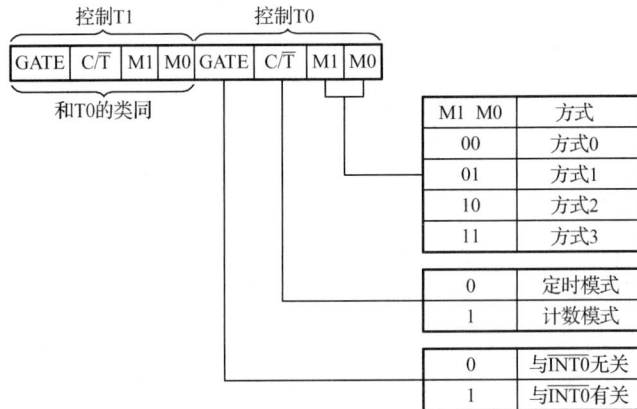

图 6-8　定时/计数器的工作方式寄存器（TMOD）

门控位 GATE：决定是由软件还是由外部中断 $\overline{\text{INT0}}$ 或 $\overline{\text{INT1}}$ 来控制定时/计数器工作。

GATE=0，由软件编程控制 TR0=1(T0)或 TR1=1(T1)以启动定时/计数器工作。

GATE=1，由外部中断 $\overline{\text{INT0}}$ 或 $\overline{\text{INT1}}$ 来控制定时/计数器工作。

C/$\overline{\text{T}}$：定时/计数器工作模式选择位。当 C/$\overline{\text{T}}$=0 时，定时/计数器为定时模式；当 C/$\overline{\text{T}}$=1 时，定时/计数器为计数模式。

定时/计数器有以下 4 种工作方式。

（1）方式 0：M1M0=00，满计数值为 2^{13}，初始值不能被自动重装。

（2）方式 1：M1M0=01，满计数值为 2^{16}，初始值不能被自动重装。

（3）方式 2：M1M0=10，满计数值为 2^8，初始值能被自动重装。

（4）方式 3：M1M0=11，TH0 和 TL0 独立，TL0 是定时/计数器，TH0 只能是定时器。

6.2.4　定时/计数器的控制寄存器

定时/计数器的控制寄存器（TCON）包含运行控制位和中断请求标志，如图 6-9 所示。

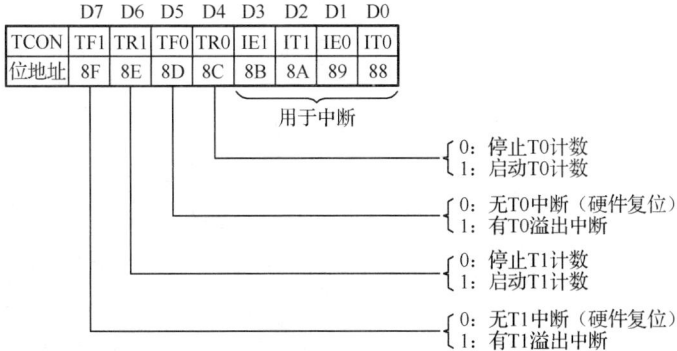

图 6-9　定时/计数器的控制寄存器（TCON）

TF1(TCON.7)：T1 中断请求标志。T1 定时时间到时由硬件置位 TF1。这时若 EA=1、ET1=1（软件编程），则 CPU 响应 T1 中断请求，并在中断响应后自动使 TF1=0。若 T1 中断请求不被允许，则只能通过查询 TF1 的状态判断 T1 定时时间是否到了。TF1 的中断请求还能用软件方式来控制，即通过编程使 TF1 为 1。

TR1(TCON.6)：T1 运行控制位。当 TR1=1 时，定时/计数器开始工作；反之，当 TR1=0时，T1 停止工作。T1 的启动、停止由软件编程来控制。

TF0(TCON.5)：T0 中断请求标志，其功能与 TF1 的相同。

TR0(TCON.4)：T0 运行控制位，其功能与 TR1 的相同。

6.2.5　定时/计数器的工作方式

MCS-51 单片机的定时/计数器的工作方式有方式 0、方式 1、方式 2 和方式 3。下面对各种工作方式的定时/计数器的结构和功能加以详细讨论。

1．方式 0

当 M1M0=00 时，定时/计数器工作于方式 0。T1 工作于方式 0 的结构框图如图 6-10 所示。T1 工作于方式 0 时为 13 位的计数器，并由 TL1 的低 5 位和 TH1 的 8 位组成。TL1 低 5位计数溢出时向 TH1 进位，TH1 计数溢出时置位溢出标志 TF1。若 T1 工作于定时模式，计数的初始值为 a，晶振频率为 12MHz，则 T1 从初始值计数到溢出的定时时间 t 为$(2^{13}-a)$μs。

在图 6-10 所示的 T1 计数控制电路中，有一个方式电子开关和一个计数控制开关。当 $C/\overline{T}$=0 时，方式电子开关打在上面，以振荡器的 12 分频信号作为 T1 的计数信号；当 $C/\overline{T}$=1时，方式电子开关打在下面，此时以 T1(P3.5)引脚上的输入脉冲信号作为 T1 的计数信号。当 GATE=0 时，只要 TR1 为 1，计数控制开关的控制端即为高电平，以使计数控制开关闭合，允许 T1 计数。当 GATE=1 时，仅当 TR1 为 1 且 $\overline{INT1}$ 引脚为高电平，计数控制开关的控制端才为高电平，使计数控制开关闭合，允许 T1 计数；TR1 为 0 或 $\overline{INT1}$ 引脚为低电平都会使计数控制开关断开，禁止 T1 计数。

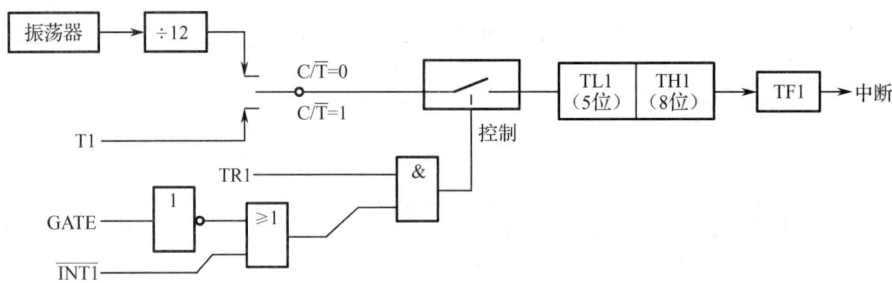

图 6-10　T1 工作于方式 0 的结构框图

2. 方式 1

当 M1M0=01 时，定时/计数器工作于方式 1。方式 1 和方式 0 的差别仅仅在于定时/计数器的位数不同。T1 工作于方式 1 时为 16 位的定时/计数器。T1 工作于方式 1 的结构框图如图 6-11 所示。当 T1 工作于方式 1 时，由 TH1 作为高 8 位、TL1 作为低 8 位，构成一个 16 位的定时/计数器。若 T1 工作于定时模式，计数初始值为 a，晶振频率为 12MHz，则 T1 从计数初始值计数到溢出的定时时间 t 为 $(2^{16}-a)\mu s$。

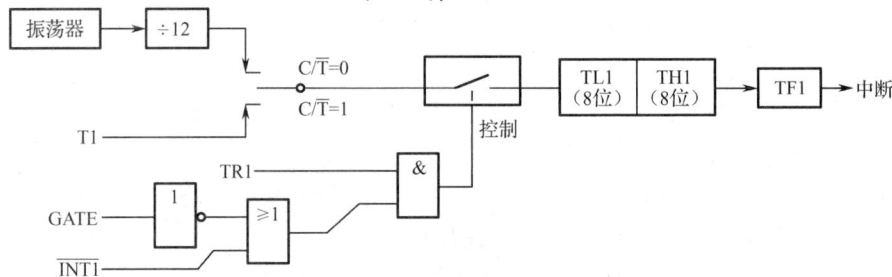

图 6-11　T1 工作于方式 1 的结构框图

3. 方式 2

当 M1M0=10 时，定时/计数器工作于方式 2。T1 工作于方式 2 时为自动恢复初始值的 8 位定时/计数器。T1 工作于方式 2 的结构框图如图 6-12 所示。当 T1 工作于方式 2 时，TL1 作为 8 位计数器，TH1 作为计数初始值寄存器。当 TL1 计数溢出时，一方面将溢出标志 TF1 置 1，同时打开三态门，将 TH1 中的计数初始值送至 TL1，使 TL1 从初始值开始重新加 1 计数。若 T1 工作于定时模式，计数初始值为 a，晶振频率为 12MHz 时，则 T1 从计数初始值计数到溢出的定时时间 t 为 $(2^{8}-a)\mu s$。

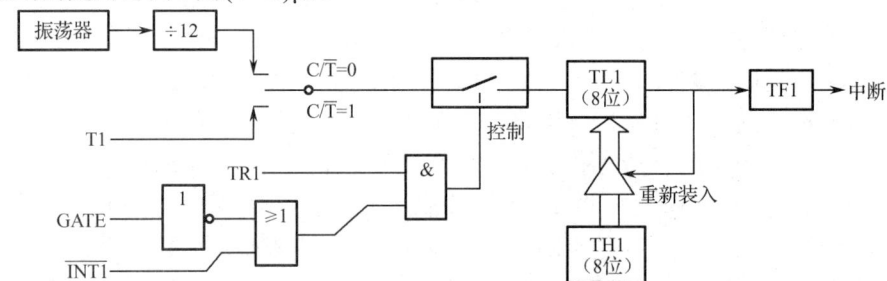

图 6-12　T1 工作于方式 2 的结构框图

上面以 T1 为例，说明了定时/计数器工作于方式 0、方式 1、方式 2 的工作原理，T0 和 T1 的这 3 种工作方式是完全相同的。

4．方式 3

若 T1 工作于方式 3，则 T1 停止计数。当 M1M0=11 时，T0 的工作方式被设置为方式 3。T0 工作于方式 3 的结构框图如图 6-13 所示。T0 分为两个独立的 8 位计数器 TL0 和 TH0。TL0 使用 T0 的所有状态控制位、GATE、TR0、$\overline{INT0}$ (P3.2)、T0(P3.4)、TF0 等。TL0 可以作为 8 位定时器或外部事件计数器。TL0 计数溢出时将溢出标志 TF0 置 1。TL0 计数初始值每次必须由软件设定。

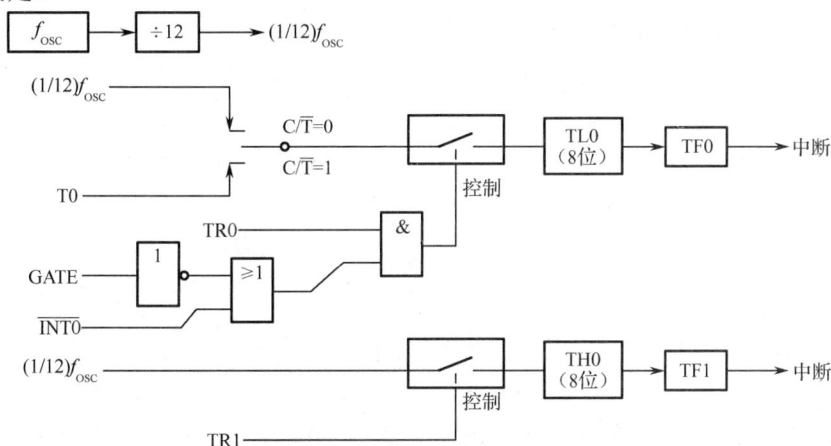

图 6-13　T0 工作于方式 3 的结构框图

TH0 被固定为一个 8 位定时器，并使用 T1 的状态控制位 TR1 和 TF1。当 TR1=1 时，允许 TH0 计数。当 TH0 计数溢出时，将溢出标志 TF1 置 1。一般情况下，只有当 T1 用于串行接口的波特率发生器时，T0 才在需要时工作于方式 3，以增加一个计数器。这时 T1 的启/停也受 TR1 控制。当 T1 计数溢出时，不置位 TF1。

6.2.6　定时/计数器应用举例

使用 MCS-51 单片机的定时/计数器的步骤如下。

（1）设定 TMOD，即确定定时/计数器的工作状态（工作模式、工作方式、控制方式）。例如，若 T1 工作于定时模式、方式 1，T0 工作于计数模式、方式 2，均用软件控制，则 TMOD 的值应为 0001 0110，即 0x16。

（2）设置合适的计数初始值，以产生期望的定时时间。定时/计数器是一个加 1 计数器，其定时时间可由计数初始值决定，即

$$定时时间= (2^X-计数初始值)\times机器周期$$

式中，X 由定时/计数器的工作方式决定，在方式 0、方式 1 和方式 2 时分别为 13, 16, 8；机器周期=12/f_{osc}，其中 f_{osc} 为系统晶振频率。

若系统晶振频率为 12 MHz，则机器周期为 1μs。

（3）确定定时/计数器工作于查询方式还是中断方式。若定时/计数器工作于中断方式，则在初始化时开放定时/计数器的中断及总中断，即

```
ET0=1;          /*以 T0 为例*/
EA=1;
```

还要编写中断程序：

```
void T0_srv (void) interrupt 1 using 1        /*以 T0 为例*/
{
    TL0=a%256;
    TH0=a/256;
}
```

（4）启动定时/计数器：TR0(TR1)=1。

【例 6.2】　从 P1.0 引脚输出方波信号，该方波信号的周期为 50ms。

设置 T0 工作于定时模式（定时时间为 25ms），方式 1，中断方式。设 f_{osc}=6MHz，则计数初始值为

$$计数初始值=2^X-定时时间\times(f_{osc}/12)=2^{16}-0.025\times6\times10^6\div12 = 53\ 036 = 0CF2CH$$

使用汇编语言编写的程序如下：

```
            ORG     0000H
            AJMP    MAIN                ;设置主程序入口地址
            ORG     000BH
            AJMP    INT_T0              ;设置中断程序入口地址
            ORG     0100H
MAIN:       MOV     TMOD, #01H          ;送方式字
            MOV     TH0, #0CFH
            MOV     TL0, #2CH
            SETB    ET0
            SETB    EA
            SETB    TR0
LOOP:       AJMP    LOOP
INT_T0:     MOV     TH0, #0CFH
            MOV     TL0, #2CH
            CPL     P1.0
            RETI
```

使用 C51 语言编写的程序如下：

```
#include <reg51.h>
void main( )
{
    TMOD = 0x01;
    TH0 = 53036/256;
    TL0 = 53036%256;
    ET0 = 1;
    EA = 1;
    TR0 = 1;
while(1);
}
void T0_srv (void) interrupt 1 using 1
{
    TH0 = 53036/256;
    TL0 = 53036%256;
```

```
    P10 =! P10;
}
```

6.3　串行接口

6.3.1　数据通信概述

1．并行通信与串行通信

CPU 与外围设备的信息交换或计算机与计算机之间的信息交换均称为通信。通信有以下两种基本方式。

（1）并行通信：数据的各位是被同时传送的。并行通信的特点：通信速度快，传输线多，成本高，适用于近距离通信。

（2）串行通信：数据的各位是被一位一位顺序传送的。串行通信的特点：传输线少（1～2 根），通信速度慢，成本低，适用于远距离通信。

8051 单片机与外围设备通信的连接如图 6-14 所示。

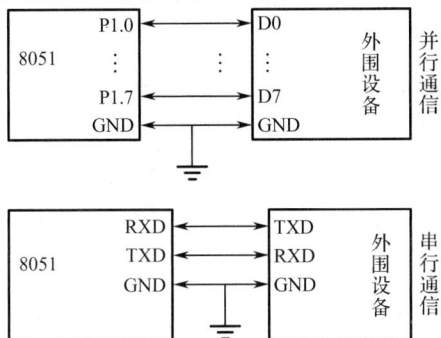

图 6-14　8051 单片机与外围设备通信的连接

2．串行通信的两种基本方式

1）异步通信

在异步通信中，数据通常以字符（或字节）为单位组成字符帧来被传送的。字符帧由发送端被逐帧发送，再通过传输线由接收设备被逐帧接收。在发送端和接收端，可以由各自的时钟来控制数据的发送和接收，而这两个时钟彼此独立、互不同步。

异步通信的特点：数据在线路上的传送是不连续的，在线路上的数据是以一个字符为单位来被传送的。在异步通信时，各个字符可以被连续传送，也可以被间断传送，这完全由发送方根据需要来决定。另外，在异步通信时，同步时钟信号并不被传送到接收方，即双方各用自己的时钟来控制发送和接收。

那么，在发送端和接收端，究竟依靠什么来协调数据的发送和接收呢？也就是说，在接收端，怎么知道在发送端何时开始发送和何时结束发送数据呢？原来，这是由字符帧格式规定的。平时发送线处于高电平（逻辑 1）状态。每当在接收端检测到传输线上发送过来的低电平（逻辑 0）信号时，就知道在发送端已开始发送数据。每当在接收端接收到字符帧中的停止位时，就知道一帧信息已被发送完毕。

在这种状况下，若要进行数据的正确传送，通信双方必须事先约定好两件事，这就是所传送数据的组织格式和速率，即字符帧格式和波特率。

（1）字符帧格式。

字符帧又称数据帧，由起始位、数据位、奇偶校验位和停止位 4 部分组成，如图 6-15 所示。

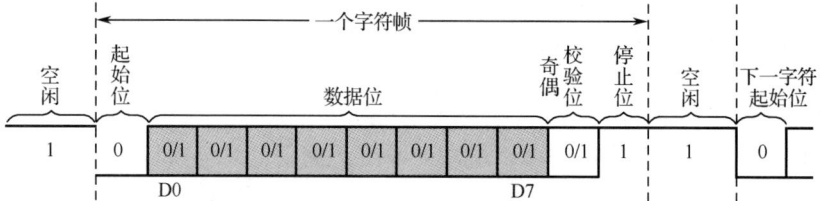

图 6-15　异步通信的字符帧格式

① 起始位：位于字符帧开头，只占 1 位，始终为低电平（逻辑 0），用于表示在发送端开始发送一帧信息。

② 数据位：紧跟起始位之后，用户根据情况可取 5 位、6 位、7 位或 8 位，低位在前、高位在后。若所传数据为 ASCII 字符，则常取 7 位。

③ 奇偶校验位：位于数据位后，仅占 1 位，用于表征在串行通信中是采用奇校验的还是采用偶校验的，由用户根据需要决定。

④ 停止位：位于字符帧末尾，为高电平（逻辑 1），通常可取 1 位、1.5 位或 2 位，用于表示一帧信息已被发送完毕，也为发送下一帧信息做准备。

⑤ 空闲位：位于两个字符帧之间，为高电平（逻辑 1）。在串行通信中，在发送端逐帧发送信息，在接收端逐帧接收信息。两个相邻字符帧之间可以无空闲位，也可以有若干空闲位，由用户根据需要决定。

（2）波特率。

波特率是指每秒传送二进制数码的位数（又称比特数），单位是 bit/s。波特率是串行通信的重要指标，用于表征数据传输速率。波特率越高，数据传输速率越快。波特率和字符的实际传输速率不同，字符的实际传输速率是指每秒所传字符帧的帧数，它和字符帧格式有关，其单位是帧/秒。

例如，波特率为 1 200 帧，若采用 10 位的字符帧（1 个起始位、1 个停止位、8 个数据位），则字符的实际传输速率=1 200/10 帧/秒=120 帧/秒；若采用图 6-15 的字符帧，则字符的实际传输速率=1 200/11 帧/秒≈109.09 帧/秒。

波特率与信道的频带有关。波特率越高，信道频带越宽。因此，波特率也是衡量通道频宽的重要指标。

在串行通信中，可以使用的标准波特率在 RS232C 标准中已有规定，应根据需要对其进行选定。

异步通信的优点是无须传送同步时钟信号，字符帧长度也不受限制，故所需设备简单。异步通信的缺点是字符帧中因包含有起始位和停止位而降低了有效数据传输速率。

2）同步通信

同步通信是一种连续串行传送数据的通信方式，一次通信只传送一帧信息。这里的信息帧和异步通信中的字符帧不同，通常含有若干数据字符，如图 6-16 所示。信息帧均由同步字符、数据字符和校验字符 3 部分组成。其中，同步字符位于信息帧结构开头，用于确认数据字符的开始，在接收端不断采样传送来的信息，并把采样到的字符和双方约定的同步字符比较，只有当比较结果符合要求后才会把后面接收到的字符加以存储；数据字符在同步字符之后，个数不受限制，由所需传输的数据块长度决定；校验字符有 1~2 个，位于信息帧结构末尾，用于检验在接收端接收到的数据字符的正确性。

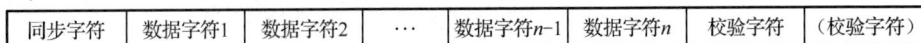

同步字符	数据字符1	数据字符2	…	数据字符n-1	数据字符n	校验字符	（校验字符）

图 6-16　同步通信数据传送格式

在同步通信中，同步字符可以采用统一标准格式，也可由用户约定格式。在单同步信息帧结构中，同步字符常采用 ASCII 中规定的 SYN（即 16H）代码；在双同步信息帧结构中，同步字符一般采用国际通用标准代码 EB90H。

同步通信的数据传输速率较高，通常可达 56Mbit/s 或更高。同步通信的缺点是要求发送时钟信号和接收时钟信号保持严格同步，故发送时钟信号除应和发送信号波特率保持一致外，还要求把它同时传送到接收端去。

3．串行通信的数据传送方式

串行通信的数据传送方式有以下 3 种。

（1）单工方式：在一端发送数据，在另一端接收数据，如图 6-17 所示。

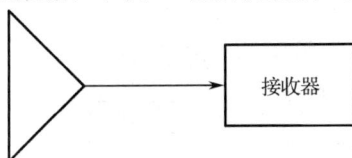

图 6-17　单工方式

（2）半双工方式：在两端均可发送和接收数据，但同一时间只能实现一个功能（可通过硬件、软件约定），如图 6-18 所示。

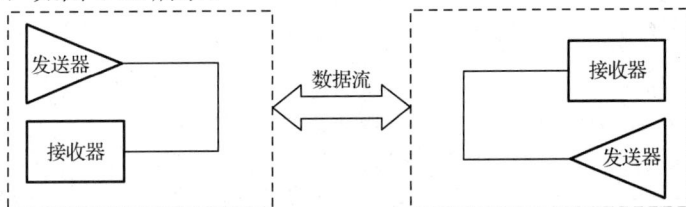

图 6-18　半双工方式

（3）全双工方式：在两端同一时间既可发送数据又可接收数据，并有各自的独立通道，按通信协议完成发送、接收工作，如图 6-19 所示。

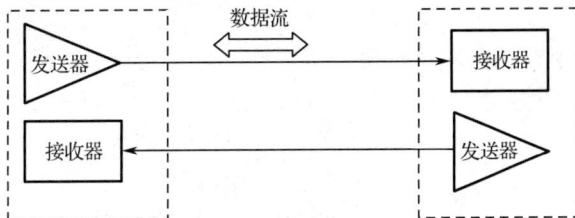

图 6-19　全双工方式

4．串行通信中的调制与解调

在进行远程数据通信时，通信线路往往要借用现有的公用电话网或其他通信网络。在计算机中，数据信号电平通常是 TTL 型的，即数据信号电平大于或等于 2.4V 表示逻辑 1，小于或等于 0.5V 表示逻辑 0。因此，这种信号在远距离传输中必然会发生衰减和畸变，致使该信号传送到接收端后无法被辨认。另外，通信线路的带宽限制也使这种信号不适合直接传输二进制数据。解决这个问题的方法是改变信号传输形式，即使用调制和解调的方法。

用第一个信号控制第二个信号的某个参数，使该参数随着第一个信号而变化的过程称为调制，这两个信号分别称为调制信号和被调制信号。经调制后参数随调制信号变化的信号称为已调信号；从已调信号中还原出原调制信号的过程称为解调。

使用调制器把数字信号变成模拟信号（例如，把数码 1 调制成 2 400Hz 的正弦信号，把数码 0 调制成 1 200Hz 的正弦信号）送到通信线路上，在接收端再通过解调器把模拟信号还原成数字信号，送到数据处理设备，如图 6-20 所示。一般在通信线路的任意一端都有接收和发送要求，所以要兼备调制器和解调器的功能，因此常把调制器和解调器制作在一起成为调制解调器，即 Modem。现在，调制和解调电路已经集成化为一个芯片。只要给这种芯片加上少量的外部附加电路，就构成一个完善的 Modem。使用 Modem 可以实现计算机的远程通信。

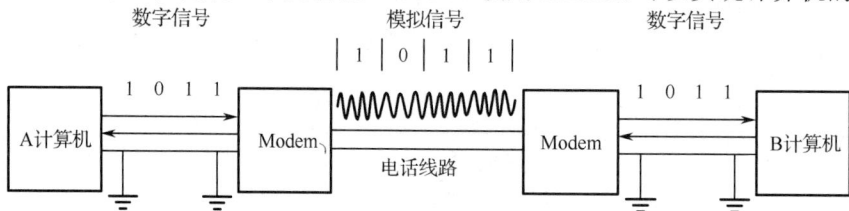

图 6-20　通过 Modem 的串行通信示意图

计算机可以称为数据终端设备（Data Terminal Equipment，DTE），而调制解调器（Modem）就是数据通信设备（Data Communication Equipment，DCE）。通信线路可以是各种不同的介质，而 Modem 也可根据信道（线路）不同而有所不同。

5．串行通信的校验

串行通信的目的不只是传送数据信息，更重要的是应确保传送的数据信息准确无误。因此，必须考虑在通信过程中对数据进行差错校验，因为差错校验是保证传送的数据信息准确无误的关键。常用差错校验方法有奇偶校验、累加和校验及循环冗余校验等。

1）奇偶校验

奇偶校验的特点是按字符校验，即在发送每个字符数据之后都附加一位奇偶校验位（1 或 0），当设置为奇校验时，数据中 1 的个数与校验位 1 的个数之和应为奇数；当设置为偶校验时，数据中 1 的个数与校验位 1 的个数之和应为偶数。收、发双方应采用一致的差错检验方法设置。当接收 1 帧字符时，对 1 的个数进行检验，若奇偶性（收、发双方）一致则说明传输正确。奇偶校验只能检测到那种影响奇偶位数的错误，比较低级且速度慢，一般只被用在异步通信中。

2）累加和校验

累加和校验是指发送方将所发送的数据块求和（"检验和"），并将"校验和"附加到数据块末尾。接收方接收数据时也是先对接收到的数据块求和，再将所得结果与发送方的"校验和"进行比较，若两者相同，表示传送的数据信息正确，若两者不同则表示传送的数据信息出了差错。"校验和"的加法运算可用逻辑加，也可用算术加。累加和校验的缺点是无法检验出字节或位序的错误。

3）循环冗余校验

循环冗余校验（Cyclic Redundancy Check，CRC）的基本原理是将一个数据块视为一个位数很长的二进制数，然后用一个特定的数去除它，将余数作为校验码附在数据块之后一起发送。接收方收到该数据块和校验码后，进行同样的运算来校验传送的数据信息是否出错。目前，CRC 已被广泛用于数据存储和数据通信中，并在国际上形成规范，市面上已有不少现成的 CRC 软件算法。

6. 通信协议

通信协议是指在计算机之间进行数据传输时的约定，包括通信方式、波特率、命令码的约定等。为了计算机之间能准确、可靠地通信，相互之间必须遵循统一的通信协议。在通信之前一定要先设置好通信协议。

7. 串行通信的接口和总线标准

随着国民经济的发展和工业自动化水平的提高，由多个单片机及 PC 构成的主从式多机通信系统和分布式通信系统在信息采集、传输和处理领域的应用日益广泛。这些通信系统要求单片机与单片机之间、单片机与 PC 之间能够进行可靠的远距离通信。MCS-51 单片机本身虽然具有全双工的串行接口，但无法直接实现远距离信号的传送，而且抗干扰能力差、PC 配置的 RS232C 标准接口与 MCS-51 单片机输入、输出电平不兼容。因此，要满足以上通信系统的要求，应配置标准通信接口电路。常用的标准异步串行通信接口有 RS232C、RS422/485 及 USB 通用接口等。

1）RS232C 接口

RS232C 是使用最早、应用最广的一种串行异步通信总线标准，是美国电子工业协会（Electronic Industry Association，EIA）的推荐标准。RS 表示 Recommended Standard，232 为该标准的标识号，C 表示修订次数。

RS232C 定义了数据终端设备（DTE）和数据通信设备（DCE）之间按位串行传输的端口信息，合理安排了端口的电气信号和机械要求。DTE 是所传送数据的源或宿主，可以是一台计算机或一个数据终端或一个外围设备；DCE 是一种数据通信设备，可以是一台计算机或一个外围设备。例如，打印机与 CPU 之间的通信采用 RS232C 接口。由于 MCS-51 单片机本身有一个全双工的串行接口，因此 MCS-51 单片机可采用 RS232C 接口与 PC 进行通信。

RS232C 规定的数据传输速率为 50，75，100，150，300，600，1 200，2 400，4 800，9 600，19 200 波特（baud）每秒。由于 RS232C 接口采用单端驱动非差分接收电路，因此传输距离不能太远（最大传输距离为 15m），数据传输速率不太高（最大数据传输速率为 20kbit/s）。

RS232C 接口有 25 芯和 9 芯两种 D 型插头。25 芯插头的引脚排列，如图 6-21 所示。9 芯插头的引脚排列如图 6-22 所示。在大多数情况下，对于一般的双工通信，通常仅使用 RXD、TXD 和 GND 三条信号线。

RS232C 接口采用负逻辑，即逻辑 1 用-（5～15）V 表示，逻辑 0 用+（5～15）V 表示。因此，RS232C 接口不能和 TTL 电平直接相连。MCS-51 单片机的串行接口采用了 TTL 电平，必须进行电平转换后才能与 RS232C 接口直接相连。目前，RS232C 接口与 TTL 接口之间电平转换的集成电路很多，最常用的是 MAX232 芯片。

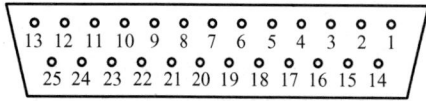

图 6-21　25 芯插头的引脚排列

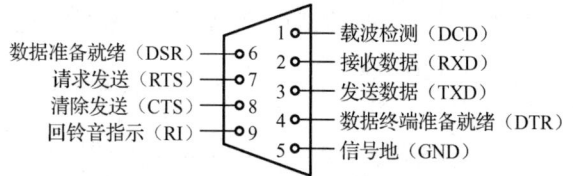

图 6-22　9 芯插头的引脚排列

通过 RS232C 接口的引脚可以实现各设备或元器件之间的联系或信息控制。RS232C 接口的引脚定义如表 6-2 所示。

表 6-2　RS232C 接口的引脚定义

引　脚		定　义	引　脚		定　义
DB-25 型	DB-9 型		DB-25 型	DB-9 型	
1		保护接地（PE）	14		辅助通道发送数据
2	3	发送数据（TXD）	15		发送时钟（TXC）
3	2	接收数据（RXD）	16		辅助通道接收数据
4	7	请求发送（RTS）	17		接收时钟（RXC）
5	8	清除发送（CTS）	18		未定义
6	6	数据准备就绪（DSR）	19		辅助通道请求发送
7	5	信号地（GND）	20	4	数据终端准备就绪（DTR）
8	1	载波检测（DCD）	21		信号质量检测
9		供测试用	22	9	回铃音指示（RI）
10		供测试用	23		数据信号速率选择
11		未定义	24		发送时钟（TXC）
12		辅助载波检测	25		未定义
13		辅助通道清除发送			

2）RS422/RS485 接口

RS232C 接口虽然应用广泛，但由于出现较早，数据传输速率慢，通信距离短。为了满足现代通信传输数据速率越来越快和传输距离越来越远的要求，EIA 随后推出了 RS422 和 RS485。

RS422 接口采用差分接收、差分发送的工作方式，不需要数字地线。它使用双绞线传输信号，根据两条传输线之间的电位差值来决定逻辑状态。RS422 接口电路采用高输入阻抗接收器和比 RS232C 接口驱动能力更强的发送驱动器，可以在相同的传输线上连接多个接收节点，所以 RS422 接口支持一点对多点的双向通信。RS422 接口可以以全双工方式工作，通过两对双绞线可以同时发送和接收数据。

RS485 是 RS422 的变形。它是多发送器的电路标准，允许双绞线上一个发送器驱动 32 个负载设备。负载设备可以是发送器、接收器或收发器。当 RS485 接口用于多站点网络连接时，可以节省信号线，便于高速远距离传输数据。RS485 接口以半双工方式工作。

RS422/RS485 接口的最大传输距离为 1 200m，最大数据传输速率为 10Mbit/s。在实际应用中,为了减少误码率,当通信距离增加时,应适当降低数据传输速率。例如,若通信距离为 120m,则最大数据传输速率为 1Mbit/s;若通信距离为 1 200m,则最大数据传输速率为 100kbit/s。

6.3.2　单片机的串行接口

1. 串行接口的组成

MCS-51 单片机有一个异步接收/发送器,用于串行全双工异步通信,也可作为同步寄存器使用。它主要由发送缓冲器、接收缓冲器、电源控制器、串行接口控制寄存器、发送控制器 TI、接收控制器 RI、移位寄存器、输出控制门组成。TXD 端发送数据,RXD 端接收数据;两个缓冲器用各自的时钟源控制发送、接收数据。

2. 串行接口的工作原理

串行接口的结构框图如图 6-23 所示。

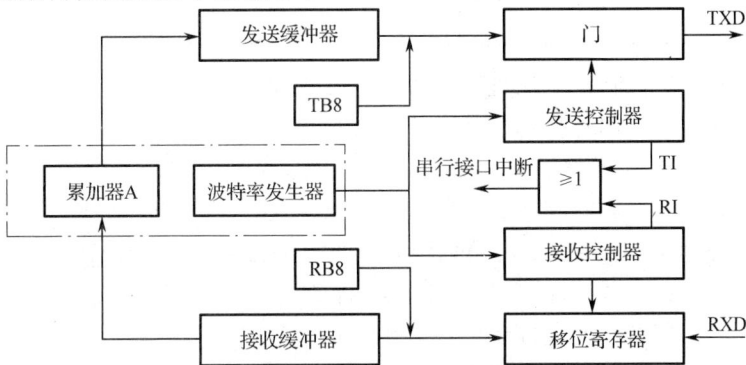

图 6-23　串行接口的结构框图

发送、接收缓冲器共同用一个地址（99H）。当发送数据时,就对该地址只写、不读;当接收数据时,就对该地址只读、不写。

发送（输出）数据:发送控制器 TI 按波特率发生器（由定时/计数器 T1 或 T2 构成）提供的时钟信号频率把发送缓冲器中的并行数据一位一位从 TXD 端输出。当一帧数据被发送完毕时,TI 被硬件置 1,但必须被软件清 0。只要发送缓冲器中有数据,就会被发送。

接收（输入）数据:当 REN=1 时,移位寄存器按要求的波特率采样 RXD 端的信号,待接收到一个完整的的字节后,就装入接收缓冲器。接收缓冲器具有双缓冲作用,在 CPU 未读入一个接收数据前就开始接收下一个数据,CPU 应在下一个字节接收完毕前读取接收缓冲器中的数据。当数据被接收完毕时,RI 被硬件自动置 1,但必须被软件清 0。

6.3.3　控制串行接口的寄存器

控制串行接口的寄存器有两个:串行接口控制寄存器（SCON）和能改变波特率的功率控制寄存器（PCON）。

1. 串行接口控制寄存器（SCON）

SCON 的字节地址为 98H,可位寻址。

SCON 用于确定串行接口的操作方式和控制串行接口的某些功能,也可用于发送和接收第九位数据（TB8 及 RB8）,并有接收和发送中断标志（RI 及 TI）。

SCON 的各位如下：

D7	D6	D5	D4	D3	D2	D1	D0
SM0	SM1	SM2	REN	TB8	RB8	TI	RI

- SM0, SM1：指定串行接口的工作方式。若设振荡信号频率为 f_{osc}，则串行接口的工作方式如表 6-3 所示。

表 6-3　串行接口的工作方式

SM0	SM1	工 作 方 式	功　　　能	波　特　率
0	0	方式 0	移位寄存器方式，用于并行 I/O 接口扩展	$f_{osc}/12$
0	1	方式 1	8 位通用异步接收器/发送器	可变
1	0	方式 2	9 位通用异步接收器/发送器	$f_{osc}/32$ 或 $f_{osc}/64$
1	1	方式 3	9 位通用异步接收器/发送器	可变

- SM2：多机通信控制位。在进行多机通信时，要通过 SM2 控制从机是准备接收地址还是接收数据。当串行接口工作在方式 2 或方式 3 时，若 SM2＝1，则只有当接收到的第九数据位（RB8）为 1，才将接收到的前 8 位数据送入接收缓冲器，并使 RI 置 1 产生中断请求；否则，将接收到的前 8 位数据丢弃。当 SM2＝0 时，则无论第九位数据为 0 还是为 1，都将前 8 位数据装入接收缓冲器中，并产生中断请求。当串行接口工作在方式 0 或方式 1 时，SM2 必须为 0。
- REN：允许串行接口接收控制位。当用软件使 REN 置 1 时，串行接口为允许接收状态，可启动串行接口的接收器 RXD，开始接收数据。当用软件使 REN 清 0 时，串行接口为禁止接收状态。
- TR8：是串行接口工作在方式 2 或方式 3 时要发送的第九数据位，按需要由软件对其进行置 1 或清 0，可作为数据的奇偶校验位或地址帧/数据帧标志。
- RB8：是串行接口工作在方式 2 或方式 3 时接收到的第九数据位，可作为奇偶校验位或地址帧/数据帧标志。当串行接口工作在方式 1 时，若 SM2＝0，则 RB8 是接收到的停止位；当串行接口工作在方式 0 时，不使用 RB8。
- TI：发送中断标志。当串行接口工作在方式 0 且串行发送第八数据位结束时，由内部硬件使其置 1，并向 CPU 发送中断请求。CPU 响应中断后，必须用软件使其清 0，取消此中断标志。当串行接口工作在其他方式且停止位开始发送时，由硬件使其置 1，并必须用软件使其清 0。
- RI：接收中断标志位。当串行接口工作在方式 0 且串行接收到第八位数据时，由内部硬件使其置 1。当串行接口工作在其他方式且接收到停止位的中间时，由硬件使其置 1，并必须用软件使其清 0。

SCON 的所有位在复位之后均为 0。

SCON 的内容可由指令来设定。例如，当串行接口工作在方式 0 且启动接收时，可由指令"SCON=0x10;"（汇编语言指令为"MOV SCON, #10H"）来设定 SCON 的内容。当由指令改变 SCON 的内容时，改变的内容是在下一条指令的第一个周期的 S1 P1 期间被锁存在 SFR 中并开始生效的。如果此时已经开始进行一次串行发送，那么 TR8 中送出去的仍是原有的值，而不是新值。

　　当一帧信息被发送完成时，发送中断标志 TI 被置 1，接着产生串行接口中断请求。当接收完一帧信息时，接收中断标志 RI 被置 1，同样产生串行接口中断请求。如果 CPU 允许中断请求，则进入串行接口中断程序。CPU 事先并不能分辨是由 TI 还是由 RI 引起的中断请求，而必须在中断程序中用位测试指令加以判别。两个中断标志 TI 及 RI 均不能自动被复位，故必须在中断程序中设置对中断标志清 0 的指令，以撤销中断请求，否则原先的中断标志又将产生串行接口中断请求。

2．功率控制寄存器（PCON）

　　PCON 的字节地址为 87H，不可位寻址。PCON 各位的意义如下：

格式	D7	D6	D5	D4	D3	D2	D1	D0
	SMOD	—	—	—	—	—	—	—

　　PCON 中的 D7 为串行接口波特率选择位。当用软件使 SMOD 为 1 时（如使用"MOV PCON，#80H"指令），则使方式 1、方式 2、方式 3 的波特率加倍。当用软件使 SMOD 为 0 时，各工作方式的波特率不加倍。当整机复位时，SMOD 为 0。

　　单片机串行接口内设有数据寄存器。在所有的串行接口的工作方式中，在写缓冲器信号的控制下把数据装入 9 位的发送移位寄存器，前面 8 位为数据字节，其最低位就是移位寄存器的移位输出位。根据不同的工作方式会自动将 1 或 TB8 的值装入移位寄存器的第九位并对其进行发送。

　　单片机串行接口的接收寄存器是一个输入移位寄存器。在方式 0 时，移位寄存器字长为 8 位。在其他工作方式时，其字长为 9 位。当一个字符被接收完毕时，移位寄存器中的数据字节装入串行数据缓冲器中，其第九位则装入 SCON 的 RB8 位。如果 SM2 使得已接收的数据无效，则 RB8 和缓冲器中的内容不变。

6.3.4　串行接口的 4 种工作方式

1．方式 0——移位寄存器方式

　　在方式 0 下，串行接口作为同步移位寄存器来使用。这时以 RXD（P3.0）引脚作为数据移位的入口和出口，而由 TXD（P3.1）引脚提供移位脉冲信号。数据的发送与接收以 8 位为一帧，不设起始位和停止位，低位在前、高位在后。

　　方式 0 的帧格式如下：

⋯	D0	D1	D2	D3	D4	D5	D6	D7	⋯

　　1）数据的发送与接收

　　在使用方式 0 实现数据移位时，实际上是把串行接口变成并行接口来使用的。

　　串行接口作为并行输出接口使用时，要有"串入并出"的移位寄存器配合（如 CD4049 或 74LS164 芯片）。串行接口与 74LS164 芯片配合如图 6-24 所示。

　　74LS164 芯片的引脚如图 6-25 所示。74LS164 芯片各引脚功能如下。

　　Q0～Q7 为并行输出接口引脚。

　　D_{SA}、D_{SB} 为串行输入接口引脚。

　　$\overline{CR}$ 为清 0 引脚，低电平时使 74LS164 芯片的并行输出信号清 0。

CP 为时钟脉冲信号输入引脚，在时钟脉冲信号的上升沿作用下实现数据移位。在 CP=0，$\overline{CR}$ =1 时，74LS164 芯片的并行输出信号保持原来状态不变。

如图 6-24 所示，数据从串行接口 RXD 引脚在时钟脉冲信号的控制下被逐位移入 74LS164 芯片。当 8 位数据全部被移出后，SCON 寄存器的 TI 被自动置 1。其后，将移入 74LS164 芯片的数据被并行输出。当 P1.0 引脚为低电平时，可将 74LS164 芯片的并行输出信号清 0。

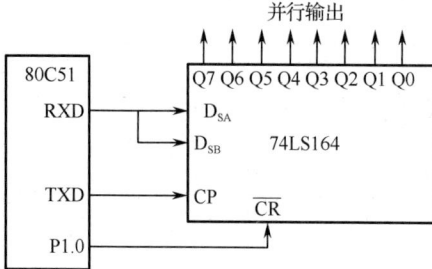

图 6-24　串行接口与 74LS164 芯片配合

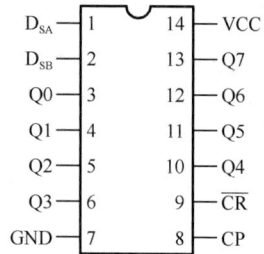

图 6-25　74LS164 芯片的引脚

如果把能实现"并入串出"功能的移位寄存器（如 CD4014 或 74LS165 芯片）与串行接口配合使用，就可以把串行接口变为并行接口来使用，如图 6-26 所示。74LS165 芯片的引脚如图 6-27 所示。

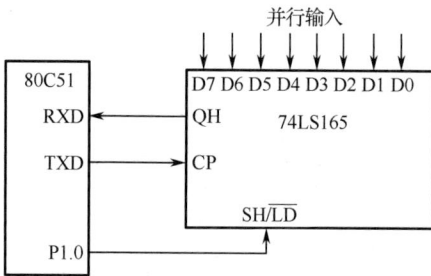

图 6-26　串行接口与 74LS165 芯片配合

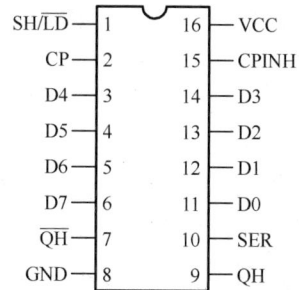

图 6-27　74LS165 芯片的引脚

当 SH/$\overline{LD}$ =1 时，允许串行移位；当 SH/$\overline{LD}$ =0 时，允许并行输入。QH 为串行移位输出引脚；SER 为串行移位输入引脚（用于两个 74LS165 芯片输入 16 位并行数据）。当 CPINH=1 时，从 CP 引脚输入的每个正脉冲信号使 QH 引脚输出的数据移位一次。$\overline{QH}$ 为补码输出引脚。

74LS165 芯片移出的串行数据由 QH 引脚经 RXD 引脚串行输入，同时由 TXD 引脚提供移位时钟脉冲信号。在 80C51 单片机串行接收 8 位数据时要有允许接收的控制，具体由 SCON 的 REN 位来实现。当 REN=0 时，禁止接收；当 REN=1 时，允许接收。软件置位 REN，即开始从 RXD 引脚以 f_{osc}/12 波特率输入数据（低位在前）。当 80C51 单片机接收到 8 位数据时，置位中断标志 RI，在中断程序中将 REN 清 0，停止接收数据，并用 P1.0 引脚信号将 SH/$\overline{LD}$ 引脚信号清 0，停止串行输出，转而并行输入。当取走缓冲器的数据后，再将 REN 置 1，准备接收数据，并用 P1.0 引脚信号将 SH/$\overline{LD}$ 引脚信号置 1，停止并行输入，转而串行输出。

2）波特率

在方式 0 时，移位操作的波特率是固定的，为单片机晶振频率的 1/12。如果晶振频率以 f_{osc} 表示，则波特率为 f_{osc}/12。例如，f_{osc}=6MHz，则波特率为 500kbit/s，即 2μs 移位一次。又如，f_{osc}=12MHz，则波特率为 1Mbit/s，即 1μs 移位一次。

3）应用举例

【例 6.3】 使用 74LS164 芯片的并行输出接口引脚接 8 个发光二极管，利用它的"串入并出"功能，将发光二极管从右向左依次点亮，并反复循环。

假定发光二极管为共阴极型，则串行移位输出电路如图 6-28 所示。

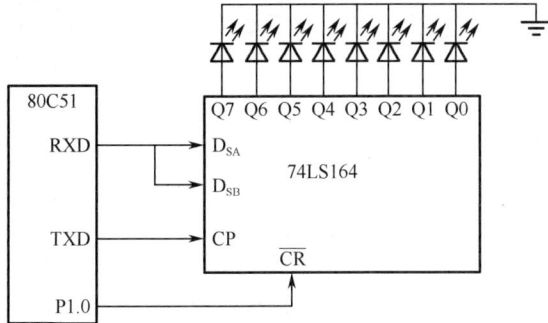

图 6-28 串行移位输出电路

当把 8 位状态码串行移位输出后，将 TI 置 1。如果把 TI 作为状态查询标志，则使用查询方法完成的参考程序如下：

```
        ORG     0000H
        MOV     SP, #50H
        MOV     SCON, #00H      ;串行接口工作于方式 0
        CLR     ES              ;禁止串行接口中断
        MOV     A, #01H         ;发光二极管从右边亮起
DELR:   CLR     P1.0            ;禁止并行输出
        MOV     SBUF, A         ;串行输出
        JNB     TI, $           ;状态查询
        SETB    P1.0            ;开启并行输出
        ACALL   DELAY           ;状态维持
        CLR     TI              ;将发送中断标志清 0
        RR      A               ;发光右移
        AJMP    DELR            ;继续
```

注意： 首先将 8 位状态码的最低位 D0 的内容由 80C51 单片机的串行接口移出，然后通过同步脉冲信号将其移到 Q0 中。随着 8 位状态码的逐步移出，D0 的内容通过 8 个同步脉冲信号移到 Q7 中。

此外，串行接口并行 I/O 接口扩展功能还常用于 LED 显示器接口电路。

2. 方式 1

方式 1 是数据的发送与接收以 10 位为一帧的异步串行通信方式，其帧结构包括 1 个起始位、8 个数据位和 1 个停止位。

方式 1 的帧格式如下：

起始位	D0	D1	D2	D3	D4	D5	D6	D7	停止位

1）数据发送与接收

数据发送是由一条写发送寄存器（SBUF）指令开始的。随后将起始位和停止位由硬件自

动加入串行接口，构成一个完整的帧格式。字符帧在移位脉冲信号的作用下，由 TXD 引脚串行输出。一个字符帧被发送完毕后，使 TXD 引脚为逻辑 1，并将 SCON 寄存器的 TI 置 1，通过 CPU 可以发送下一个字符。

当接收数据时，SCON 的 REN 位应处于允许接收状态（REN=1）。在此前提下，采样串行接口 RXD 引脚信号，当采样到负跳变信号时，就认定是接收到起始位。随后在移位脉冲信号的控制下，把接收到的数据移入接收寄存器中。直到停止位到来之后，把停止位送入 RB8 中，并置位中断标志 RI，通知 CPU 从接收寄存器中取走接收到的一个字符。

2）波特率设定

方式 0 的波特率是固定的，一个机器周期进行一次移位。方式 1 的波特率是可变的，其波特率为

$$波特率 = \frac{2^{SMOD}}{32} \times （定时器 1 溢出率）$$

式中，SMOD 为 PCON 寄存器最高位的值，SMOD 为 1 表示波特率加倍。

当定时器 1（也可使用定时器 2）作为波特率发生器使用时，通常定时器 1 的工作方式选用方式 2（不要把定时/计数器的工作方式与串行接口的工作方式搞混淆了），其计数器结构为 8 位。假定计数初始值为 COUNT（单片机的机器周期为 T），则定时时间为 $(256-COUNT) \times T$，从而在 1s 内发生溢出的次数（即溢出率）为 $1/[(256-COUNT)T]$，其波特率为

$$波特率 = 2^{SMOD}/[32 \times (256-COUNT)T]$$

单片机系统的时钟频率是固定的，从而机器周期 T 也是可知的。在上面的公式中有两个变量：波特率和计数初始值 COUNT。只要已知其中一个变量的值，就可以求出另外一个变量的值。

在串行接口的方式 1 中，之所以选择定时器的工作方式为方式 2，是由于定时器的方式 2 具有自动加载功能，从而避免了通过程序反复装入计数初始值而引起的定时误差，使波特率更加稳定。

3. 方式 2

方式 2 是数据的发送与接收以 11 位为一帧的串行通信方式，其帧结构包括 1 个起始位、9 个数据位和 1 个停止位。

在方式 2 下，第九数据位既可作为奇偶校验位使用，也可作为控制位使用，其功能由用户确定，发送之前应先在 SCON 中的 TB8 准备好，指令如下：

SETB	TB8	;将 TB8 置 1
CLR	TB8	;将 TB8 清 0

准备好第九数据位之后，再向缓冲器写入前 8 位数据，并以此来启动串行发送。一个字符帧发送完毕后，将 TI 置 1，其过程与方式 1 相同。方式 2 的接收过程也与方式 1 的基本类似，所不同的在于第九数据位上。串行接口把接收到的前 8 位数据送入缓冲器，而把第九数据位送入 RB8。

方式 2 的波特率是固定的且有两种：一种是晶振频率的 1/32；另一种是晶振频率的 1/64，即 $f_{osc}/32$ 和 $f_{osc}/64$，如用公式表示则为

$$波特率 = 2^{SMOD} \times f_{osc}/64$$

即与 PCON 中 SMOD 的值有关。当 SMOD=0 时，波特率等于 f_{osc} 的 1/64；当 SMOD=1 时，波特率等于 f_{osc} 的 1/32。

4．方式 3

方式 3 同样是数据的发送与接收以 11 位为一帧的串行通信方式，其帧结构包括 1 个起始位、9 个数据位和 1 个停止位。方式 3 的通信过程与方式 2 的完全相同，所不同的仅在于波特率。方式 3 的波特率可由用户根据需要设计，其设定方式与方式 1 的一样，即通过设置定时器 1 的计数初始值来设定波特率。

6.3.5　多机系统通信

串行接口用于多机系统通信时必须使用方式 2 或方式 3。

设多机系统有 1 个主机与 3 个从机，从机地址分别为 00H, 01H, 02H。如果这 4 个主、从机之间的距离很近，则它们可以直接以 TTL 电平通信，如图 6-29 所示。为了区分是数据信息还是地址信息，主机用第九数据位 TB8 作为地址/数据的识别位，即地址帧的 TB8 为 1，数据帧的 TB8 为 0。各从机的 SM2 必须被置 1。

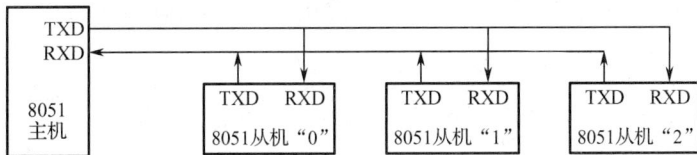

图 6-29　多机系统通信

在主机与某个从机通信前，先将该从机的地址发送给各从机。由于各从机 SM2 为 1，接收到的地址帧 RB8 为 1，所以各从机的接收信息都有效，送入各自的接收缓冲器，并将 RI 置 1。各从机 CPU 响应中断请求后，通过软件判断主机送来的是不是本从机地址，如果是本从机地址，就使 SM2 清 0，否则保持 SM2 为 1。

接着主机发送数据帧，因数据帧的第九数据位 RB8 为 0，只有地址相符的从机的 SM2 为 0，才能将前 8 位数据装入发送缓冲器，其他从机因 SM2 为 1，该数据将被丢失，从而实现主机与从机的一对一通信。

方式 2 和方式 3 也可以用于双机通信，此时第九数据位可作为奇偶校验位，但必须使 SM2 清 0。

6.3.6　波特率计算

波特率即数据传输速率，每秒传送二进制数的位数，单位为 bit/s。串行接口的 4 种工作方式决定 3 种波特率。

（1）方式 0 的波特率为固定值，为单片机时钟频率的 1/12，即 $f_{osc}/12$。

（2）方式 2 有两种波特率：

$$波特率 = (2^{SMOD}/64) \cdot f_{osc}$$

式中，SMOD 为 0 或 1。

（3）方式 1 和方式 3 的波特率是可变的，即

$$波特率 = (2^{SMOD}/32) \cdot N$$

式中，N 为定时器溢出率（1s 溢出的次数为 N，$N = (f_{osc}/12)(1/2^k - COUNT)$，其中 k 由定时器

的工作方式决定，$k = 13, 16, 8$）；SMOD 为 0 或 1，为波特率倍增位。

　　【例 6.4】　设串行接口工作于方式 3，SMOD=0，f_{osc}=11.059 2MHz，定时器 1 工作于方式 2（自动重装载方式），要求波特率为 2 400bit/s，求计数初始值 COUNT。

　　因为定时器 1 的定时时间为

$$T_C＝（256-COUNT）\times12/f_{osc}$$

其溢出率为

$$N=1/T_C = f_{osc} / [(256-COUNT) \times12]$$

所以，波特率=$(2^0/32)$ $N=(2^0/32)\times11.059\ 2\times10^6 / [(256-COUNT)\times12]=2\ 400$（bit/s），可以算得 COUNT=244=0F4H。

　　假如本例中的 f_{osc} 不是 11.059 2MHz，而是 12MHz，重复上述的计算过程，计数初始值 COUNT 约为 242.98，计算结果不是整数，因此只能将其四舍五入近似为 243。再用计数初始值 243 计算一下波特率，其结果约为 2 403.8bit/s，而非要求的 2 400bit/s。虽然这两个数值相差不大，但这意味着串行通信双方数据传输速率可能不一致，每秒大概会有 3.8 个字符的偏差，这造成了通信的内容频繁出错，大大增加了 CPU 用于校验和处理错误的负担。所以在使用串行通信的情况下，晶振频率通常选用 11.0592MHz、22.1058MHz 等数值，而不选用 12MHz、6MHz 等数值。

6.3.7　单片机与 PC 通信技术

　　在工控系统（尤其是多点现场工控系统）设计实践中，单片机与 PC 组合构成分布式控制系统是一个重要的发展方向。分布式控制系统是主从管理、层层控制的。主控计算机监督、管理各子系统分机的运行状况。子系统与子系统可以平等地进行信息交换，也可以具有主从关系。分布式控制系统最明显的特点是可靠性高，某个子系统的故障不会影响其他子系统的正常工作。

　　分布式控制系统的结构如图 6-30 所示。

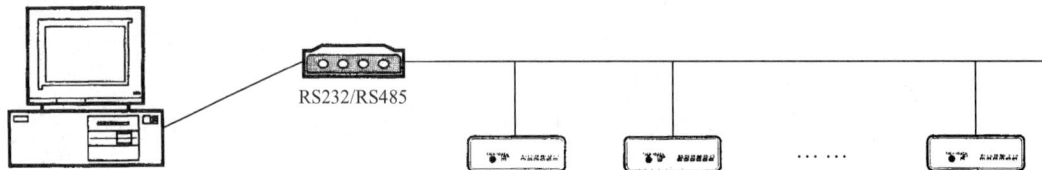

图 6-30　分布式控制系统的结构

　　在分布式控制系统的各子系统中，控制器可完全由计算机代替。子系统中的计算机必须结构紧凑，才能适应较恶劣的环境或直接装配在设备上，所以单片机是分布式控制系统的优选机型。利用 PC 配置的异步通信适配器，可以方便地完成 PC 与 80C51 单片机的数据通信。

　　一台 PC 既可以与一台单片机应用系统通信，也可以与多台单片机应用系统通信。单片机与 PC 通信既可以是近距离的也可以是远距离的。在单片机与 PC 通信时，其硬件接口技术主要是电平转换技术，控制接口设计技术和远、近通信接口技术。

　　MCS-51 单片机串行接口与 PC 的 RS232C 接口不能直接对接，必须进行电平转换，常见的 TTL 到 RS232C 的电平转换器有 MC1488, 1489 和 MAX232 等芯片。

　　近年来，具有自升压电平转换功能的 MAX232 芯片越来越多地被采用。MAX232 芯片包含两路接收器和驱动器的 IC 芯片，且仅需要单一+5V 电源，内置电子泵电压转换器（将+5V 电平转换成 RS232C 所需±9V 电平）。该芯片与 TTL/CMOS 电平兼容，片内有 2 个发送器、2 个接收器，使用起来比较方便。MAX232 芯片的引脚如图 6-31 所示。

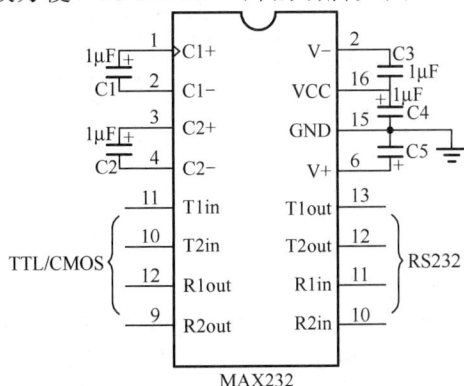

图 6-31　MAX232 芯片的引脚

MAX232 芯片内部有两路电平转换电路。在实际应用中，可以从两路发送/接收器中任选一路作为接口，但要注意其发送和接收的引脚必须对应。T1in 或 T2in 引脚可以直接接 TTL/CMOS 电平的单片机的串行发送端 TXD 引脚；R1out 或 R2out 引脚可以直接接 TTL/CMOS 电平的单片机的串行接收端 RXD 引脚；T1out 或 T2out 引脚可以直接接 PC 的 RS232 串行接口的接收端 RXD 引脚；R1in 或 R2in 引脚可以直接接 PC 的 RS232 串行接口的发送端 TXD 引脚，如图 6-32 所示。

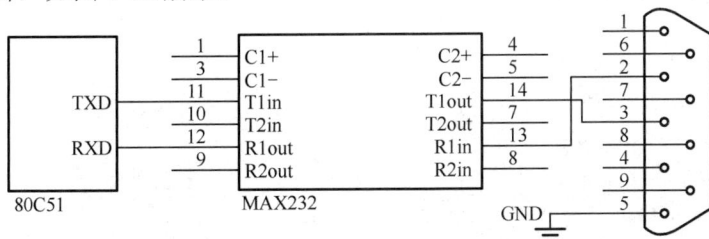

图 6-32　PC、单片机与 MAX232 芯片的连接

随着单片机及微机技术的不断发展，特别是网络技术的应用，采用微机与多台单片机构成的小型测控系统越来越多。这种系统既可以利用单片机的价格低、功能强、抗干扰能力强、灵活性好和面向控制等优点，又可以利用 Windows 操作系统的高级用户界面、多任务、自动内存管理等特点。在这种系统中，单片机主要进行实时数据采集和预处理，然后通过串行接口将数据传给微机，让微机进一步处理这些数据。这些数据包括求方差、均值、动态曲线与计算给定、打印输出的各种参数等。这里以一台 PC 和一台单片机为例给出单片机与微机的通信过程。微机通过发送字符，单片机接收到数据后立即通过串行接口发回此数据并在微机的 CRT 上显示该字符以测试微机与单片机的串行接口是否工作正常。计算机软件可以用 Basic 语言、C 语言开发，也可以利用 VB 语言、VC 语言、Delphi 语言等开发。

在 DOS 操作系统中，要实现单片机与微机的通信，只要直接对微机接口的 8250 通信芯片进行接口地址操作即可。在 Windows 操作系统中，由于系统硬件的无关性，所以不再允许用户直接操作串行接口地址。如果用户要进行串行通信，可以调用 Windows 操作系统的 API

应用程序接口函数，但其使用较为复杂。使用 Visual Basic 通信控件可以很容易地解决这个问题。

新一代面向对象的程序设计语言 VB 是 Windows 操作系统图形工作环境与 Basic 语言编程的完美结合。VB 语言既简明易用，又实用性强，因而得到广泛的应用。VB 语言可以提供一个名为 MSComm32.OCX 的通信控件。添加 MSComm32.OCX 通信控件如图 6-33 所示。MSComm32.OCX 通信控件具备基本的串行通信能力，即通过串行接口发送和接收数据，为应用程序提供串行通信功能。

单片机程序如下（汇编语言）：

```
          ORG    0000H
MAIN:     MOV    TMOD, #20H        ;在 11.059 2MHz 下，串行接口波特率为
          MOV    TH1, #0FDH        ;9 600bit/s，方式 3
          MOV    TL1, #0FDH
          MOV    PCON, #00H
          SETB   TRI
          MOV    SCON, #0D8H
LOOP:     JBC    RI, RECEIVE       ;接收到数据后立即发出去
          SJMP   LOOP
RECEIVE:  MOV    A, SBUF
          MOV    SBUF, A
SEND:     JBC    TI, SFNDEND
          SJMP   SEND
SENDEND:  SJMP   LOOP
```

PC 程序如下（VB 语言）：

```
Private Sub From_Load ()
     MSComm1.CommPort=1
     MSComm1.PortoOpen=TURE
     MSComm1.Settings="9600, N, 8, 1"
End Sub
Private Sub Command1_Click ()              '按"通信键"事件
     Instring as string
     MSComm1.InBufferCount=0               '字符缓冲器长度为 0
     MSComm1.Output="A"                    '发送字符"A"
     Do
     Dummy=DoEvents ()                     '如果缓冲区中有数据，则把它读出来
     Loop Until (MSCommm1.InBufferCount>2)
     Instring=MSComm1.Input
End Sub
Private Sub command2_Click ()             '按"退出键"事件
     Mscomm1.Portopen=FALSE
     UnLoad Me
End Sub
```

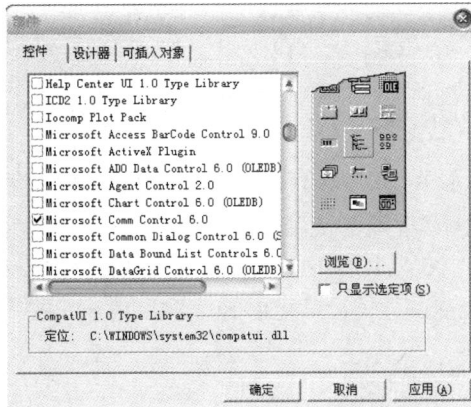

图 6-33 添加 MSComm32.OCX 通信控件

6.4 实 验

声明定时器中断的方法如下。

（1）定时器 T0 中断：

void 函数名 interrupt 1

（2）定时器 T1 中断：

void 函数名 interrupt 3

实验电路如图 4-9 所示，编写程序使单色灯（发光二极管）每隔 50ms 被点亮，再隔 50ms 被熄灭，使用定时器 1 和 12MHz 晶振。

程序如下：

```c
#include <reg51.h>
#define LED P1
//------定时程序------
unsigned char k=0x00;          //在函数体外为全局变量
void intl( ) interrupt 3
{
    TR1=0;                     //停止计数
    TL1=0x01;                  //计数初始值为 50ms
    TH1=0x4c;
    TR1=1;                     //开始计数
    LED=k;                     //将数值送 P1 接口点亮或熄灭单色灯
    k=~k;                      //翻转数值，即单色灯由亮变灭、灭变亮，形成下一个值
}
//--------主程序--------
void main()
{
    TMOD=0x10;                 //置 T1 为方式 1
    TL1=0x01;                  //计数初始值为 50ms
    TH1=0x4c;
    TR1=1;
```

```
    ET1=1;
    EA=1;                    //开中断
    while(1);
}
```

全速运行，可以看到 8 个单色灯一闪一闪，闪烁得非常快，能否闪烁得慢一点呢？当然可以，但这里使用的单片机的工作频率是 12MHz，单片机定时器的最大定时时间也只有 65ms左右，所以不能用直接改变定时器计数初始值的方法，只能引用一个变量来控制闪烁的间隔时间，使定时器还是定时 50ms，只是让其定时若干次后再输出控制量，这样就可以达到将定时时间延长的目的了。

以下程序实现单色灯 1s 间隔闪烁，读者可以细细思考一下。

```
#include <reg51.h>
//在函数体外为全局变量。times=20 代表进入中断 20 次
unsigned char k=0x00，times=20;
//------------定时程序--------------
void intl() interrupt 3
{
    TR1=0;                   //停止计数
    TL1=0x01;                //计数初始值为 50ms
    TH1=0x4c;
    TR1=1;                   //开始计数
    times=times--;
    if(times==0)
    {
        times=20;            //定时 1s 时间到
        LED=k;               //将数值送 P1 接口，点亮或熄灭单色灯
        k=~k;                //翻转数值，形成下一个值
    }
}
//-----------主程序------------
void main()
{
    TMOD=0x10;               //置 T1 为方式 1
    TL1=0x01;                //计数初始值为 50ms
    TH1=0x4c;
    TR1=1;
    ET1=1;
    EA=1;                    //开中断
    while(1);
}
```

习　题

1. 什么是中断？什么是中断源？
2. 什么是中断优先级？什么是中断嵌套？

3. 单片机引用中断技术后，有些什么优点？

4. 简述中断处理流程。

5. MCS-51 单片机允许有哪几个中断源？各中断源的中断程序入口地址分别是什么？

6. MCS-51 单片机有几个优先级？如何设置优先级？

7. 若采用 $\overline{INT1}$，下降沿触发，中断优先级为最高级，试写出相关程序。

8. 在晶振频率为 12MHz，采用 12 分频方式，LED 每隔 1s 闪烁 4 次，试写出相关程序，使用中断技术，T0 定时，在方式 1 下实现。

9. 使用中断的方法，设计 1 个秒脉冲发生器。

10. MCS-51 单片机内部有哪几个定时/计数器？

11. 单片机定时/计数器有哪两种功能？当其作为计数器使用时，对外部计数脉冲有何要求？

12. TMOD 的各位控制功能是什么？

13. TCON 的高 4 位控制功能是什么？

14. 在晶振频率为 12MHz 时，采用 12 分频，要求在 P1.0 引脚输出周期为 150μs 的方波；P1.1 引脚输出周期为 1ms 的方波，其占空比为 1:2（高电平时间短，低电平时间长），试用定时器的方式 0、方式 1 编程。

15. 在晶振频率为 12MHz，采用 12 分频方式，要求定时 1min，试编写将 T0 和 T1 合用实现定时 1 min 的程序。

16. 串行通信有什么特点？

17. 异步通信与同步通信的主要区别是什么？

18. 何谓单工、半双工、全双工？

19. MCS-51 单片机的串行接口内部结构是怎样的？

20. 串行通信主要由哪几个功能寄存器控制？

21. MCS-51 单片机串行接口有哪几种工作方式？对应的帧格式是怎样的？

22. MCS-51 单片机串行接口在不同的工作方式下，如何确定波特率？

23. 简述串行接口在方式 0 和方式 1 下的发送与接收工作过程。

24. 简述多机系统通信的工作原理。

第7章 单片机的系统扩展

MCS-51 单片机在一块芯片上已经集成了计算机的基本功能部件，功能较强。在大多数智能仪器、仪表、家用电器、小型检测与控制系统中，可以直接采用一片单片机就能满足需要，使用非常方便。但在一些较大的应用系统中，单片机内部集成的功能部件往往不够用，这时就要在片外扩展一些外围功能芯片以满足系统的需要。

MCS-51 单片机的系统扩展包括程序存储器扩展、数据存储器扩展、I/O 接口扩展、定时/计数器扩展、中断系统扩展和串行接口扩展。本章只介绍应用较多的程序存储器扩展、数据存储器扩展和 I/O 接口扩展。

7.1 单片机最小系统

最小系统是指一个真正可用的单片机的最小配置系统。对于单片机内部资源已能够满足系统需要的，可直接采用最小系统。

由于 MCS-51 单片机片内不能集成时钟电路所需的晶振，也没有复位电路，在构成最小系统时必须外接这些部件。

7.1.1 8051/8751 单片机最小系统

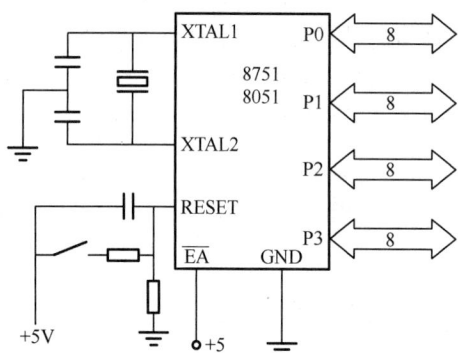

图 7-1 8051/8751 单片机最小系统

8051/8751 单片机片内有 4KB 的程序存储器，因此只要外接晶振和复位电路就可以构成最小系统，如图 7-1 所示。该最小系统的特点如下。

（1）由于片外没有扩展存储器和外围设备，P0～P3 接口都可以作为用户 I/O 接口使用。

（2）片内有 128B 数据存储器，地址空间为 00H～7FH，没有片外数据存储器。

（3）片内有 4KB 程序存储器，地址空间为 0000H～0FFFH，没有片外程序存储器，$\overline{EA}$ 引脚应为高电平。

（4）可以使用两个定时/计数器 T0 和 T1，一个全双工的串行通信接口，5 个中断源。

7.1.2 8031 单片机最小系统

8031 单片机片内无程序存储器，因此在构成最小系统时，不仅要外接晶振和复位电路，还应在片外扩展程序存储器。8031 单片机外接程序存储器（2764 芯片）构成的最小系统如图 7-2 所示。该最小系统特点如下。

（1）由于 P0 和 P2 接口在扩展程序存储器时连接地址线和数据线，因此不能作为 I/O 接口使用，而只有 P1 和 P3 接口作为 I/O 接口使用。

（2）片内有 128B 数据存储器，地址空间为 00H～7FH，没有片外数据存储器。

（3）片内无程序存储器，片外扩展了程序存储器，其地址空间随芯片容量不同而不同。在图 7-2 中，程序存储器使用的是 2764 芯片，容量为 8KB，地址空间为 0000H～1FFFH。由于片内没有程序存储器，只能使用片外程序存储器，$\overline{EA}$ 引脚只能为低电平。

（4）可以使用两个定时/计数器 T0 和 T1，一个全双工的串行通信接口，5 个中断源。

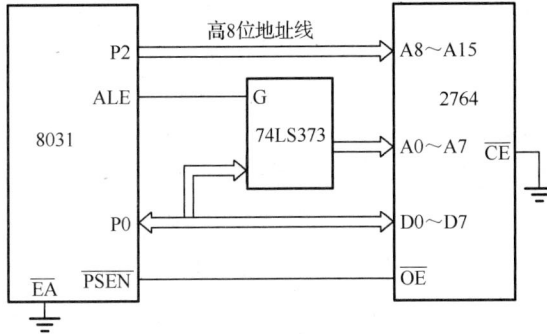

图 7-2　8031 单片机外接程序存储器（2764 芯片）构成的最小系统

7.1.3　最小系统的工作时序

MCS-51 单片机在设计时为最小系统规定了如图 7-3 所示的工作时序。由图 7-3 可见，P2 接口用于送出 PC_H 值；P0 接口用于送出 PC_L 值；在每个机器周期中，ALE 脉冲信号两次有效，如果晶振频率是 12MHz，那么 ALE 脉冲信号的频率为 2MHz；$\overline{PSEN}$ 脉冲信号也是两次有效。ALE 脉冲信号第一次有效发生在 S_1 和 S_2 期间。在 S_2 期间、ALE 脉冲信号处于下降沿时 P0 接口上低 8 位地址信息 PC_L 值被锁存到地址锁存器；然后在 S_4 期间、$\overline{PSEN}$ 脉冲信号处于上升沿时将指令读入单片机。ALE 脉冲信号第二次有效发生在 S_4 和 S_5 期间。在 S_5 期间、ALE 脉冲信号处于下降沿时 P0 接口上新的 PC_L 值又被锁存到地址锁存器，以待下一个机器周期的 S_1 期间、$\overline{PSEN}$ 脉冲信号处于上升沿时读入新的 PC 值所指地址中的指令。这样，在每个机器周期的 S_1 期间已取得该机器周期要执行的指令。

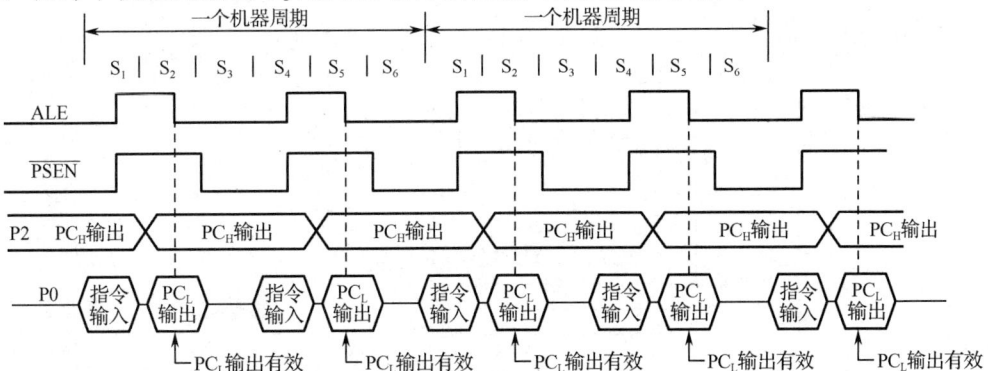

图 7-3　最小系统的工作时序

7.2　并行扩展概述

并行扩展是指单片机与外围设备之间采用并行接口的连接方式，将信息以并行传送方式传输。并行扩展方式一般采用总线并行扩展，即传输数据信息由数据总线完成，传输地址信息由地址总线完成，而传输控制信息，如读/写操作等，则由控制总线完成。与串行扩展相比，并行扩展的信息传输速度较快，但扩展电路较复杂。

7.2.1　总线

总线是单片机应用系统中各部件之间传输信息的通路，为 CPU 和其他部件之间提供数据、地址及控制信息。按总线所在位置，总线可分为内部总线和外部总线。内部总线是指 CPU 系统内部各部件之间的通路。外部总线是指 CPU 系统和其外围设备之间的通路。通常所说的总线是指外部总线。按通路上传输的信息，总线可分为数据总线（Data Bus，DB）、地址总线（Address Bus，AB）和控制总线（Control Bus，CB）。

1．数据总线

数据总线（DB）用于在单片机与存储器之间或单片机与 I/O 接口之间传输数据信息。数据总线的位数与单片机处理数据的字长一致。例如，MCS-51 单片机是 8 位字长，数据总线的位数也是 8 位。从结构上来说，数据总线是双向的，即将数据信息既可以从单片机送到 I/O 接口，也可以从 I/O 接口送到单片机。

2．地址总线

地址总线（AB）用于传输单片机送出的地址信息，以便进行存储单元和 I/O 接口的选择。地址总线的位数决定了单片机可扩展存储容量的大小。例如，MCS-51 单片机地址总线为 16 位，其最大可扩展存储容量为 2^{16}（64K）字节。地址总线是单向的，因此地址信息总是由 CPU 发出的。

3．控制总线

控制总线（CB）用来传输控制信息。控制信息包括 CPU 送往外围设备的控制信号，如读信号、写信号和中断响应信号等；还包括外围设备发送给 CPU 的信号，如时钟信号、中断请求信号及准备就绪信号等。单片机的三总线结构如图 7-4 所示。

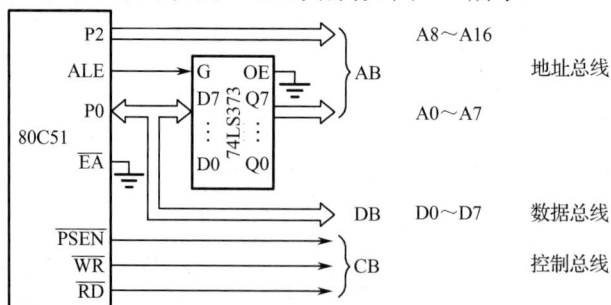

图 7-4　单片机的三总线结构

7.2.2　扩展总线的实现

在通常情况下，当单片机采用最小系统时，最能发挥其体积小、功能全、价格低廉等优点。但在有些场合所选择的单片机无法满足系统要求，必须在其片外扩展所需的相应器件，为此单片机提供了用于外部扩展的扩展总线。

1. 扩展总线组成

在 MCS-51 单片机中，P0 接口是地址/数据的分时复用接口；P2 提供地址总线的高 8 位；P3 接口的 $\overline{RD}$ 和 $\overline{WR}$ 引脚加上 $\overline{EA}$，ALE，$\overline{PSEN}$ 引脚等组成控制总线。

1）地址总线

A0～A15 地址总线的高 8 位由 P2 接口提供，其低 8 位由 P0 接口提供。在访问片外存储器时，由地址锁存信号 ALE 的下降沿把 P0 接口提供的地址总线的低 8 位及 P2 接口提供的地址总线的高 8 位锁存至地址锁存器中，从而构成系统的 16 位地址总线。

在实际应用系统中，地址总线的高 8 位并不固定为 8 位，需要几位就从 P2 接口中引出几条线。

2）数据总线

D0～D7 数据总线与 P0 接口相连。因为 P0 接口既作为地址线，又作为数据线（分时使用），因此要加一个 8 位地址锁存器。在实际应用时，先把低 8 位地址送入地址锁存器暂存，再由地址锁存器给系统提供低 8 位地址，而后把 P0 接口作为数据线使用。

在读信号 $\overline{RD}$ 与写信号 $\overline{WR}$ 有效时，P0 接口上出现的信号为数据信息。

3）控制总线

控制总线共 12 条，即第二功能的 P3 接口再加上 RESET、$\overline{EA}$、ALE 和 $\overline{PSEN}$ 信号线。在实际应用中，常用的控制信号如下。

（1）使用 ALE 信号作为地址锁存的选通信号，以实现低 8 位地址的锁存。

（2）以 $\overline{PSEN}$ 信号作为扩展程序存储器的读选通信号。

（3）以 $\overline{EA}$ 信号作为片内、片外程序存储器的选择信号。

（4）以 $\overline{RD}$ 和 $\overline{WR}$ 作为扩展数据存储器和 I/O 接口的读/写选通信号。当执行 MOVX 指令时，这两个信号分别自动有效。

2. 扩展总线的特性

1）三态输出

总线在无信息传输时呈高阻态，可同时扩展多个并行接口器件，因此存在寻址问题。单片机通过控制信号来选通芯片，然后实现一对一的通信。

2）时序交互

单片机的扩展总线有严格的时序要求。该时序由单片机的时钟系统控制，严格按照 CPU 的时序进行信息传输。

3）总线协议的 CPU 控制

通过总线接口的信息传输，不需要握手信号，双方都严格按照 CPU 的时序协议进行，也不需要指令的协调管理。

总线扩展的主要问题是总线连接电路设计、器件的选择及器件内部的寻址等。

在总线扩展时，其所有外围设备的总线端子都连到相同的数据总线（DB）、地址总线（AB）

及公共的控制总线上。其中，数据总线为三态口，在不传输信息时为高阻态。总线分时对不同的外围设备进行信息传输。

总线连接方式的重点在于外围设备片选信号的产生。一般来说，外围设备（如存储器）的地址线数目总是少于单片机地址总线的数目。因此连接后，单片机的高位地址线总有剩余。剩余地址线一般作为译码线。译码线与外围设备的片选信号 CE 引脚相接。单片机对外围设备访问时，片选信号必须有效，即选中外围设备。片选信号线与单片机系统的译码线相连接后，就决定了外围设备的地址范围。在并行扩展中，单片机的剩余高位地址线与外围设备的片选信号线的连接，是扩展连接的关键问题。

3．译码的方法

译码有两种方法：部分译码和全译码。

1）部分译码

所谓部分译码就是外围设备的地址线与单片机系统的地址线顺次相接后，剩余的高位地址线仅用一部分参加译码。参加译码的地址线对于选中的某个外围设备有一个确定的状态，而不参加译码的地址线可以为任意状态。也可以说，只要参加译码的地址线处于对某个外围设备的选中状态，不参加译码的地址线的任意状态都可以选中该芯片。正因为如此，部分译码使外围设备的地址空间有重叠，造成系统地址空间的浪费。

例如，如图 7-5 所示，某存储器芯片容量为 2KB，地址线为 11 条，与单片机地址总线的低 11 位 A0～A10 相连，用于选中存储器芯片内的单元。单片机地址总线的 A11～A14 参加译码，设这 4 根地址线的状态为 0100 时选中该存储器芯片。单片机地址总线的 A15 不参加译码，A15 为 0 或 1 时都可以选中该存储器芯片。

当 A15=0 时，存储器芯片占用的地址是 0001000000000000～0001011111111111，即 1000H～17FFH。

当 A15=1 时，存储器芯片占用的地址是 1001000000000000～1001011111111111，即 9000H～97FFH。

A15	A14	A13	A12	A11	A10	A9	A8	A7	A6	A5	A4	A3	A2	A1	A0
•	0	0	1	0	×	×	×	×	×	×	×	×	×	×	×

图 7-5　部分译码

可以看出，若有 N 条高位地址线不参加译码，则有 2^N 个重叠的地址范围。重叠的地址范围中任意一个都能访问该存储器芯片。部分译码使存储器芯片的地址空间有重叠，造成系统地址空间的浪费，这是部分译码的缺点。部分译码的优点是译码电路简单。

部分译码的一个特例是线译码。所谓线译码就是直接用一根剩余的高位地址线与一块外围设备芯片的片选信号 CE 引脚相连。线译码使线路非常简单，但将造成系统地址空间的大量浪费，而且各外围设备芯片地址空间不连续。如果扩展的外围设备芯片数目较少，可以使用线译码这种方法。

2）全译码

所谓全译码就是存储器芯片的地址线与单片机系统的地址线顺次相接后，剩余的高位地址线全部参加译码。对于这种译码方法，存储器芯片的地址空间是唯一确定的，但译码电路相对复杂。

以上这两种译码方法在单片机扩展系统中都有应用。在扩展存储器（包括 I/O 接口）容量不大的情况下，选择部分译码，译码电路简单，可降低成本。

7.3　程序存储器扩展

7.3.1　常用程序存储器和地址锁存器简介

在片外程序存储器扩展时，经常使用 EPROM/E²PROM/Flash 存储器。在单片机系统中，常使用的 EPROM 芯片是 Intel 公司的系列产品，主要有 2764（8KB×8 位）、27128（16KB×8 位）、27256（32KB×8 位）等芯片。对于 80C31 单片机，则应选用 27C64/128/256 等芯片。

E^2PROM 的主要特点是能够进行在线读/写，并能在掉电的情况下保持修改的结果。按照 E^2PROM 与 CPU 之间的信息交换方式来划分，E^2PROM 有串行和并行两种。Intel 公司推出的常用并行 E^2PROM 存储器芯片有 2816/2816A，2817/2817A，2864A。

1. 2764 芯片

2764 芯片是 8KB 光擦除可编程 ROM，由单一 +5V 电源供电，采用 28 引脚双列直插式封装。2764 芯片的引脚如图 7-6 所示。

- A0～A12：13 位地址线。
- D0～D7：8 位数据线。
- $\overline{CE}$：片选信号引脚，低电平有效。
- $\overline{CE}$：输出允许信号引脚。当 $\overline{CE}=0$ 时，可以读出被选中单元的内容；当 $\overline{CE}=1$ 时，则禁止读出被选中单元的内容。
- V_{PP}：编程电源引脚。当 2764 芯片处于编程状态时，应连接 12.5V 编程电源；当 2764 芯片处于正常工作状态时，应连接 +5V 电源。
- $\overline{PGM}$：编程脉冲信号输入引脚。

读 2764 芯片数据的时序如图 7-7 所示。读 2764 芯片数据时，首先应送出要读的有效地址到地址线 A0～A12，然后使 $\overline{CE}$ 和 $\overline{OE}$ 引脚先后为低电平，被选中的地址单元内容就输出到 2764 芯片的数据线 D0～D7 上。

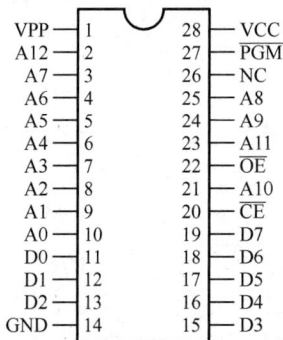

图 7-6　2764 芯片的引脚

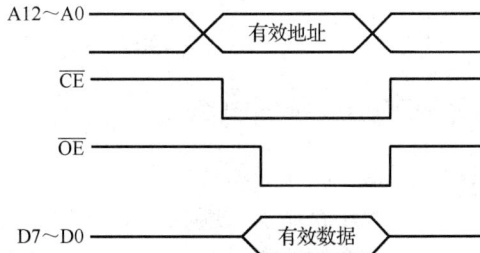

图 7-7　读 2764 芯片数据的时序

2764 芯片的工作方式如表 7-1 所示。

表 7-1　2764 芯片的工作方式

工作方式	$\overline{CE}$	$\overline{OE}$	$\overline{PSEN}$	VPP	D7～D0
读	L	L	H	5V	D_{OUT}
维持	H	×	×	5V	高阻
编程	L	H	L	12.5V	D_{IN}
编程校验	L	L	H	12.5V	D_{OUT}
编程禁止	H	×	×	12.5V	高阻

2．常用的地址锁存器

在 MCS-51 单片机应用系统的程序存储器扩展中，由于 P0 接口是地址/数据的分时复用接口，因此需要地址锁存器。常用的地址锁存器有带三态缓冲输出的 8D 锁存器（74LS373 或 8282 芯片）和带清除端的 8D 锁存器（74LS273 芯片）等。

74LS373 芯片、8282 芯片和 74LS273 芯片的引脚如图 7-8 所示。其中，D0～D7 为数据输入引脚，Q0～Q7 为锁存输出引脚。P0 接口与地址锁存器的连接如图 7-9 所示。

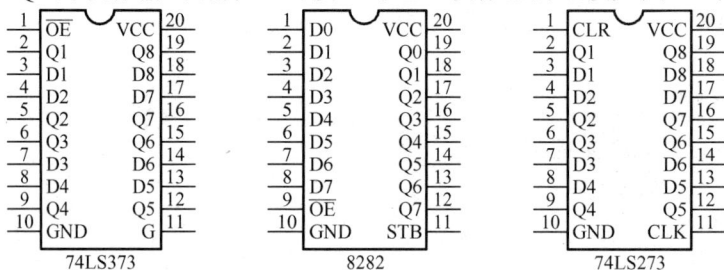

图 7-8　74LS373 芯片、8282 芯片和 74LS273 芯片的引脚

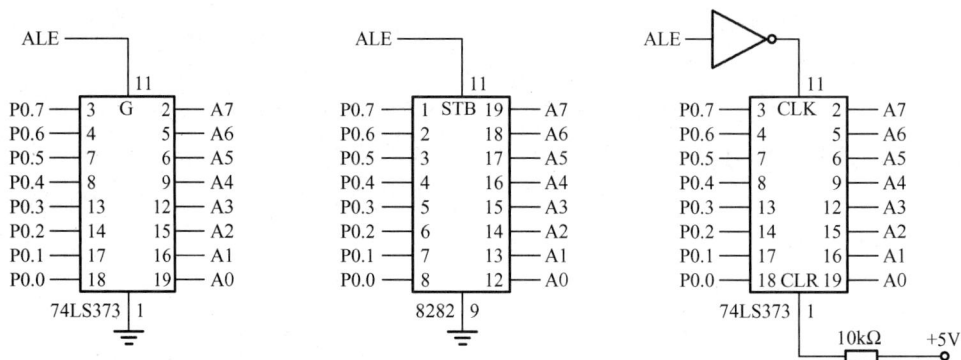

图 7-9　P0 接口与地址锁存器的连接

7.3.2　典型 EPROM 扩展电路

一般来说，在 8051/8071 单片机应用系统中，很少用到片外程序存储器的扩展。因为同时使用片内、片外程序存储器，就失去了选用 8051/8071 单片机的优势，不如直接选用 8031 单片机更经济。下面介绍 8031 单片机扩展程序存储器 EPROM 的两种典型电路。

1．用线选法扩展两片程序存储器

如图 7-10 所示，使用了两片 2764 芯片，扩展了 16KB 片外程序存储器。在图 7-10 中，单片机 $\overline{PSEN}$ 引脚直接与 2764 芯片的 $\overline{OE}$ 引脚相连，作为程序存储器选通控制线。采用线选法实现对两片 2764 芯片的片选控制，将 A15（P2.7）作为 I $^{\#}$2764 芯片的片选信号。当 P2.7=0 时（此时 P2.6=1），选中 I $^{\#}$2764 芯片，其地址范围是 4000H～5FFFH；A14（P2.6）作为 II $^{\#}$2764 芯片的片选信号，当 P2.6=0 时（此时 P2.7=1），选中 II $^{\#}$2764 芯片，其地址范围是 8000H～9FFFH。应注意的是，这里的地址范围并非唯一，可有 4 组地址范围。

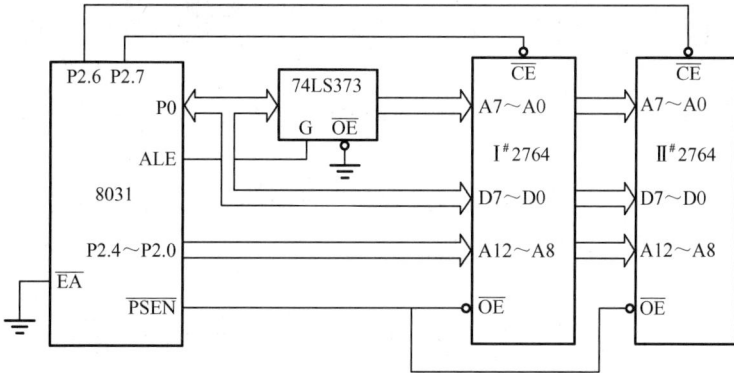

图 7-10　用线选法扩展两片程序存储器的连接

2．用译码法扩展两片程序存储器

用译码法扩展两片程序存储器的连接如图 7-11 所示。在图 7-11 中，采用 3-8 译码器 74LS138 芯片提供片选信号；单片机 P2 接口的高 3 位 P2.7，P2.6，P2.5 引脚分别接到 3-8 译码器 74LS138 芯片的 C，B，A 引脚；3-8 译码器的控制引脚 G1，$\overline{G2A}$，$\overline{G2B}$ 接成常有效状态；8031 单片机的 $\overline{PSEN}$ 引脚分别与两片 2764 芯片的 $\overline{OE}$ 引脚直接相连，作为程序存储器选通控制线。

当 P2.7 P2.6 P2.5=000 时，$\overline{Y0}$=0，选中 I $^{\#}$2764 芯片；当 P2.7 P2.6 P2.5=001 时，$\overline{Y1}$=0，选中 II $^{\#}$2764 芯片。由于 3-8 译码器 74LS138 芯片有 8 个输出引脚（$\overline{Y0}$～$\overline{Y7}$），因此图 7-11 中 3-8 译码器 74LS138 芯片还有 6 个输出引脚（$\overline{Y2}$～$\overline{Y7}$）可供其他芯片扩展之用。

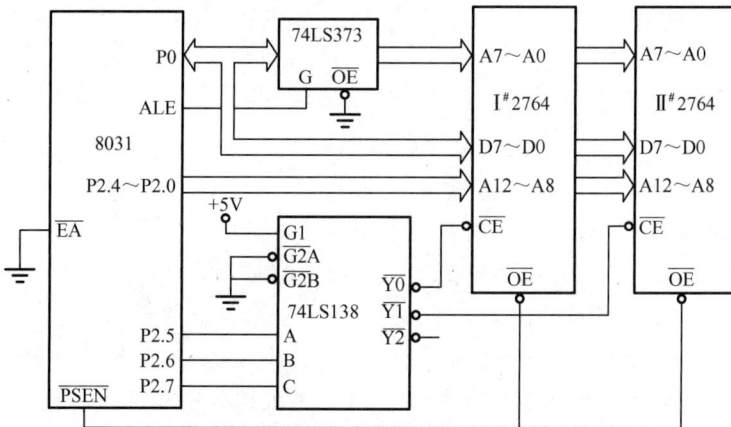

图 7-11　用译码法扩展两片程序存储器的连接

应注意的是，随着集成电路的发展，大容量芯片的价格越来越便宜，容量成倍增加，而芯片的价格并无明显增加。为了简化扩展电路的结构，在能满足参数要求的情况下，尽可能选择一片大容量存储器芯片。

综上所述，可以总结出扩展片外程序存储器的基本要点如下。

（1）对于无片内 ROM 的 8031 单片机来说，$\overline{EA}$ 应固定为低电平，片外程序存储器的地址空间是 0000H～FFFFH（64KB）。

（2）因为 P0 接口兼作低 8 位地址线和数据线，为了锁存低 8 位地址信息，P0 接口必须连接地址锁存器。

（3）可以用 $\overline{ALE}$ 信号作为地址锁存器的选通信号，用 $\overline{PSEN}$ 信号作为程序存储器的选通信号。

（4）应用系统的程序存储器大多采用 EPROM，近年来也逐渐采用 E^{2}PROM 或 Flash 存储器。

（5）随着单片大容量芯片的发展，程序存储器使用的芯片数越来越少，因此大多采用线选法或局部译码法来实现片选功能。

7.4　数据存储器扩展

数据存储器的扩展一般是指随机存取存储器的扩展。MCS-51 单片机内部设有 128B 或 256B 的片内 RAM 作为数据存储器，当片内数据存储器的容量不够时，用户可以方便地进行片外数据存储器的扩展，其寻址范围可达 64KB。

7.4.1　数据存储器的读/写控制与时序

数据存储器空间地址与程序存储器的一样，由 P2 接口提供高 8 位地址，并分时作为低 8 位地址线和 8 位双向数据线。程序存储器的读操作由读选通信号 $\overline{PSEN}$ 控制，而数据存储器的读/写操作由 $\overline{RD}$（P3.7）和 $\overline{WR}$（P3.6）信号控制。

MCS-51 单片机访问片外数据存储器时，通过下列两类指令实现。

```
（1）MOVX    @Ri, A
     MOVX    @DPTR, A        ;累加器 A 中的内容送入片外数据存储器
（2）MOVX    A, @Ri
     MOVX    A, @DPTR        ;片外数据存储器的内容送入累加器 A
```

用"MOVX　@Ri, A"和"MOVX　A, @Ri"指令时，寻址空间为 256B 的页寻址。片外数据存储器的低 8 位地址由 Ri（R1 或 R2）间接寻址，而高 8 位地址则隐含为程序指令地址的高 8 位。这两条指令适用于片外数据存储器的页内传送。

用"MOVX　@DPTR, A"或"MOVX　A, @DPTR"指令时，片外数据存储器地址由 16 位数据指针间接寻址，寻址空间为 64KB。访问片外数据存储器的时序图如图 7-12 所示。

在图 7-12（a）中，当片外数据存储器处于读周期时，P2 接口输出片外数据存储器的高 8 位地址，P0 接口分时传送低 8 位地址和数据。当地址锁存信号 ALE 为高电平时，P0 接口输出的地址信息有效，在 ALE 信号的下降沿时，将该地址送入片外地址锁存器，紧接着 P0 接口变为数据输入方式，在读信号 $\overline{RD}$ 有效（低电平）后，选通片外数据存储器，相应存储单元的内容送到 P0 接口，由 CPU 读入累加器 A 中。

在图 7-12（b）中，当片外数据存储器处于写周期时，地址的传送过程和地址的锁存过程一样。只不过在地址被锁存后，P0 接口变为数据输出方式，在写信号 $\overline{WR}$ 有效（低电平）后，累加器 A 的内容送到 P0 接口，写入相应的片外数据存储器中。

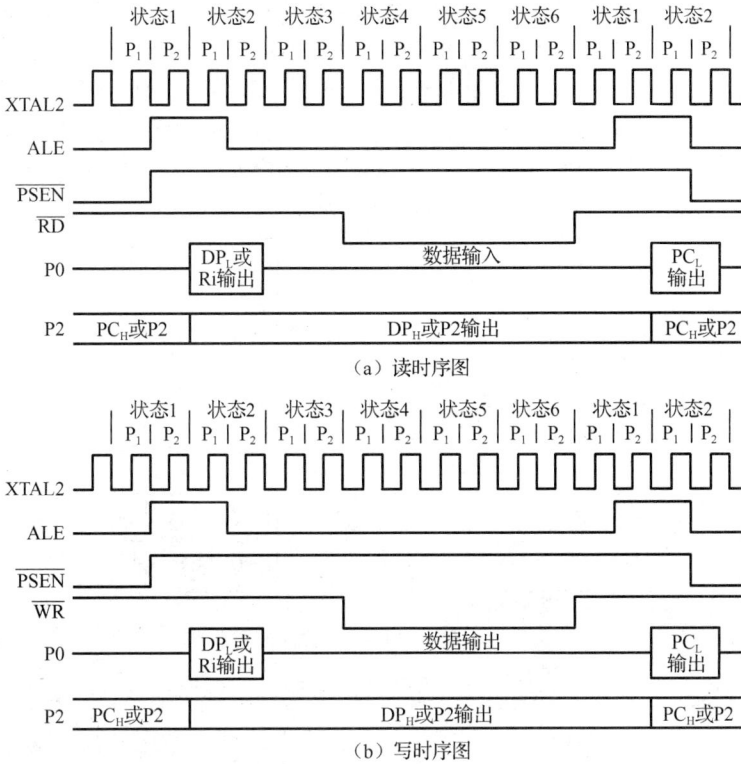

（a）读时序图

（b）写时序图

图 7-12　访问片外数据存储器的时序图

由图 7-12 可以看出，在整个取指令周期中，读/写信号始终为高电平（无效），数据存储器不会被选通。而在访问片外数据存储器时，$\overline{PSEN}$ 信号始终为无效（高电平），CPU 只与片外数据存储器传送数据，不会选通程序存储器。虽然程序存储器和数据存储器共处于同一个地址编码范围，由于两者的控制信号不同，可以实现在不同的物理空间寻址，因而不会发生总线冲突。

8031 单片机片外数据存储器基本扩展电路如图 7-13 所示。

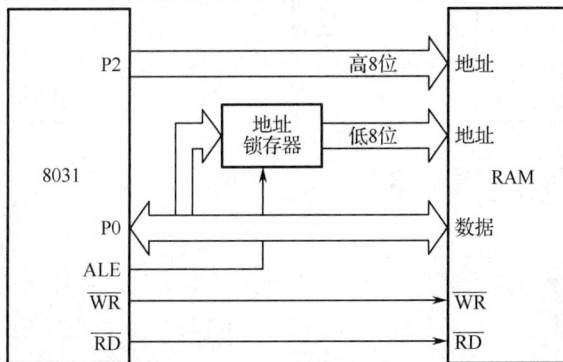

图 7-13　8031 单片机片外数据存储器基本扩展电路

7.4.2　常用 SRAM 芯片简介

在 8031 单片机系统中，最常用的静态随机存取存储器（Static Random Access Memory，SRAM）芯片有 6116 和 6264 两种。6116 芯片是 2K×8 位的。6264 芯片是 8KB×8 位的。

6116 和 6264 芯片的引脚如图 7-14 所示。其中，A0～A11 引脚为地址线，I/O0～I/O7 引脚为双向数据线，$\overline{WE}$ 引脚是输入允许信号线，$\overline{OE}$ 引脚是输出允许信号线，VCC 引脚连接工作电源。6264 芯片有 $\overline{CE1}$ 和 CE2 两个片选信号。这两个片选信号必须同时有效才能选中该芯片；CE2 信号可用于掉电保护方式中，当它为低电平时，芯片未被选中，处于数据保护状态。由图 7-14 还可以看出，这两种芯片具有兼容性。

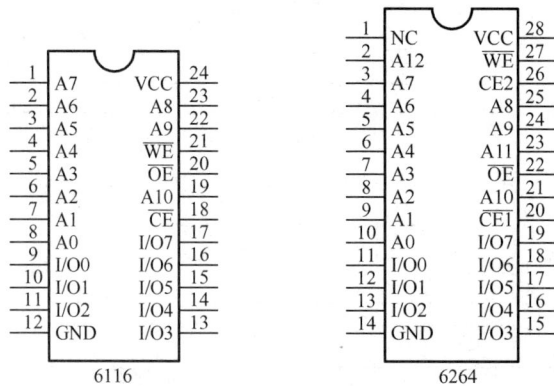

图 7-14　6116 和 6264 芯片的引脚

由表 7-2 可见，SRAM 芯片能够工作的条件是片选信号必须有效，由输出允许信号 $\overline{OE}$ 结合写入允许信号 $\overline{WE}$ （一个高电平、一个低电平）决定是读操作还是写操作。所以，在扩展 MCS-51 单片机的 SRAM 芯片时，$\overline{CE1}$ 引脚可以接单片机的高位地址线或译码器输出引脚，$\overline{OE}$ 和 $\overline{WE}$ 引脚应分别接 MCS-51 单片机的 $\overline{RD}$ 和 $\overline{WR}$ 引脚。

表 7-2　6264 芯片的工作方式

方式	$\overline{CE1}$	CE2	$\overline{OE}$	$\overline{WE}$	I/O0～I/O7
写	L	H	H	L	DIN
读	L	H	L	H	DOUT
未选中	H	×	×	×	高阻
未选中	×	L	×	×	高阻
写	L	H	H	L	D_{IN}
输出禁止	L	H	H	H	高阻

7.4.3　典型 SRAM 芯片扩展电路

1．扩展一片 SRAM 芯片

8031 单片机扩展 6264 芯片的连接如图 7-15 所示。其中，A12～A0 作为 6264 芯片的片内寻址地址；片选采用线选法，将 $\overline{CE1}$ 引脚接 P2.7(A15)引脚，CE2 引脚通过一只上拉电阻接 +5V 电源成常通状态；8031 单片机的 $\overline{RD}$ 和 $\overline{WR}$ 引脚分别连接 6264 芯片的 $\overline{OE}$ 和 $\overline{WE}$ 引脚。

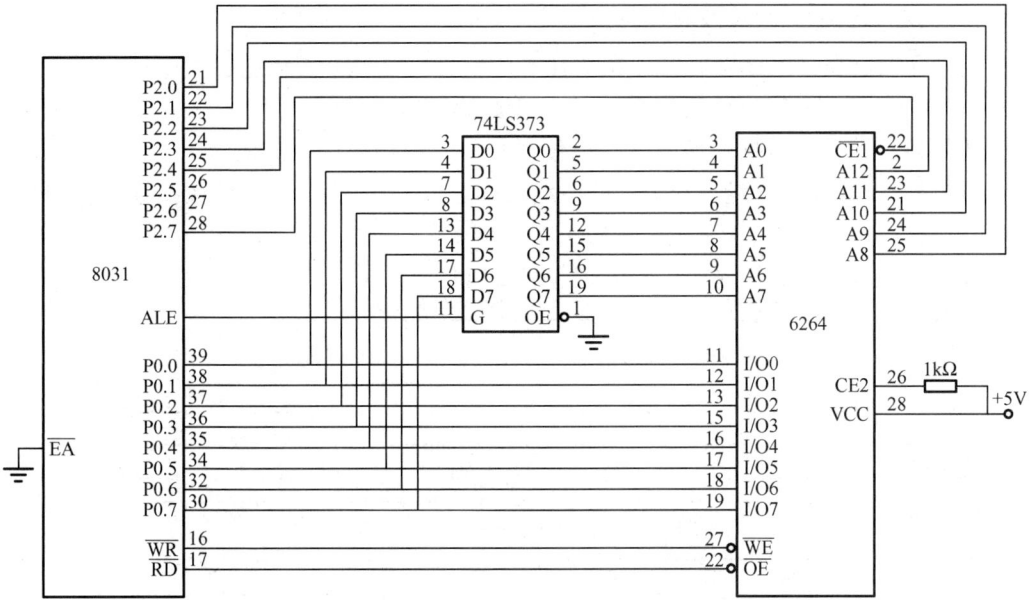

图 7-15　8031 单片机扩展 6264 芯片的连接

仔细分析 6116 和 6264 芯片的引脚排列可看出，扩展不同容量芯片只存在 1～2 条地址线和个别选择线的差别，只要在布线上通过适当的跳线，可使不同容量的芯片公用同一个 IC 座。

如果需要扩展的 SRAM 芯片容量不超过 256B，而系统又要扩展 I/O 接口，这时可选择复合型芯片 8155。

2. 同时扩展 SRAM 和 EPROM 芯片

如图 7-16 所示，8031 单片机同时扩展一片 6264 芯片作为片外数据存储器和一片 2764 芯片作为片外程序存储器，片选采取全译码方式。6264 和 2764 芯片公用同一个片选线，其地址编号的范围相同。3-8 译码器的其他输出引脚可供扩展 I/O 接口使用。

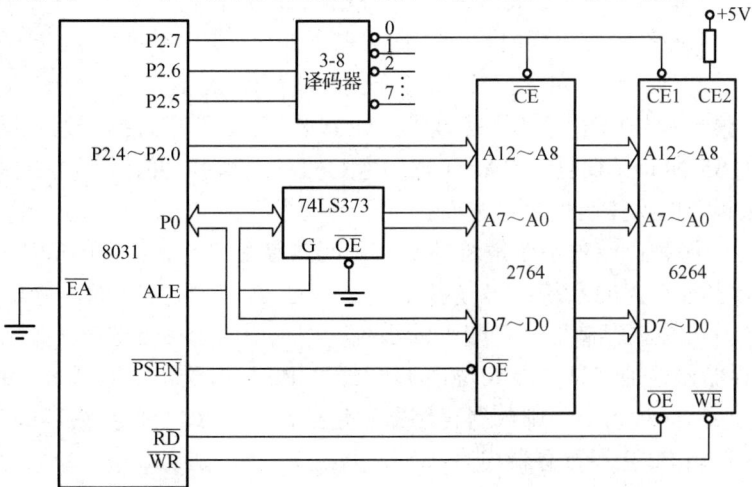

图 7-16　8031 单片机同时扩展 SRAM 和 EPROM 芯片的连接

3. 数据存储器和程序存储器的合用

当数据存储器和程序存储器独立寻址时，其最根本的差别在于选通控制信号的不同，即通过 $\overline{RD}$ 和 $\overline{WR}$ 信号读/写片外数据存储器，通过 $\overline{PSEN}$ 信号读片外程序存储器。在调试程序时，往往要将程序放在数据存储器中，以便对程序进行修改。要实现这一点，只要将 8031 单片机的 $\overline{RD}$ 和 $\overline{PSEN}$ 信号经过一个与门电路进行逻辑"与"后，再送到数据存储器的 $\overline{OE}$ 引脚即可。

兼有片外程序存储器和片外数据存储器的工作时序如图 7-17 所示。

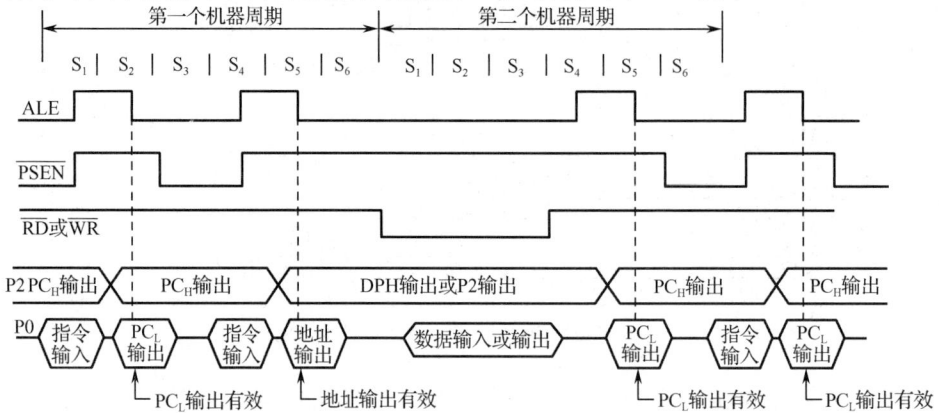

图 7-17　兼有片外程序存储器和片外数据存储器的工作时序

在访问片外数据存储器时，都要用到 MOVX 指令。与访问片外程序存储器一样，在 ALE 信号的下降沿时由 CPU 通过 P2 接口和 P0 接口送出待访问的地址。P0 接口还要复用为数据线，低 8 位地址必须由地址锁存器锁存；但在访问片外数据存储器时不用 $\overline{PSEN}$ 信号控制线，改用 $\overline{RD}$ / $\overline{WR}$ 信号控制线；在 $\overline{RD}$ / $\overline{WR}$ 信号有效时读/写被访单元，此时 P0 接口作为数据线，将数据自片外数据存储器读到累加器 A 或自累加器 A 写进片外数据存储器。

由图 7-17 可见，在 S1 期间自片外程序存储器取指令，知道待执行的是一条 MOVX 指令。因为 MOVX 是单字节指令，于是根据 S2 期间 PC 在 S4 读得的指令信息将被丢弃，PC 也不自动加 1，直到 S5 期间送出要访问的片外数据存储器的单元地址，并在第二个机器周期，$\overline{RD}$ / $\overline{WR}$ 信号有效时，实现对这一单元的读/写。在读/写期间，ALE 引脚和 $\overline{PSEN}$ 引脚不再输出有效信号，便暂停自片外程序存储器取指令。MOVX 是双周期指令，故读/写完成后，在第二个机器周期的 S5 期间又重复送原来的 PC 值（PC 未加 1），并在再下一个机器周期的 S1 期间重读下一条指令的操作码信息，进而执行下一条指令。

MOVX 指令有两种：一种指令是通过 DPTR 间接寻址的，寻址范围可达 64KB，多用于片外数据存储器容量较大的系统；另一种指令是通过 Ri 间接寻址的，寻址范围只有一页（256B），多用于片外数据存储器容量较小的系统。如果用前一种指令，在第一个机器周期的 S5 期间，数据存储器地址信息的高 8 位由 DP_H 经过 P2 接口送出，其低 8 位由 DP_L 经过 P0 接口送出；如果用后一种指令，则数据存储器地址信息的低 8 位由 Ri 内容决定，并经 P0 接口送出；其高 8 位由 P2 接口寄存器内容决定，并经 P2 接口送出。

7.5　I/O 接口扩展

MCS-51 单片机的 P0～P3 接口可扩展成地址、数据和控制的三总线结构，作为扩展片外存储器和外围接口电路使用。MCS-51 单片机扩展 I/O 接口是将 I/O 接口看作片外数据存储器的一个存储单元，与片外数据存储器统一编址，操作时执行 MOVX 指令和使用 $\overline{RD}$ / $\overline{WR}$ 控制信号。

扩展的 I/O 接口分为可编程接口和不可编程接口两大类。不可编程接口是指不能用软件进行设置、编辑 I/O 接口功能的 I/O 接口。对于无条件的直接数据传输外围设备，可采用不可编程接口。

I/O 接口一般通过 P0 接口扩展，而 P0 接口要分时传送低 8 位地址和输入/输出数据。因此，对于输出接口，I/O 接口芯片应具有锁存功能；对于输入接口，I/O 接口芯片应具有三态缓冲和锁存功能。这类扩展的 I/O 接口一般采用 TTL 型电路。

7.5.1　用锁存器扩展输出接口

扩展输出接口的常用锁存器芯片为 74LS377，74LS273，74LS373 等。

1. 用 74LS377 芯片扩展输出接口

74LS377 芯片的引脚和功能表如图 7-18 所示。74LS377 芯片为带有输出允许控制的 8D 触发器。其中，D1～D8 为 8 个 D 触发器的 D（输入）引脚；Q1～Q8 是 8 个 D 触发器的 Q（输出）引脚；CLK 为时钟脉冲信号输入引脚；$\overline{OE}$ 为片选信号输入引脚，低电平信号有效。当 $\overline{OE}$ =0 且 CLK 为正脉冲信号时，在正脉冲的上升沿，D 引脚上的信号被锁存到相应的 Q 引脚上。

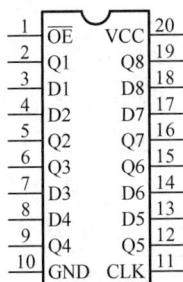

输入			输出
$\overline{OE}$	CLK	D	Q
1	×	×	不变
0	↑	1	1
0	↑	0	0
×	0	×	不变

（a）74LS377芯片的引脚　　　　　　　（b）74LS377芯片的功能表

图 7-18　74LS377 芯片的引脚和功能表

用 74LS377 芯片扩展输出接口的连接如图 7-19 所示。8031 单片机的 $\overline{WR}$ 和 P2.5 引脚分别与 74LS377 芯片的 CLK 和 $\overline{OE}$ 引脚相接。$\overline{WR}$ 引脚信号控制 74LS377 芯片的输出锁存功能；P2.5 引脚信号决定 74LS377 芯片地址为 DFFFH。将待输出数据存入累加器 A 中，执行 "MOV　DPTR，#0DFFFH" 和 "MOVX　@DPTR，A" 指令后，即可将累加器 A 中的数据从 74LS377 芯片的 Q1～Q8 引脚上并行输出。

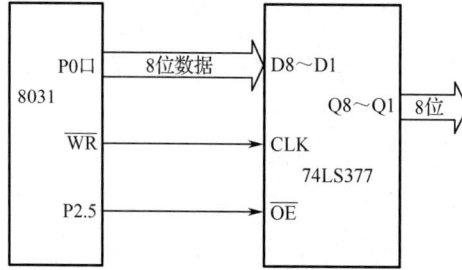

图 7-19　用 74LS377 芯片扩展输出接口的连接

2．用 74LS273 芯片扩展输出接口

74LS273 芯片是带清除引脚的 8D 触发器，在时钟脉冲信号的上升沿时被触发，具有锁存功能。74LS273 芯片的引脚和功能表如图 7-20 所示。其中，D1～D8 为数据输入引脚；Q1～Q8 为锁存输出引脚；$\overline{CLR}$ 为清除引脚；CLK 为时钟脉冲信号输入引脚。当 $\overline{CLR}$ =0 时，输出引脚 Q 被清 0；当 $\overline{CLR}$ =1，时钟脉冲信号 CLK 在上升沿时，Q=D；当 $\overline{CLR}$ =1，CLK=0 时，Q 引脚信号被锁存而保持不变。

（a）74LS273芯片的引脚　　　　　（b）74LS273芯片的功能表

图 7-20　74LS273 芯片的引脚和功能表

用 74LS273 芯片扩展输出接口的连接如图 7-21 所示。其中，74LS273 芯片的 $\overline{CLR}$ 引脚固定为高电平，使之无效；8031 单片机的 P2.0 和 $\overline{WR}$ 引脚经或门接到 74LS273 芯片的 CLK 引脚。此扩展接口的地址为 0FEFFH（P2.0=0，假设其余地址线为 1）。自 74LS273 芯片输出数据时，执行一次以 0FEFFH 为目的地址的传送操作，在 $\overline{WR}$ 脉冲信号的作用下，CLK 引脚得到一个正脉冲信号，使得经 P0 接口的输出数据被锁存到 74LS273 输出引脚。

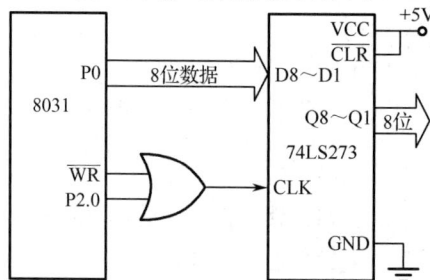

图 7-21　用 74LS273 芯片扩展输出接口的连接

7.5.2　用三态门扩展输入接口

扩展输入接口常用三态门芯片 74LS244 和 74LS245，以及带三态门的锁存器芯片 74LS373 等。

1. 用 74LS244 芯片扩展输入接口

74LS244 芯片是 8 位无锁存功能的三态门电路，片内有两组三态缓冲器，每组 4 个三态缓冲器，分别由两个门控信号控制。第一组：输入引脚为 1A1～1A4，输出引脚为 1Y1～1Y4，门控引脚为 $1\overline{G}$。第二组：输入引脚为 2A1～2A4，输出引脚为 2Y1～2Y4，门控引脚为 $2\overline{G}$。当门控信号为低电平（低电平有效）时，输入信号从 A 侧传送到 Y 侧；当门控信号无效时，74LS244 芯片的输出引脚呈高阻态。

用 74LS244 芯片扩展输入接口的连接如图 7-22 所示。8031 单片机的 $\overline{RD}$ 和 P2.6 引脚信号相"或"后送到 74LS244 的 $1\overline{G}$ 和 $2\overline{G}$ 引脚。8031 单片机的 P2.6 引脚信号决定 74LS244 芯片的地址为 BFFFH。当向 8031 单片机输入数据时，执行"MOV　DPTR，#0BFFFH"和"MOVX　A，@DPTR"指令，将 74LS244 芯片的输入引脚信号通过 P0 接口数据线读入累加器 A 中。

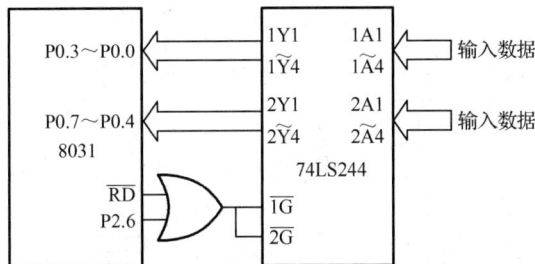

图 7-22　用 74LS244 芯片扩展输入接口的连接

2. 用 74LS373 芯片扩展输入接口

74LS373 芯片是带三态门的 8D 同相锁存器。74LS373 芯片的控制逻辑是当向门控引脚 G 输入正脉冲信号，且片选信号 $\overline{OE}$ 引脚为低电平时，输入信号进入 D 触发器。74LS373 芯片具有锁存器，可以扩展成输出接口；又具有三态门，可以扩展成输入接口。

用 74LS373 芯片扩展 MCS-51 单片机输入接口的特点是：不仅能扩展一般的输入接口，而且利用其锁存功能，可以扩展成能输入瞬态数字信号的接口。用 74LS373 芯片输入瞬态数字信号的连接如图 7-23 所示。

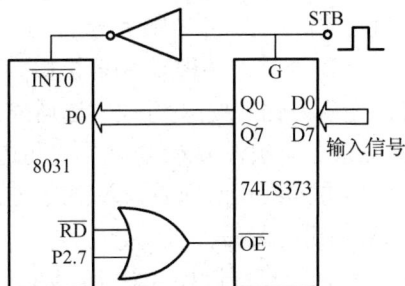

图 7-23　用 74LS373 芯片输入瞬态信号的连接

当外围设备向 8031 单片机输入数据时，8 位数据送到 74LS373 芯片的输入引脚 D0～D7，同时外围设备将一个选通信号 STB（正脉冲信号）送到 74LS373 门控引脚 G，锁存 8 位瞬态数字信号。与此同时，STB 信号反相后响应 8031 单片机的中断请求，在中断程序中将 74LS373 芯片锁存的瞬态数字信号读入累加器 A 中。

7.6　可编程并行 I/O 接口扩展

7.6.1　可编程并行 I/O 接口芯片 8255A

8255A 芯片是在单片机应用系统中广泛采用的扩展芯片。它有 3 个 8 位并行 I/O 接口，有 3 种工作方式。

1．8255A 芯片的结构与功能

8255A 芯片是 Intel 公司生产的 8 位可编程并行接口芯片，广泛应用于 8 位和 16 位计算机中。8255A 芯片的内部结构如图 7-24 所示。

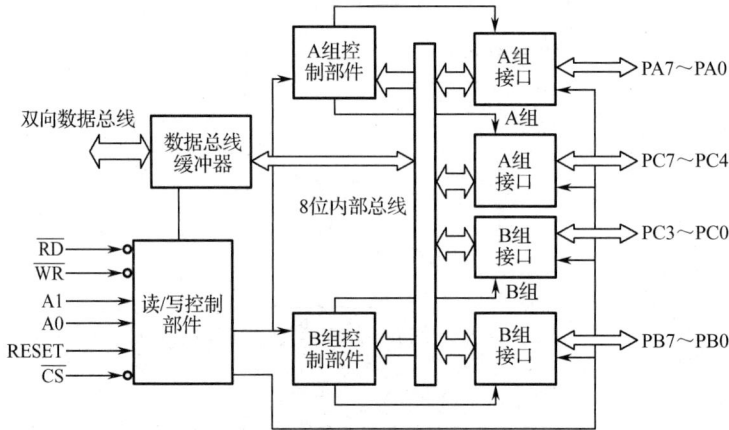

图 7-24　8255A 芯片的内部结构

8255A 芯片内部有 3 个可编程并行 I/O 接口：PA 接口、PB 接口和 PC 接口。每个接口有 8 位，提供 24 条 I/O 信号线。每个接口都有一个数据输入寄存器和一个数据输出寄存器。每个接口处于输入状态时具有缓冲功能，而处于输出状态时具有锁存功能。在图 7-24 中，PC 接口又可分为两个独立的 4 位接口：PC0～PC3 和 PC4～PC7。PA 接口和 PC 接口的高 4 位合在一起称为 A 组接口，并通过 A 组控制部件控制 A 组接口；PB 接口和 PC 接口的低 4 位合在一起称为 B 组接口，并通过 B 组控制部件控制 B 组接口。

PA 接口有 3 种工作方式：无条件输入/输出方式、选通输入/输出方式和双向选通输入/输出方式。PB 接口有两种工作方式：无条件输入/输出方式和选通输入/输出方式。当 PA 接口和 PB 接口工作于选通输入/输出方式或双向选通输入/输出方式时，PC 接口当中的一部分接口用作 PA 接口和 PB 接口输入/输出的应答信号线。

数据总线缓冲器是一个 8 位双向三态缓冲器，是 8255A 芯片与系统总线之间的接口。8255A 芯片与 CPU 之间传送的数据信息、命令信息、状态信息都通过数据总线缓冲器实现传送。

读/写控制部件接收 CPU 送来的控制信号、地址信号，然后经译码选中内部的接口寄存器，并指挥从这些寄存器中读出信息或向这些寄存器中写入相应的信息。8255A 芯片有 4 个接口寄存器：PA 接口寄存器、PB 接口寄存器、PC 接口寄存器和控制接口寄存器，通过控制信号和地址信号实现对这 4 个接口寄存器的选择操作，如表 7-3 所示。

表 7-3　对 8255A 芯片的接口寄存器的选择操作

$\overline{CS}$	A1	A0	$\overline{RD}$	$\overline{WR}$	I/O 操作
0	0	0	0	1	读 PA 接口寄存器内容到数据总线
0	0	1	0	1	读 PB 接口寄存器内容到数据总线
0	1	0	0	1	读 PC 接口寄存器内容到数据总线
0	0	0	1	0	数据总线上内容写到 PA 接口寄存器
0	0	1	1	0	数据总线上内容写到 PB 接口寄存器
0	1	0	1	0	数据总线上内容写到 PC 接口寄存器
0	1	1	1	0	数据总线上内容写到控制接口寄存器

8255A 芯片内部的各个部分是通过 8 位内部总线连接在一起的。

2．8255A 芯片的引脚

8255A 共有 40 个引脚，采用双列直插式封装，如图 7-25 所示。各引脚的功能如下。

D7～D0：双向三态数据线，与单片机的数据总线相连，用来传送数据信息。

$\overline{CS}$：片选信号，低电平信号有效，用于选中 8255A 芯片。

$\overline{RD}$：读信号，低电平信号有效，用于控制从 8255A 芯片的接口寄存器读出信息。

$\overline{WR}$：写信号，低电平信号有效，用于控制向 8255A 芯片的接口寄存器写入信息。

A1，A0：地址线，用来选择 8255A 芯片内部接口。

PA7～PA0：PA 接口的 8 根输入/输出信号线，用于与外围设备连接。

PB7～PB0：PB 接口的 8 根输入/输出信号线，用于与外围设备连接。

PC7～PC0：PC 接口的 8 根输入/输出信号线，用于与外围设备连接。

RESET：复位信号。

VCC：连接+5V 电源。

GND：连接地信号。

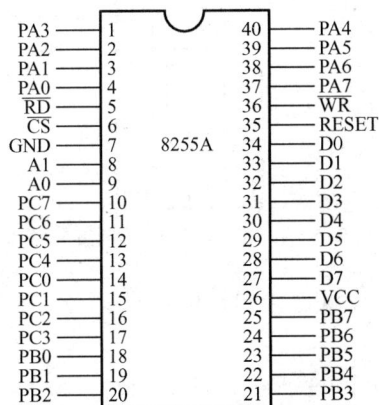

图 7-25　8255A 芯片的引脚

3．8255A 芯片的控制字

8255A 芯片有两个控制字：工作方式控制字和 PC 接口按位置位/复位控制字。这两个控制字都是通过向控制接口寄存器写入内容来实现的，并通过写入内容的特征位来区分是工作方式控制字还是 PC 接口按位置位/复位控制字。

1）工作方式控制字

工作方式控制字用于设定 8255A 芯片的 3 个接口的工作方式，如图 7-26 所示。

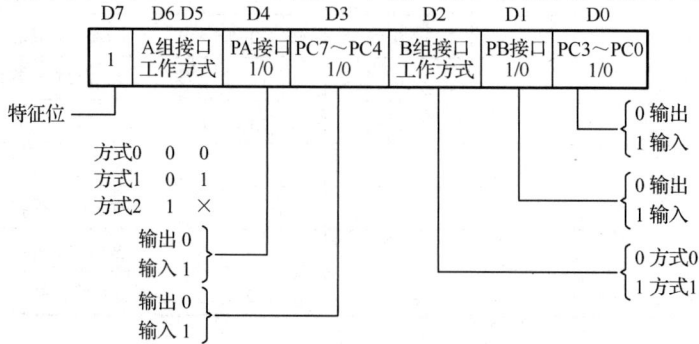

图 7-26　8255A 芯片的工作方式控制字

D7 位为特征位。D7=1 表示为工作方式控制字。

D6 和 D5 用于设定 A 组接口工作方式。

D4 和 D3 用于设定 PA 接口和 PC 接口的高 4 位是输入状态还是输出状态。

D2 用于设定 B 组接口工作方式。

D1 和 D0 用于设定 PB 接口和 PC 接口的低 4 位是输入状态还是输出状态。

2）PC 接口按位置位/复位控制字

PC 接口按位置位/复位控制字用于对 PC 接口各位置 1 或清 0，如图 7-27 所示。

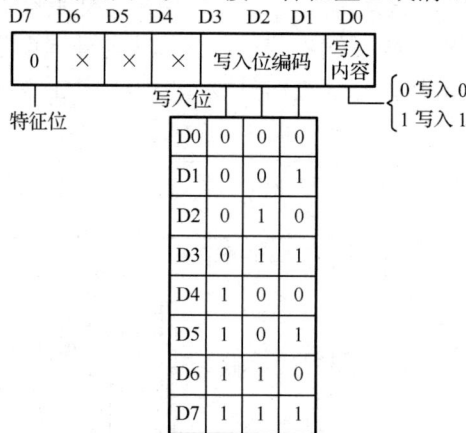

图 7-27　8255A 芯片的 PC 接口按位置位/复位控制字

D7 位为特征位。D7=0 表示为 PC 接口按位置位/复位控制字。

D6, D5, D4 这 3 位不用。

D3, D2, D1 这 3 位用于选择 PC 接口当中的某一位。

D0 用于置位/复位设置，即 D0=0 表示复位，D0=1 表示置位。

4．8255A 芯片的工作方式

1）方式 0

方式 0 是一种基本输入/输出方式。在这种方式下，8255A 芯片的 3 个接口都可以由程序设置为输入状态或输出状态，没有固定的应答信号。方式 0 的特点如下。

（1）具有两个 8 位接口（PA 和 PB）和两个 4 位接口（PC 接口的高 4 位和 PC 接口的低 4 位）。

（2）任何一个接口都可以设定为输入状态或输出状态。

（3）每个接口处于输出状态时具有锁存功能，而处于输入状态时不具有锁存功能。

方式 0 通常用于无条件传送，如图 7-28 所示。在图 7-28 中，PA 接口接开关 K0～K7，处于输入状态；PB 接口接发光二极管 L0～L7，处于输出状态。开关 K0～K7 是一组无条件输入设备，发光二极管 L0～L7 是一组无条件输出设备。要接收开关 K0～K7 的状态，直接读 PA 接口即可；要把信息通过发光二极管 L0～L7 显示，只要把信息直接送到 PB 接口即可。

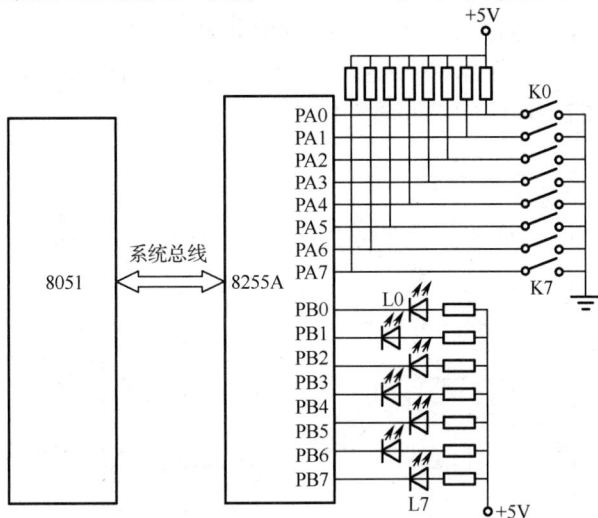

图 7-28　方式 0 无条件传送

2）方式 1

方式 1 是一种选通输入/输出方式。在这种方式下，PA 接口和 PB 接口作为数据输入/输出接口，PC 接口用作输入/输出的应答信号线。PA 接口和 PB 接口既可以作为数据输入接口，也可以作为数据输出接口，而且处于输入和输出状态时都具有锁存功能。

（1）方式 1 的输入状态。

无论是 PA 接口还是 PB 接口处于输入状态，都用 PC 接口的 3 位信息作为应答信号，如图 7-29 所示。

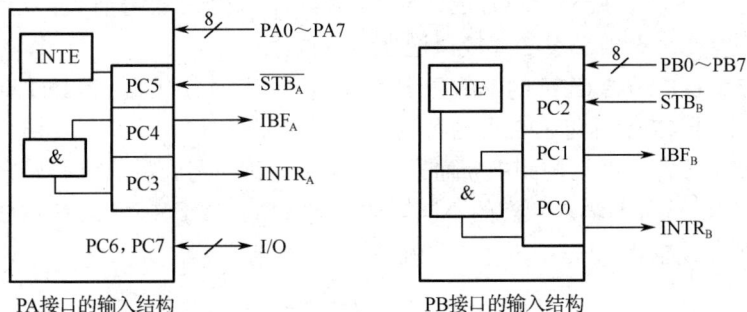

图 7-29　方式 1 的输入结构

各应答信号含义如下。

$\overline{STB}$：外围设备送给 8255A 芯片的输入选通信号，低电平信号有效。当外围设备准备好数据时，外围设备向 8255A 芯片发送 $\overline{STB}$ 信号，把外围设备送来的数据锁存到数据输入寄存器中。

IBF：8255A 芯片送给外围设备的输入缓冲器满信号，高电平信号有效。IBF 信号是对 $\overline{STB}$ 信号的响应信号。当 IBF=1 时，8255A 芯片告诉外围设备送来的数据已锁存于 8255A 芯片的输入缓冲器中，但 CPU 还未取走该数据，通知外围设备不能送新的数据；只有当 IBF=0，输入缓冲器变空时，外围设备才能给 8255A 芯片发送新的数据。

INTR：8255A 芯片发送给 CPU 的中断请求信号，高电平信号有效。当 IN TR=1 时，向 CPU 发送中断请求，请求 CPU 从 8255A 芯片中读取数据。

INTE：8255A 芯片内部为控制中断而设置的中断允许信号。当 IN TE=1 时，允许 8255A 芯片向 CPU 发送中断请求；当 INTE=0 时，禁止 8255A 芯片向 CPU 发送中断请求。通过对 PC4（A 组接口）和 PC2（B 组接口）的置位/复位来允许或禁止 8255A 芯片向 CPU 发送中断请求。

（2）方式 1 的输出状态。

在这种方式下，无论是 PA 接口还是 PB 接口处于输出状态，都用 PC 接口的 3 位信息作为应答信号，如图 7-30 所示。

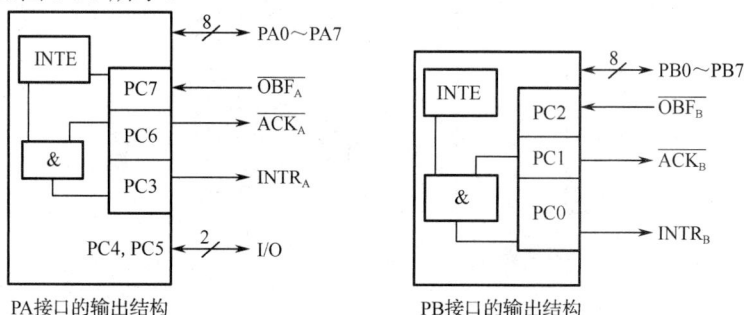

图 7-30　方式 1 的输出结构

各应答信号含义如下。

$\overline{OBF}$：8255A 芯片送给外围设备的输出缓冲器满信号，低电平信号有效。当 $\overline{OBF}$ 有效时，表示 CPU 已将一个数据写入 8255A 芯片的输出接口，8255A 芯片通知外围设备可以将其取走。

$\overline{ACK}$：外围设备送给 8255A 芯片的"应答"信号，低电平信号有效。当 $\overline{ACK}$ 有效时，表示外围设备已接收到从 8255A 芯片接口送来的数据。

INTR：8255A 芯片送给 CPU 的中断请求信号，高电平信号有效。当 INTR=1 时，向 CPU 发送中断请求，请求 CPU 再向 8255A 芯片写入数据。

INTE：8255A 芯片内部为控制中断而设置的中断允许信号。其含义与输入状态的相同，只是对应 PC 接口的位数与输入状态的不同。通过对 PC6（A 组接口）和 PC2（B 组接口）的置位/复位来允许或禁止 8255A 芯片向 CPU 发送中断请求。

3）方式 2

方式 2 是一种双向选通输入/输出方式，只适合于 PA 接口。这种方式能实现外围设备与 8255A 芯片的 PA 接口的双向数据传送，并且 PA 接口处于输入和输出状态时都具有锁存功能。这种方式使用 PC 接口的 5 位信息作为应答信号，如图 7-31 所示。

　　方式 2 的各应答信号的含义与方式 1 的相同，只是 INTR 具有双重含义，既可作为输入状态时向 CPU 发出的中断请求，也可作为输出状态时向 CPU 发出的中断请求。

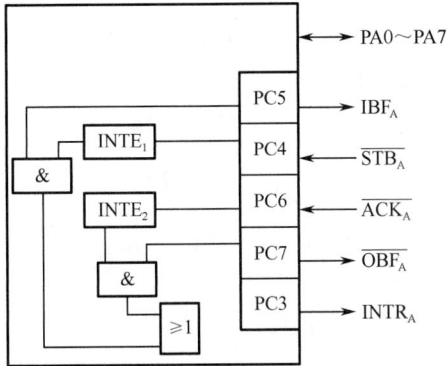

图 7-31　方式 2 的结构

5．8255A 芯片与 MCS-51 单片机的接口和编程

1）硬件接口

8255A 芯片与 MCS-51 单片机的连接包含数据线、地址线、控制线的连接。8255A 芯片的数据线直接与 MCS-51 单片机的数据总线相连；8255A 芯片的地址线 A0 和 A1 一般与 MCS-51 单片机地址总线的低位相连，用于对 8255A 芯片的 4 个接口进行选择；8255A 芯片的读/写信号线与 MCS-51 单片机的读/写信号线直接相连。8255A 芯片与单片机的连接如图 7-32 所示。

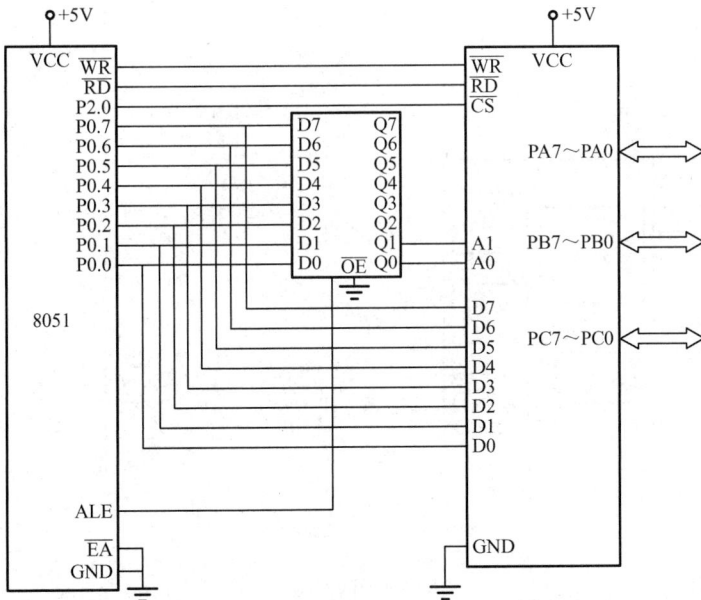

图 7-32　8255A 芯片与单片机的连接

　　在图 7-32 中，片选信号 $\overline{CS}$ 引脚与 MCS-51 单片机的 P2.0 引脚相连。8255A 芯片的 PA 接口、PB 接口、PC 接口和控制接口的地址分别是 FEFCH，FEFDH，FEFEH 和 FEFFH。

2）软件编程

如果设定 8255A 芯片的 PA 接口为方式 0 的输入状态，PB 接口为方式 0 的输出状态，则初始化程序如下。

汇编程序段：

```
MOV   A，#90H
MOV   DPTR，#0FEFFH
MOVX  @DPTR，A
```

C 语言程序段：

```
#include   <reg51.h>
#include   <absacc.h>          //定义绝对地址访问
……
XBYTE[0xfeff]=0x90;
```

7.6.2　可编程多功能接口芯片 8155

8155 芯片是 Intel 公司生产的一种可编程多功能接口芯片，除可扩展并行 I/O 接口外，还具有 256×8 位静态 RAM 和一个 14 位定时/计数器。8155 芯片功能丰富，使用方便，特别适合于扩展少量 RAM 和定时/计数器的场合。8155 芯片可以直接和单片机连接，无须增加任何外围电路，是单片机系统常用芯片之一。

1. 8155 芯片的结构

8155 芯片的结构和引脚如图 7-33 所示。该芯片由以下四部分组成。

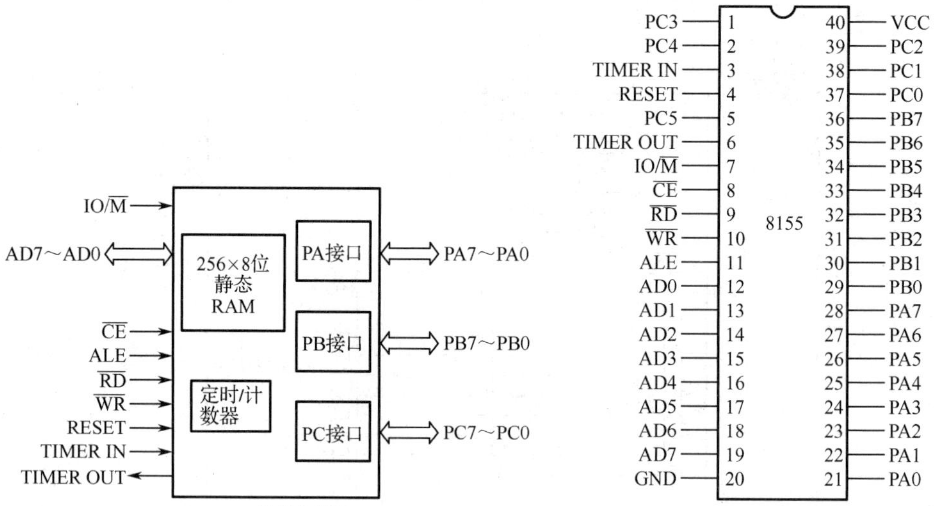

（a）8155芯片的结构　　　　　　　（b）8155芯片的引脚

图 7-33　8155 芯片的结构和引脚

（1）并行 I/O 接口。PA 接口：可编程 8 位 I/O 接口 PA0～PA7；PB 接口：可编程 8 位 I/O 接口 PB0～PB7；PC 接口：可编程 6 位 I/O 接口 PC0～PC5。

（2）静态 RAM。8155 芯片有容量为 256×8 位的静态 RAM。

（3）一个基于二进制减 1 计数的 14 位定时/计数器。

（4）一个起控制作用的只允许写入的 8 位命令寄存器和只允许读出的 8 位状态寄存器。

8155 芯片内部有 6 个寄存器，分别为 PA 接口寄存器、PB 接口寄存器、PC 接口寄存器、命令/状态寄存器、定时/计数器低 8 位寄存器、定时/计数器高 6 位加 2 位输出方式寄存器。这 6 个寄存器寻址的地址由 AD2, AD1 和 AD0 这 3 位来确定，如表 7-4 所示。

表 7-4　8155 芯片寄存器地址

AD2　AD1　AD0	寄存器名称
0　　0　　0	命令/状态寄存器
0　　0　　1	PA 接口寄存器
0　　1　　0	PB 接口寄存器
0　　1　　1	PC 接口寄存器
1　　0　　0	定时/计数器低 8 位寄存器
1　　0　　1	定时/计数器高 6 位加 2 位输出方式寄存器

2．8155 芯片的引脚功能

8155 芯片共有 40 个引脚，一般为双列直插 DIP 封装，如图 7-33（b）所示。这 40 个引脚可分为与 CPU 连接的地址/数据线、控制线，与外围设备连接的 I/O 线。

- AD0～AD7：地址/数据线，双向三态。在地址锁存允许信号 ALE 的下降沿时将地址锁存到片内地址寄存器中。该地址既可作为 I/O 接口的地址，又可作为存储器的 8 位地址，由 IO/$\overline{\text{M}}$ 引脚的信号状态决定。AD0～AD7 上的数据传送方向由控制信号 $\overline{\text{RD}}$ 和 $\overline{\text{WR}}$ 决定。
- $\overline{\text{CS}}$：片选信号，低电平信号有效。
- IO/$\overline{\text{M}}$：I/O 接口或 RAM 选择信号。当 IO/$\overline{\text{M}}$ =1 时，选择 8155 芯片的 I/O 接口；当 IO/$\overline{\text{M}}$ =0 时，选择 8155 芯片片内 RAM。对 MCS-51 单片机而言，8155 芯片片内 256B RAM 属于单片机的片外 RAM，应使用 MOVX 指令对其进行读/写。
- ALE：地址锁存允许信号。在 ALE 信号下降沿时锁存 AD0～AD7 上的 8 位地址信号、IO/$\overline{\text{M}}$ 信号。
- $\overline{\text{WR}}$：写信号，低电平信号有效。
- $\overline{\text{RD}}$：读信号，低电平信号有效。

$\overline{\text{CS}}$, IO/$\overline{\text{M}}$, $\overline{\text{WR}}$, $\overline{\text{RD}}$ 信号状态与 8155 芯片操作功能的对应关系如表 7-5 所示。

表 7-5　$\overline{\text{CS}}$, IO/$\overline{\text{M}}$, $\overline{\text{WR}}$, $\overline{\text{RD}}$ 信号状态与 8155 芯片操作功能的对应关系

$\overline{\text{CS}}$	IO/$\overline{\text{M}}$	$\overline{\text{WR}}$	$\overline{\text{RD}}$	操作功能
0	0	0	1	向 RAM 写数据
0	0	1	0	从 RAM 读数据
0	1	0	1	向 I/O 接口写数据
0	1	1	0	从 I/O 接口读数据

- RESET：复位信号，高电平信号有效。8155 芯片复位后，命令状态寄存器被清 0，3 个 I/O 接口被置入工作方式，定时/计数器停止工作。
- PA0～PA7：PA 接口，8 位通用 I/O 接口。
- PB0～PB7：PB 接口，8 位通用 I/O 接口。
- PC0～PC5：PC 接口，6 位 I/O 接口，既可作为通用 I/O 接口，又可作为 PA 接口和

PB 接口工作于选通方式下的控制信号。
- TIMER IN：定时/计数器输入信号。
- TIMER OUT：定时/计数器输出信号。

3．8155 芯片与 MCS-51 单片机的连接

8155 芯片与 MCS-51 单片机的连接如图 7-34 所示。8155 芯片地址/数据线 AD0～AD7 与单片机地址/数据线 P0.0～P0.7 相接；8155 芯片的 RESET，ALE，$\overline{RD}$，$\overline{WR}$ 引脚分别与单片机相应引脚连接；单片机 P2.7 引脚与 8155 芯片 $\overline{CS}$ 引脚相接，决定 8155 接口地址；单片机 P2.0 引脚与 8155 芯片 IO/$\overline{M}$ 引脚相接，通过编程选择 I/O 接口或 RAM。

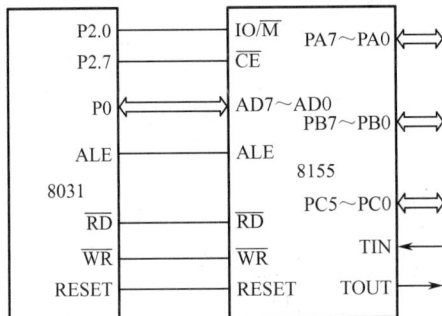

图 7-34　8155 芯片与 MCS-51 单片机的连接

在图 7-34 中，8155 芯片片内 RAM 和各寄存器地址（设高 8 位无关位取为 1）如下。
- RAM 地址：7E00H～7EFFH（RAM 低 8 位地址为 00H～FFH）。
- 命令/状态寄存器地址：7E00H（设低 8 位无关位取为 0）。
- I/O 接口寄存器地址：PA 接口寄存器地址为 7F01H，PB 接口寄存器地址为 7F02H，PC 接口寄存器地址为 7F03H。
- 定时/计数器低 8 位寄存器地址为 7F04H。
- 定时/计数器高 6 位加 2 位输出方式寄存器地址为 7F05H。

4．8155 芯片 I/O 接口工作方式及应用

1）8155 接口工作方式控制字和状态字

8155 芯片的 PA 接口和 PB 接口都有基本输入/输出方式和选通输入/输出方式，并且每种方式都可置为输入或输出状态，以及是否允许中断请求。PC 接口能用作基本输入/输出方式，也可作为 PA 接口、PB 接口工作于选通输入/输出方式下的控制信号。

8155 芯片 I/O 接口工作方式的选择是通过写入命令寄存器的工作方式控制字来实现的。命令寄存器的内容只能被写入，不能被读出。8155 芯片工作方式控制字如图 7-35 所示。

8155 芯片内部还有一个状态寄存器，用以表示 PA 接口、PB 接口和定时/计数器的工作状态。该状态寄存器的内容只能被读出，不能被写入，状态寄存器地址与命令寄存器地址相同。8155 芯片状态字如图 7-36 所示。其中每一位都是为 "1" 时有效。

2）基本输入/输出方式

当 8155 芯片的工作方式控制字 D3D2 为 00 或 11 时，8155 芯片工作作于 ALT1 和 ALT2 方式。PA 接口、PB 接口均为基本输入/输出方式，输入或输出状态由 D0 和 D1 分别决定；PC 接口在 ALT1 方式下为基本输入方式，在 ALT2 方式下为基本输出方式。PA 接口、PB 接口

和 PC 接口在基本输入/输出方式时，只能以字节为整体被操作，不可被随意分开。8155 芯片基本输入/输出方式的操作情况与 8255A 芯片方式 0 的操作情况相似。

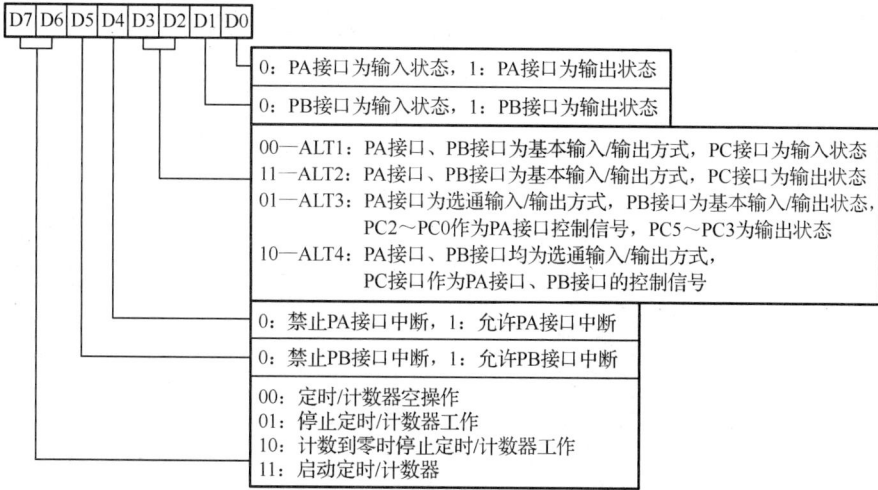

图 7-35 8155 芯片工作方式控制字

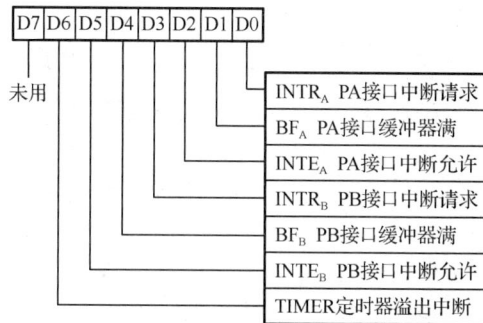

图 7-36 8155 芯片状态字

3）选通输入/输出方式

8155 芯片工作在选通输入/输出方式时，有两种情况：在 ALT3 方式时，仅 PA 接口为选通输入/输出方式；在 ALT4 方式时，PA 接口、PB 接口均为选通输入/输出方式。

（1）ALT3 方式。

当 8155 芯片工作方式控制字的 D3D2 为 01 时，8155 芯片工作于 ALT3 方式，即 PA 接口为选通输入/输出方式，PB 接口为基本输入/输出方式。PC 接口的低 3 位作为 PA 接口选通输入/输出方式的控制信号，其余 3 位可处于输出状态。ALT3 方式的功能如图 7-37（a）所示。

在 ALT3 方式下，PC 接口低 3 位定义如下。

● PC0：$INTR_A$，PA 接口中断请求信号，高电平信号有效。

● PC1：BF_A，PA 接口缓冲器满/空信号，高电平信号有效。当该位处于输入状态时，BF_A=1 表示 I/O 接口缓冲器满信号；当该位处于输出状态时，BF_A=1 表示 I/O 接口缓冲器空信号。

● PC2：$\overline{STB_A}$，PA 接口选通信号，低电平信号有效。

8155 芯片工作于选通输入/输出方式时的操作情况与 8255A 芯片工作于选通输入/输出方

式时的操作情况相似，其区别是 8255A 芯片的缓冲器满信号分为输入缓冲器满信号 IBF 和输出缓冲器满信号 $\overline{OBF}$，而 8155 芯片的缓冲器满信号只有一个 BF；另外，8255A 芯片与外围设备的联络信号在输入状态下为 $\overline{STB}$，在输出状态下为 $\overline{ACK}$，而 8155 芯片与外围设备的联络信号均为 $\overline{STB}$。

（2）ALT4 方式。

当 8155 芯片工作方式控制字的 D3 D2 为 10 时，8155 芯片工作于 ALT4 方式，即 PA 接口和 PB 接口均为选通输入/输出方式。PC 接口低 3 位作为 PA 接口选通控制信号，PC 接口高 3 位作为 PB 接口选通控制信号。ALT4 方式的功能如图 7-37（b）所示。其中，PC0～PC5 依次定义为 $INTR_A$, BF_A, $\overline{STB_A}$, $INTR_B$, BF_B, $\overline{STB_B}$，其信号功能与 ALT3 方式的相同。

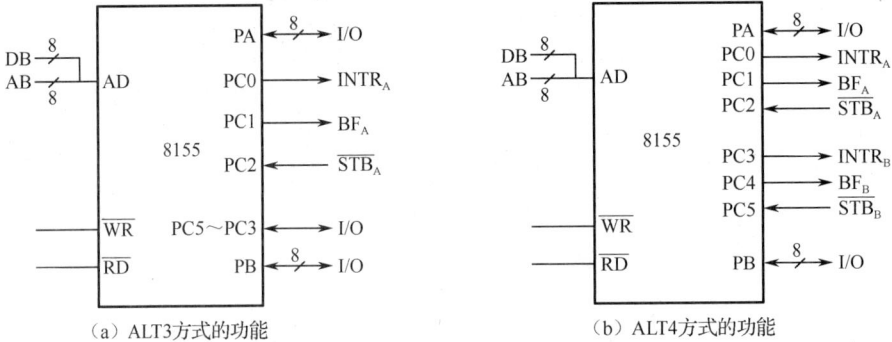

（a）ALT3方式的功能　　　　　　　（b）ALT4方式的功能

图 7-37　8155 芯片选通输入/输出方式的功能

【例 7.1】 如图 7-38 所示，以中断方式向 8155 芯片的 PB 接口输入外围设备发送的数据，并将该数据存在 8031 单片机片内 RAM 30H 单元，再以查询方式从 PA 接口输出该数据。

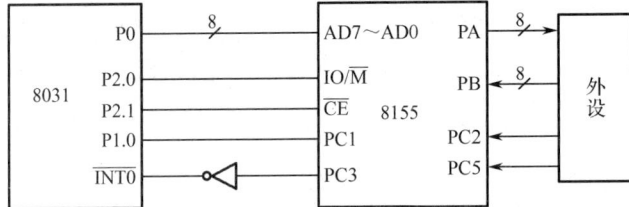

图 7-38　例 7.1 图

因为以中断方式从 PB 接口输入数据，以查询方式从 A 接口输出数据，所以应选择 ALT4 方式，控制字为 0010 1001 =29H。开机后，外围设备应向 8155 芯片 PC5 引脚发送一个低电平信号，在条件满足时，触发 CPU 中断响应。在图 7-38 中，8155 芯片命令/状态寄存器地址为 FD00H。

编制程序如下：

```
            ORG    0000H
            LJMP   START
            ORG    0003H
            LJMP   INT8155
            ORG    0100H
START:      MOV    DPTR, #0FD00H    ;设置 8155 芯片命令/状态寄存器地址
            MOV    A, #29H          ;A 接口为输出状态，B 接口为输入状态，ALT4 方式
            MOVX   @DPTR,A
```

```
              SETB    IT0                ;设置 INT0 边缘触发，开中断
              MOV     IE, #81H
              SJMP    $                  ;等待中断
              ORG     0200H
INT8155:      MOV     DPTR, #0FD02H      ;设置 8155 芯片 PB 接口寄存器地址
              MOVX    A, @DPTR           ;从 PB 接口输入数据
              MOV     30H, A
WAIT:         JNB     P1.0, WAIT         ;查询 BF_A，等待 PA 接口缓冲器空信号
              MOV     DPTR, #0FD01H
              MOVX    @DPTR, A           ;从 PA 接口发送数据
              RETI                       ;中断返回
```

5．8155 芯片片内定时/计数器及应用

8155 芯片片内有一个 14 位的定时/计数器。计数脉冲信号从 TIN 引脚输入，每次减 1，减到 0 时溢出。从 TOUT 引脚输出一个信号，可实现计数或定时功能。

1）设置工作状态

8155 芯片定时/计数器（简称定时器）的工作状态由 8155 芯片方式控制字的最高两位决定。

● $D_7D_6=00$：空操作，即不影响定时器工作。

● $D_7D_6=01$：停止定时器工作。

● $D_7D_6=10$：若定时器未启动，表示空操作；若定时器正在工作，则定数器继续工作，直至减到 0 时立即停止工作。

● $D_7D_6=11$：启动定时器工作。若定时器尚未启动，则在设置时间常数和输出方式后立即开始计数；若定时器正在计数，则继续计数到定时器溢出后，以新的计数初始值和输出方式进行工作。

2）设置定时器初始值

定时器初始值由 CPU 分别写入 8155 芯片定时器低 8 位和高 6 位，如图 7-39 所示。8155 芯片定时器计数的最大值为 3FFFH（16383）。8155 芯片允许从 TIN 引脚输入脉冲信号的最高频率为 4MHz。

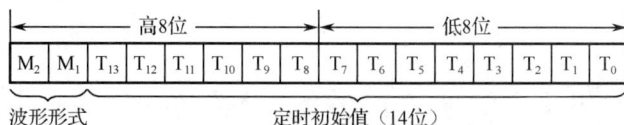

高8位								低8位							
M_2	M_1	T_{13}	T_{12}	T_{11}	T_{10}	T_9	T_8	T_7	T_6	T_5	T_4	T_3	T_2	T_1	T_0

波形形式　　　　　　　　　定时初始值（14位）

图 7-39　8155 芯片定时器低 8 位和高 6 位

3）设置输出信号波形

当定时器计数溢出时，TOUT 引脚输出信号波形有 4 种形式，如图 7-40 所示。该波形可由 8155 芯片定时器最高两位 M_2 和 M_1 来确定。

当 $M_2M_1=00$ 或 10 时，TOUT 引脚输出单个方波或单个脉冲信号；当 $M_2M_1=01$ 或 11 时，TOUT 引脚输出连续方波或连续脉冲信号。8155 芯片定时器能像 MCS-51 单片机定时器方式 2 那样，自动恢复定时器初始值，重新开始计数。

应注意的是，TOUT 引脚输出的方波信号波形与定时器初始值有关。当定时器初始值为偶数时，TOUT 引脚输出的方波信号波形是对称的；当定时器初始值为奇数时，TOUT 引脚

输出的方波信号波形略有不对称，高电平信号比低电平信号多一个计数间隔。

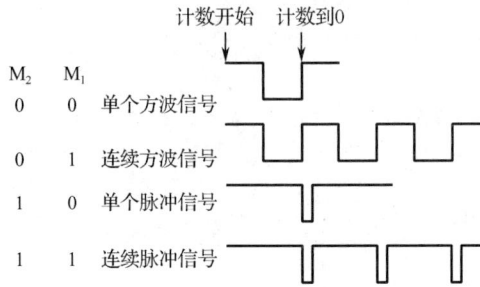

图 7-40　TOUT 引脚输出信号波形

【**例 7.2**】　如图 7-41 所示，外部计数脉冲信号从 8155 芯片的 TIN 引脚输入，要求输入满 50 个脉冲信号后，8155 芯片的 TOUT 引脚输出一个脉冲信号。

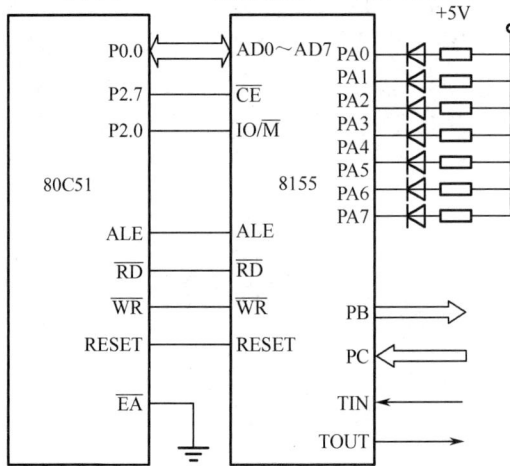

图 7-41　8155 芯片的 PA 接口控制信号灯循环显示的硬件连接

由图 7-41 可知，控制接口寄存器地址是 7F00H，工作方式控制字应为 11000000B=0C0H，即将命令寄存器初始化后启动定时器。减计数器初始值为 50，输出单个脉冲信号（M2M1=10），所以定时器高 8 位为 80H。

编制程序如下：

```
START:   MOV    DPTR, #7F00H      ;将命令寄存器初始化后启动定时器

         MOV    A, #0C0H
         MOVX   @DPTR, A
         MOV    DPTR, #7F04H      ;定时器低 8 位装入时间常数 50
         MOV    A, #50
         MOVX   @DPTR, A          ;定时器输出信号波形为单个脉冲信号
         INC    DPTR
         MOV    A, #80H
         MOVX   @DPTR, A          ;装入时间常数及设置输出信号波形后立即开始计数
         SJMP   $                 ;暂停
```

【**例 7.3**】　利用 8155 芯片的 PA 接口控制信号灯循环显示，时间间隔为 1s，其硬件连接

如图 7-41 所示。

参考程序如下：

```
#include "reg51.h"              //定义 80C51 单片机所有的特殊寄存器（SFR）名头文件
#inelude "absacc.h"            //以绝对地址访问宏定义头文件
#define uchar unsigned char    //宏定义后便于书写
out(uchar Output_Data)         //输出子函数
    {
        XBYTE[0x7f01]=Output_Data;    //将变量 Output_Data 传至 PA 接口输出
    }
delay()                        //延时
    {
    unsigned long d=10000;
    while(d--);

    }
    main()                     //主函数
    {
        uchar Count, PortA_Data
        XBYTE[0x7f00]=0x01;       //将 8155 芯片初始化：PA 接口为输出状态，PB 和 PC 接口
                                     为输入状态

        While(1)
          {
        Count =8;
        PortA_Data =0xfe;
        while(Count--)
            {
                out(PortA_Data);      //PA 接口为输出状态
                PortA_Data <<=1;
                delay();
            }
          }
    }
```

习　　题

1. 什么是单片机的最小系统？
2. 简述存储器扩展的一般方法。
3. 什么是部分译码？什么是全译码？它们各有什么特点？用于形成什么信号？
4. 采用部分译码为什么会出现地址重叠情况？它对存储器容量有何影响？
5. 存储器芯片的引脚与容量有什么关系？
6. MCS-51 单片机的外围设备是通过什么方式被访问的？
7. 使用 2764(8KB×8 位)芯片通过部分译码扩展 24KB 程序存储器，画出硬件连接图，指明各芯片的地址空间范围。
8. 使用 6264(8KB×8 位)芯片通过全译码扩展 24KB 数据存储器，画出硬件连接图，指明

各芯片的地址空间范围。

9．试用一片 74LS373 芯片扩展一个并行输入接口，画出硬件连接图，指出相应的控制命令。

10．用 8255A 芯片扩展并行 I/O 接口，实现把 8 个开关的状态通过 8 个发光二极管显示出来，画出硬件连接图，用汇编语言和 C 语言分别编写相应的程序。

11．画出 8155 芯片与 8051 单片机的连接图，要求 8155 芯片的命令/状态寄存器、PA 接口寄存器、PB 接口寄存器、PC 接口寄存器、定时/计数器低 8 位寄存器、定时/计数器高 6 位加 2 位输出方式寄存器的地址为 B000H～B005H；其内部 RAM 的地址为 A000H～A0FFH；用 74LS138 译码器产生 8155 芯片的片选信号。

第8章　单片机的接口技术

8.1　单片机与键盘的接口

键盘是单片机应用系统中最常用的输入设备。在单片机应用系统中，操作人员一般都通过键盘向单片机系统输入指令、地址和数据，实现简单的人机通信。

8.1.1　键盘的工作原理

键盘实际上是一组按键开关的集合，平时按键开关总是处于断开状态，当按下按键开关时它才闭合。按键开关电路及产生的信号波形如图8-1所示。

在图8-1（a）中，按键开关未被按下时处于断开状态，P1.1引脚输出高电平信号；按键开关被按下时处于闭合状态，P1.1引脚输出低电平信号。通常按键开关为机械式开关。由于机械触点的弹性作用，一个按键开关在闭合时不会马上处于稳定接通状态，在断开时也不会马上处于断开状态，因而按键开关在闭合和断开的瞬间都会产生一串抖动信号，如图8-1（b）所示。抖动信号时间的长短由按键开关的机械特性决定，一般为5～10ms。这种抖动信号对于人来说是感觉不到的，但对于单片机来说，则是完全可以感应到的。

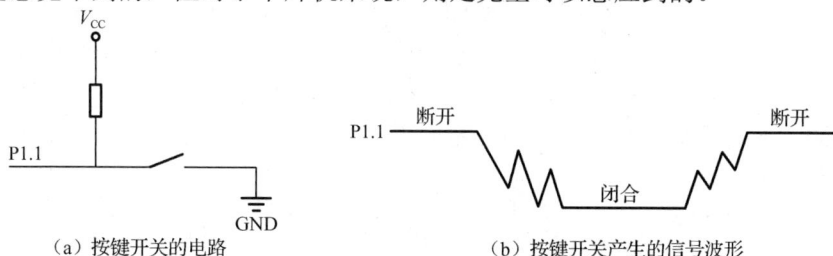

（a）按键开关的电路　　　　　　　　　（b）按键开关产生的信号波形

图8-1　按键开关电路及产生的信号波形

1．按键开关的识别

当按键开关未被按下时，单片机相应接口的引脚输出高电平信号；当按键开关被按下时，单片机相应接口的引脚输出低电平信号。因此，可以通过检测按键开关电路输出的高/低电平信号来判断按键开关有无被按下。如果按键开关电路输出高电平信号，说明没有按键开关被按下；如果按键开关电路输出低电平信号，则说明有按键开关被按下。

2．抖动信号的消除

按键开关无论被按下还是被松开都会产生抖动信号。按下按键开关时产生的抖动信号称为前沿抖动信号；松开按键开关时产生的抖动信号称为后沿抖动信号。如果不处理抖动信号，必然会出现按一次按键开关输入多次输入信号的现象。为确保按一次按键开关只输入一次输入信号，必须消除抖动信号。消除抖动信号通常有两种方法：硬件消抖和软件消抖。

硬件消抖是通过在按键开关电路中加入硬件消抖电路来消除抖动信号的。硬件消抖电路一般采用 R-S 触发器或单稳态电路，如图 8-2 所示。在图 8-2 中，经过 R-S 触发器消抖后，按键开关电路的输出信号就为标准的矩形波。

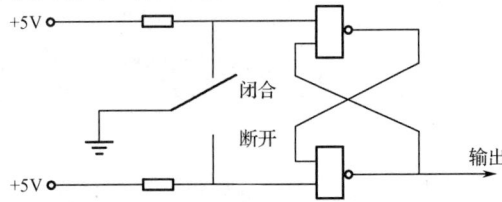

图 8-2　硬件消抖电路

软件消抖是利用延时来跳过抖动过程的。单片机判断有按键开关被按下后，先执行一段大于 10ms 的延时程序，再去判断按下的按键开关是哪一个，从而消除前沿抖动信号的影响。对于后沿抖动信号，单片机只要在接收一个按键开关被按下的信号后，经过一定时间再去检测有无按键开关被按下的信号，这样就自然跳过后沿抖动信号了。抖动信号的消除往往采用软件消抖的方式。

3. 键位的编码

通常在一个单片机应用系统中用到的键盘都包含多个键位，并通过键盘接口电路得到该键位的编码。一个键盘的键位怎样编码是键盘工作过程中一个很重要的问题。键位的编码通常有两种方法。

（1）利用连接键盘的 I/O 接口线上的逻辑信号的二进制组合进行编码，即二进制组合编码。如图 8-3（a）所示，用 4 行、4 列线构成的 16 个按键开关的键盘，可使用一个 8 位二进制组合表示 16 个按键开关的编码。各按键开关的编码值分别是 88H，84H，82H，81H，48H，44H，42H，41H，28H，24H，22H，21H，18H，14H，12H，11H。这种编码简单，但不连续，处理起来不方便。

（2）顺序排列编码。如图 8-3（b）所示，这种编码的编码值=行首编码值（X）+列号（Y）。如果一行有 K 个按键开关，则行首编码值为 $n \times K$。其中，n 为行号，从 0 开始取值；Y 为列号，从 0 开始取值。

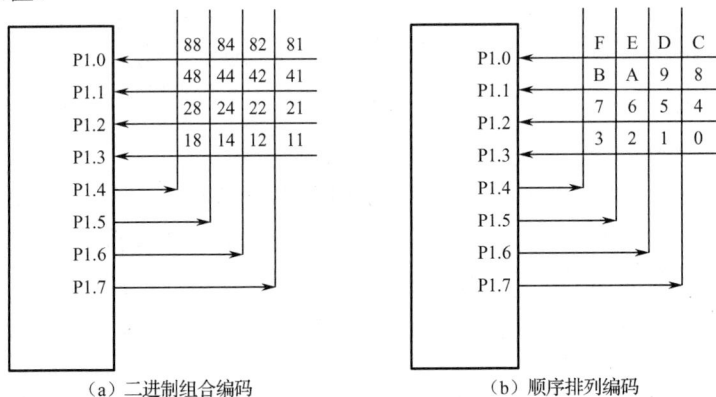

（a）二进制组合编码　　　　　　　　（b）顺序排列编码

图 8-3　键位的编码

8.1.2　独立式键盘与单片机的接口

键盘的结构形式一般有两种：独立式键盘与矩阵式键盘。

独立式键盘：各按键开关相互独立，每个按键开关各接一条 I/O 接口线，每条 I/O 接口线上的按键开关都不会影响其他 I/O 接口线。因此，通过检测 I/O 接口线的电平信号就可以很容易地判断出哪个按键开关被按下了。

独立式键盘电路配置灵活，但每个按键开关要占用一条 I/O 接口线。在按键开关数量较多时，I/O 接口线的数量很大。因此，在按键开关数量不多时，常采用独立式键盘。

独立式键盘电路如图 8-4 所示。当没有按下按键开关时，对应的 I/O 接口线为高电平；当按下按键开关时，对应的 I/O 接口线为低电平。单片机工作在查询方式时，通过执行相应的查询程序来判断有无按键开关被按下，以及哪一个按键开关被按下。单片机工作在中断方式时，如果有任意按键开关被按下，则进行中断响应，并在中断程序中通过执行判键程序，判断是哪一个按键开关被按下。

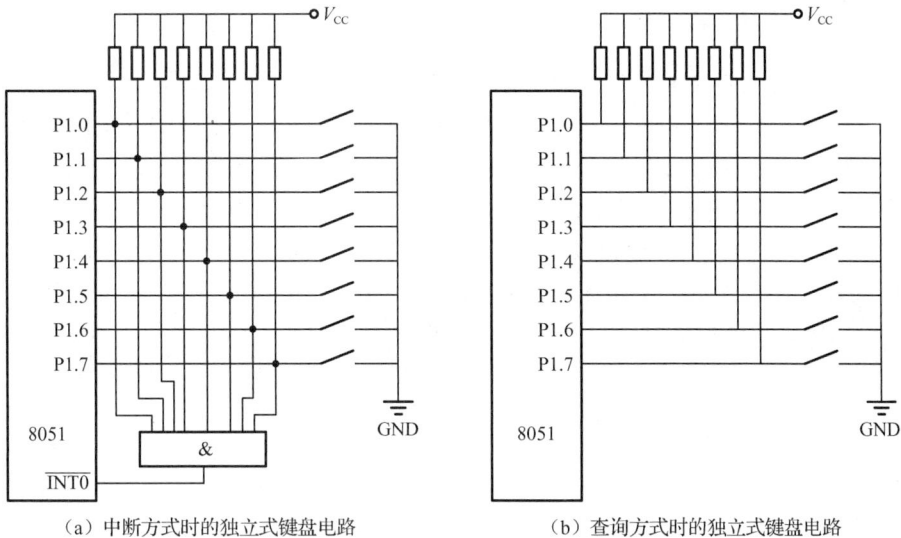

(a) 中断方式时的独立式键盘电路　　　　(b) 查询方式时的独立式键盘电路

图 8-4　独立式键盘电路

下面是针对图 8-4(b) 查询方式时的汇编语言形式的键盘程序。总共有 8 个键位，KEY0～KEY7 为 8 个按键开关的功能程序。

```
START:MOV   A, #0FFH;
      MOV   P1, A              ;置 P1 接口为输入状态
      MOV   A, P1              ;输入按键开关状态
      CPL   A
      JZ    START              ;如果没有按键开关被按下，则转 START
      JB    ACC.0, K0          ;如果 0 号按键开关被按下，则转 K0
      JB    ACC.1, K1          ;如果 1 号按键开关被按下，则转 K1
      JB    ACC.2, K2          ;如果 2 号按键开关被按下，则转 K2
      JB    ACC.3, K3          ;如果 3 号按键开关被按下，则转 K3
      JB    ACC.4, K4          ;如果 4 号按键开关被按下，则转 K4
      JB    ACC.5, K5          ;如果 5 号按键开关被按下，则转 K5
      JB    ACC.6, K6          ;如果 6 号按键开关被按下，则转 K6
      JB    ACC.7, K7          ;如果 7 号按键开关被按下，则转 K7

      JMP   START              ;如果无按键开关被按下，则返回，再顺次检测
K0:   AJMP  KEY0
```

```
        K1:     AJMP    KEY1
        ⋮
        K7:     AJMP    KEY7
        KEY0:   ···                     ;0 号按键开关功能程序
        JMP     START                   ;0 号按键开关功能程序执行完返回
        KEY1:   ···                     ;1 号按键开关功能程序
        JMP     START                   ;1 号按键开关功能程序执行完返回
        ⋮
        KEY7:   ···                     ;7 号按键开关功能程序
                JMP    START            ;7 号按键开关功能程序执行完返回
```

8.1.3　矩阵式键盘与单片机的接口

矩阵式键盘又称行列式键盘。用 I/O 接口线组成行、列结构，键位设置在行、列的交点上。例如，4×4 的行、列结构可组成 16 个按键开关的键盘，比一个按键开关用一条 I/O 接口线的独立式键盘少了一半的 I/O 接口线，而且键位越多，I/O 接口线节省得就越多。因此，在按键开关数量较多时，往往采用矩阵式键盘。

矩阵式键盘与单片机有多种连接方法：可直接连接于单片机的 I/O 接口线；可利用扩展的并行 I/O 接口连接；也可利用可编程的键盘、显示接口芯片（如 8279 芯片）进行连接等。通过单片机的 P1 接口连接 4×4 的矩阵式键盘如图 8-5 所示。

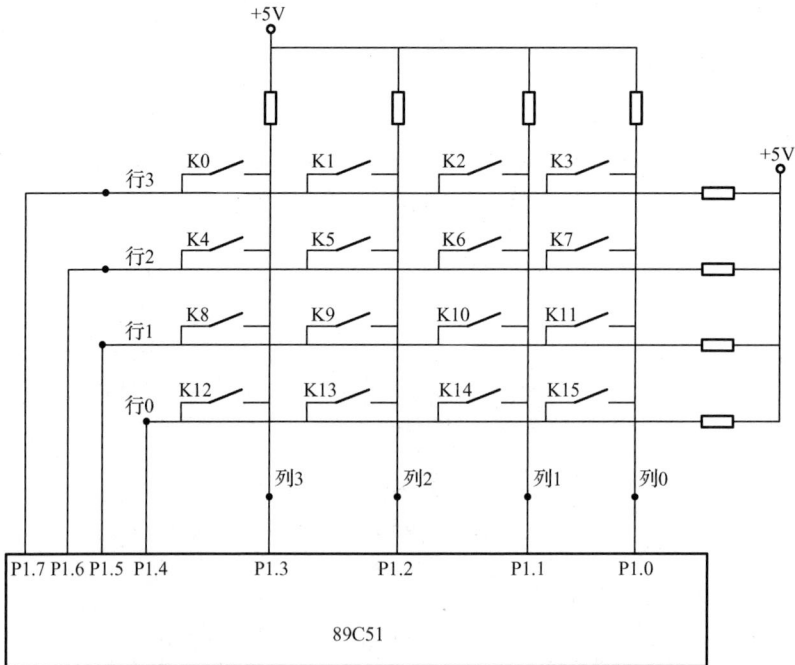

图 8-5　通过单片机的 P1 接口连接 4×4 的矩阵式键盘

对于 4×4 的矩阵式键盘，共有 4 条行线、4 条列线，在每个行线与列线的交叉点接有一个按键开关，16 个按键开关的编号为 K0～K15。当某个按键开关闭合时，与该按键开关相连的行线与列线接通。识别闭合按键开关的方法有逐行（列）扫描法及行反转法。

1. 逐行扫描法

（1）将行线接单片机的输出接口，列线接单片机的输入接口（P1 接口的高 4 位为输出接口，低 4 位为输入接口）

（2）通过输出接口输出数据，逐一使行线为低电平（其余行线为高电平）。然后通过输入接口读 4 条列线的状态，若全为高电平，则此行线无按键开关被按下；若不全为高电平，说明这一行线有按键开关被按下，且按键开关位于此行与低电平列线的交叉点。例如，当 P1 接口高 4 位为 0111B 时，若读得列线的数据为 0111B，说明按键开关 K0 被按下；若读得列线的数据为 1011B，说明按键开关 K1 被按下；若读得列线的数据为 1101B，说明按键开关 K2 被按下；若读得列线的数据为 1110B，说明按键开关 K3 被按下。当这一行线没有按键开关被按下时，再用同样的办法接着扫描（检查）下一行线。

（3）当某行线有按键开关被按下时，通过此时行线输出数据及列线输入数据组合成一个 8 位二进制数，这个数称为键值，由键值可唯一确定按键开关号码（简称键号）。

当按下 K0 时，必在行线输出 0111B，列线读得 0111B，键值为 01110111B=77H；

当按下 K1 时，必在行线输出 0111B，列线读得 1011B，键值为 01111011B=7BH；

当按下 K2 时，必在行线输出 0111B，列线读得 1101B，键值为 01111101B=7DH；

……

当按下 K15 时，必在行线输出 1110B，列线读得 1110B，键值为 11101110B=EEH。

在键盘查询程序设计时，可将这 16 个按键开关对应的键值按照键号 0～15 连续存放（77H，7BH，7DH，7EH，B7H，BBH，BDH，BEH，D7H，DBH，DDH，DEH，E7H，EBH，EDH，EEH），构成一个数据表，通过查表即可确定键号。

2. 行反转法

（1）将与行线相连的接口设置为输入接口，与列线相连的接口设置为输出接口（P1 接口的高 4 位为输入接口，低 4 位为输出接口）。向列线输出数据 0000B，使列线全部为低电平。然后读 4 条行线的状态，若全为高电平，说明无按键开关被按下，返回（1）步骤；若不全为高电平，说明有按键开关被按下，进入（2）步骤。

（2）反转：将与行线相连的接口设置为输出接口，与列线相连的接口设置为输入接口（P1 接口的高 4 位为输出接口，低 4 位为输入接口），然后把（1）步骤中从行线得到的 4 位二进制数向行线输出。

（3）从列线输入数据，得到一个 4 位二进制数。把（1）步骤中得到 4 位二进制数作为高 4 位，与从列线得到的 4 位二进制数组合成 8 位二进制数，即为键值（与逐行扫描法相同）。

行反转法键盘扫描子程序的流程图如图 8-6 所示。

汇编语言程序如下：

```
              ORG OH              ;行反转法键盘扫描显示
KB1:          MOV P1, #0F0H       ;列线为低电平
              MOV A, P1           ;输入行线值
              CJNE A, #0F0H,KB2   ;若有按键开关被按下，转 KB2
              AJMP KB1            ;若无按键开关被按下，转 KB1
KB2:          MOV B, A            ;保存键值的高 4 位
              ORL A, #0FH         ;高 4 位不变，低 4 位被置 1
              MOV P1, A           ;将键值的高 4 位通过行线输出
```

```
                 MOV A, P1                   ;输入列线值
                 ANL A, #0FH                 ;屏蔽高 4 位
                 ORL B, A                    ;将键值的高 4 位与低 4 位合并
                 MOV DPTR, #TAB              ;DPTR 指向键值表首地址
                 MOV R3, #0                  ;R3 作为键号计数器
KB3:             MOV A, R3
                 MOVC A, @A+DPTR             ;取键值
                 CJNE A, B, NEXT             ;若所取键值与当前按键开关的键值不等，转移
                 CALL DELAY                  ;延时 20ms
                 CALL DISPLAY                ;显示键号
WAIT0:           MOV P1, #0F0H               ;以下 3 条指令为等待按键开关被松开
                 MOV A, P1
                 CJNE A, #0F0H, WAIT0
                 CALL DELAY
                 AJMP KB1
NEXT:            INC R3                      ;键号计数器加 1
                 AJMP KB3
DELAY:           MOV R0, #32H                ;延时 20ms
DELAY0:          MOV R1, 0C8H
DELAY1:          DJNZ R1, DELAY1
                 DJNZ R0, DELAY0
PET                                          ;显示子程序
DISPLAY:         MOV DPTR, #TAB1             ;DPTR 指向段码表首址
                 MOV A, R3
                 MOVC A, @A+DPTR             ;查段码表
                 MOV SBUF, A                 ;输出段码
                 RET

TAB:             DB 77H, 7BH, 7DH, 7EH, 0B7H, 0BBH, 0BDH, 0BEH, 0D7H
                 DB 0DBH, 0DDH, 0DEH, 0E7H, 0EBH, 0EDH, 0EEH      ;0~F 键值
tab1:            DB 0C0H, 0F9H, 0A4H, 0B0H, 99H, 92H, 82H, 0F8H, 80H, 90H  ;0~9 段码
                 DB 88H, 83H, 0C6H, 0A1H, 86H, 8EH               ;a~f 段码
                 END
```

C 语言程序如下：

```
#include  ″reg51.h″
unsigned int tab[]={0x77, 0x7b, 0x7d, 0x7e, 0xb7, 0xbb, 0xbd, 0xbe,
                0xd7, 0xdb, 0xdd, 0xde, 0xe7, 0xeb, 0xed, 0xee};        /*键码表*/
unsigned char tab1[]={0xc0, 0xf9, 0xa4, 0x0b0, 0x99, 0x92, 0x82, 0xf8, 0x80,
                0x90, 0x88, 0x83, 0xc6, 0xa1, 0x86, 0x8e);              /*段码表*/
   void display(unsigned int i)
   {  SBUF=tab1[i];
   }
main()
{
  unsigned int i, a, b, y;
    for(; ; )
```

```
    {
        for(P1=0x0f0, a=P1；a==0x0f0；a=P1)；/*列线为低电平，并读入行线的值，判断是否有按键开
                                                                关被按下*/
        b=a；                           /*如有按键开关被按下，则保存高 4 位*/
        a=a | 0x0f；
        P1=a；                          /*高 4 位不变，低 4 位被置 1，准备从行线输出*/
        a=P1；                          /*读入列线的值*/
        b=b | a；                       /*合并行线与列线的值*/
        i=0；                           /*将计数器清 0*/
        a=tab[i]；
        for(；b!=a；i++，a=tab[i])；     /*在键码表中查找相应的键码，并计算在段码中的位置*/
        for(y=0；y<20000；y++)；         /*延时，去抖动信号*/
        display(i)；                    /*显示段码*/
        for(P1=0x0f0；P1!=0x0f0；)；     /*判断按键开关是否被松开*/
        for(y=0；y<20000；y++)；         /*延时*/
    }
}
```

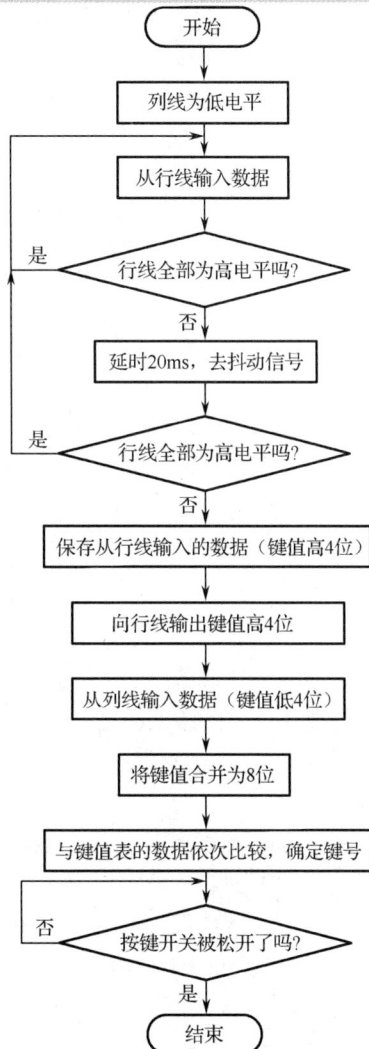

图 8-6　行反转法键盘扫描子程序的流程图

8.2　单片机与 LED 显示器的接口

在单片机应用系统中，经常用到 LED 作为显示输出设备。LED 显示器虽然只能显示简单信息，但具有显示清晰、亮度高、使用电压低、寿命长、与单片机的接口简单等特点，基本上能满足单片机应用系统的需要。

8.2.1　LED 显示器

LED 显示器是由发光二极管显示字段组成的显示器，有 7 段和"米"字段之分，在单片机应用系统中得到了广泛的应用。

1. LED 显示器的结构

LED 显示器内部由若干个发光二极管组成。当发光二极管导通时，相应的一个点或一个笔画发光。控制不同组合的发光二极管导通就能显示出各种字符。LED 显示器由于主要用于显示各种数字符号，故又称 LED 数码管。每个 LED 显示器还有一个圆点形发光二极管（用符号 dp 表示），用于显示小数点。LED 显示器的引脚如图 8-7 所示。根据内部结构，LED 显示器可分为共阴极与共阳极两种。LED 显示器的结构如图 8-8 所示。

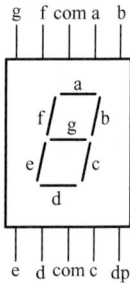

图 8-7　LED 显示器的引脚

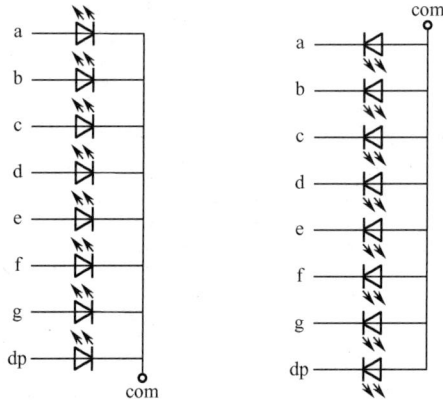

（a）共阴极 LED 显示器的结构　　（b）共阳极 LED 显示器的结构

图 8-8　LED 显示器的结构

1）共阴极 LED 显示器

在图 8-8（a）中，各发光二极管的阴极连在一起。当公共端 com 引脚为低电平时，若某段发光二极管阳极加上高电平（逻辑 1），则该段发光二极管就导通发光；若某段发光二极管阳极加上低电平（逻辑 0），则该段发光二极管不发光。

2）共阳极 LED 显示器

在图 8-8（b）中，各发光二极管的阳极连在一起。当公共端 com 引脚为高电平时，若某段发光二极管阴极加上低电平（逻辑 0）时，则该段发光二极管就导通发光；若某段发光二极管阴极加上高电平（逻辑 1）时，则该段发光二极管不发光。

7 段 LED 显示器与单片机的接口很简单，只要将一个 8 位并行输出接口与 LED 显示器的发光二极管的引脚相连即可。8 位并行输出接口输出不同的数据，即可获得不同的数字或字符。通常将控制不同的数字和字符的二进制数据称为段码。共阴极与共阳极 7 段 LED 显示器的点亮方式不同，所以它们的段码也不同。LED 显示器段码如表 8-1 所示。

表 8-1　LED 显示器段码

字　　型	共阳极段码	共阴极段码	字　　型	共阳极段码	共阴极段码
0	C0H	3FH	9	90H	6FH
1	F9H	06H	A	88H	77H
2	A4H	5BH	B	83H	7CH
3	B0H	4FH	C	C6H	39H
4	99H	66H	D	A1H	5EH
5	92H	6DH	E	86H	79H
6	82H	7DH	F	8EH	71H
7	F8H	07H	灭	FFH	00H
8	80H	7FH			

注："灭"表示的是 LED 显示器状态，而非字型。

　　LED 显示器通常有红色、绿色、黄色 3 种，以红色 LED 显示器应用最多。由于发光二极管的发光材料不同，因此 LED 显示器有高亮与普亮之分，而在应用时要根据 LED 显示器的规格与显示方式等决定是否加装驱动电路。

2．LED 显示器的段码

　　LED 显示器可采用硬件译码与软件译码两种方式实现显示。这里主要介绍软件译码方式。在 LED 显示器中，7 个发光二极管加上一个小数点位共计 8 段，因此 LED 显示器的段码为 8 位二进制数，即一个字节。

8.2.2　LED 显示器接口技术

　　LED 显示器有静态显示与动态显示两种方式。

1．静态显示方式

　　LED 显示器在静态显示方式下，共阴极点或共阳极点连接在一起接地或+5V 电源，每位的段选线（a～dp）与一个 8 位并行接口（或锁存器）相连。4 位静态 LED 显示器电路如图 8-9 所示。该电路每一位可独立显示，只要在该位的段选线上保持段码电平，该位就能保持相应的显示字符。由于每一位由一个 8 位输出接口信号控制段码，故在同一时间里每一位显示的字符可以各不相同。

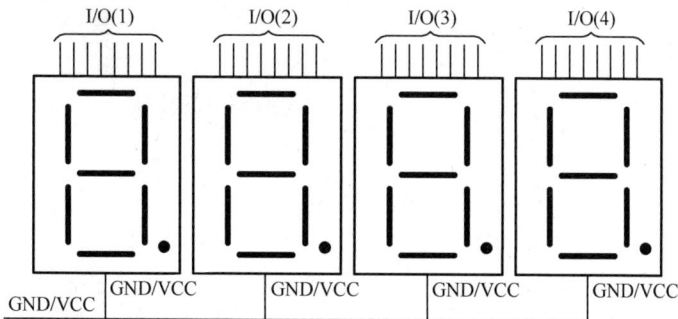

图 8-9　4 位静态 LED 显示器电路

在静态显示方式下用的 LED 显示器较多，其电路较为复杂；所有 LED 显示器一直同时发光，其功耗较大。LED 显示器的显示数据只要通过单片机一次写入即可显示，无须反复刷新，故可以节省单片机资源。

串行接口扩展 8 位 LED 显示器静态驱动电路如图 8-10 所示。其中，TXD(P3.1)引脚发出时钟脉冲信号；显示数据由 RXD(P3.0)引脚串行输出；串行接口工作在移位寄存器方式（方式 0）。

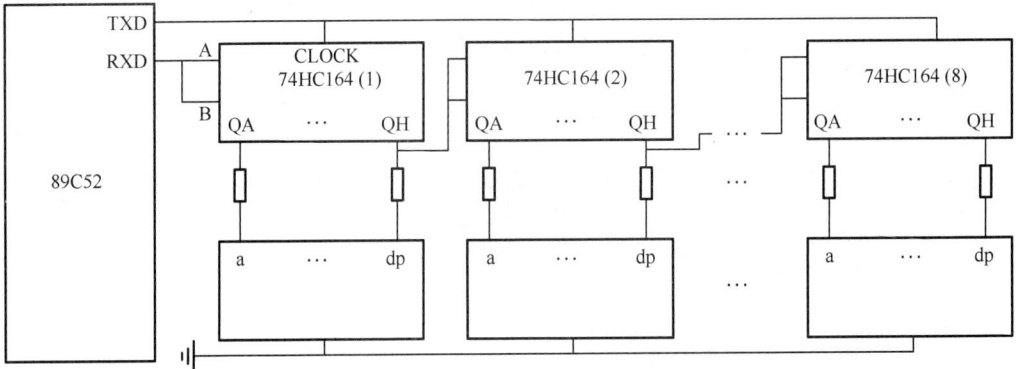

图 8-10　串行接口扩展 8 位 LED 显示器静态驱动电路

在图 8-10 中，使用的是共阴极 LED 显示器，因而各 LED 显示器的公共端接地。如果要显示某字符，则相应的移位寄存器 74HC164 芯片的输出线必须是高电平。

显然，要显示某字符，首先要把这个字符转换成相应的段码，然后再通过串行接口发送到 74HC164 芯片。74HC164 芯片把串行接口收到的数据并行输出到 LED 显示器上。例如，要显示字符 6，把相应的段码 7DH(0x7d)送到 8 位移位寄存器 74HC164 芯片即可。

【例 8.1】 按照图 8-10 所示的电路编写显示驱动程序。

程序如下：

```
void display(void)        /*显示 0, 1, …, 7*/
{
uchar code LEDValue[8]={0x3f,0x06,0x5b,0x4f,0x66,0x6d,0x7d,0x07}
uchar i;
   TI=0;
   for(i=0; i<8; i++){        /*8 位 LED 显示器依次显示 0, 1,…, 7*/
        SBUF=LEDValue[7-i];
        while(TI==0);
        TI=0;
     }
}
```

2. 动态显示方式

在动态显示方式下，是分时轮流选通 LED 显示器的，以使各 LED 显示器轮流导通。在选通相应 LED 显示器后，在显示位上送出段码。这种方式不但能提高 LED 显示器的发光效率，而且各个 LED 显示器的字段线是并联使用的，从而大大简化了硬件电路。

动态显示方式是单片机系统中应用最为广泛的一种显示方式。其接口电路是把所有 LED 显示器的 8 个笔画段 a～dp 同名端并联在一起，而每个显示器的公共端各自独立地受 I/O 接口信号控制。CPU 向输出接口送出段码时，所有 LED 显示器由于同名端并联而接收到相同的段码。究竟哪个 LED 显示器被点亮，则取决于公共端，而公共端是由 I/O 接口信号控制的。

　　在轮流点亮 LED 显示器的过程中，每个 LED 显示器的点亮时间是极为短暂的（约为 1ms）。由于人的视觉暂留现象及发光二极管的余辉效应，尽管实际上各个 LED 显示器并非同时被点亮，但只要扫描的速度足够快，给人的印象就是一组稳定的显示数据，不会有闪烁感。

　　6 位共阴极 LED 显示器和 8155 芯片的接口电路如图 8-11 所示。8155 芯片的 PA 接口作为扫描接口，经反相驱动器 75452 芯片接 LED 显示器公共端，PB 接口作为段码接口，经同相驱动器 7407 芯片接各个 LED 显示器。

　　假设 6 个 LED 显示器的显示缓冲区为片内 RAM 的 79～7EH，分别存放 6 个 LED 显示器的显示数据，8155 芯片的 PA 接口输出数据总是只有一位为高电平，即 6 个 LED 显示器中仅有一个 LED 显示器的公共端为低电平，其他 LED 显示器的公共端为高电平。8155 芯片的 PB 接口输出相应显示数据的段码，使某个 LED 显示器显示出一个字符，其他 LED 显示器处于暗状态。依次地改变 PA 接口输出数据中为高电平的位，PB 接口输出对应的段码，6 个 LED 显示器就显示出由缓冲器中显示数据所确定的字符。根据图 8-11 所示电路，显示子程序的流程图如图 8-12 所示。

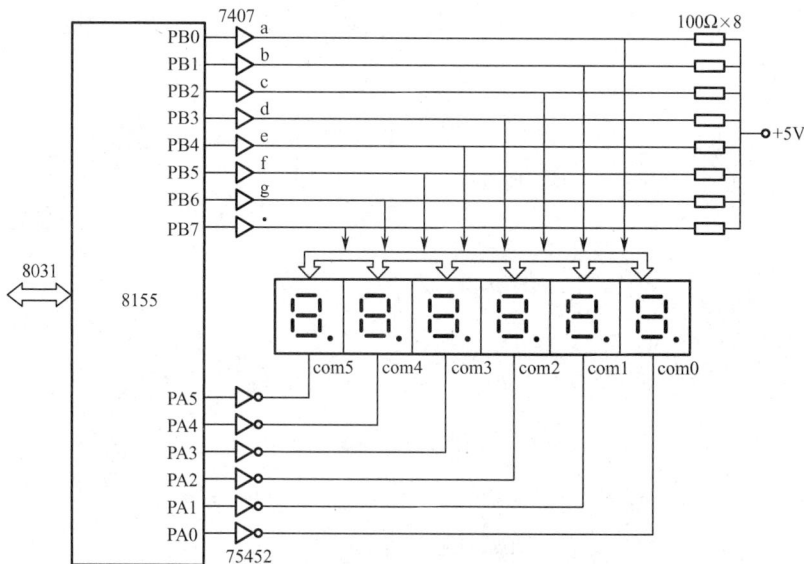

图 8-11　6 位共阴极 LED 显示器和 8155 芯片的接口电路

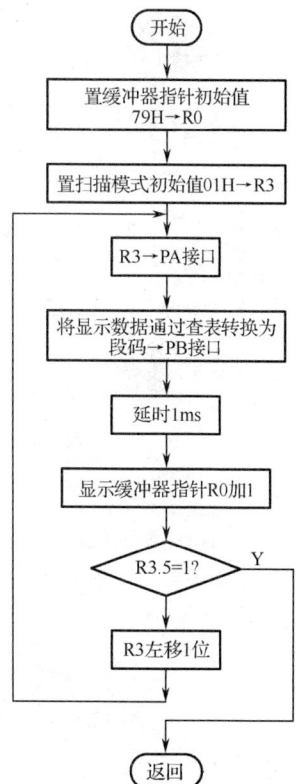

图 8-12　显示子程序的流程图

汇编语言程序如下：

```
DIR:    MOV     R0, #79H            ;置缓冲器指针初始值
        MOV     R3, #01H
```

```asm
              MOV      A, R3
LD0:          MOV      DPTR, #7F01H              ;R3→PA 接口
              MOVX     @DPTR, A
              INC      DPTR
              MOV      A, @R0                    ;取显示数据
              ADD      A, 0DH                    ;加偏移量
              MOVC     A, @A+PC                  ;取段码
DIR1:         MOVX     @DPTR, A                  ;段码→PB 接口
              ACALL    DL1                       ;延时 1ms
              INC      R0
              MOV      A, R3
              JB       ACC.5, LD1
              RL       A
              MOV      R3, A
              SJMP     LD0
LD1:          RET
DSEG:         DB       3FH, 06H, 5BH, 4FH, 66H, 6DH    ;段码表
DSEG1:        DB       7DH, 07H, 7FH, 6FH, 77H, 7CH    ;段码表
DSEG2:        DB       39H, 5EH, 79H, 71H, 73H, 3EH    ;段码表
DSEG3:        DB       31H, 6EH, 1CH, 23H, 40H, 03H    ;段码表
DSEG4:        DB       18H, 00, 00, 00
DL1:          MOV      R7, #02H                  ;延时子程序

DL:           MOV      R6, #0FFH
DL6:          DJNZ     R6, DL6
              DJNZ     R7, DL
              RET
```

C 语言程序如下：

```c
#include <reg51.h>
#include <absacc.h>                     //定义绝对地址访问
#define uchar unsigned char
#define uint unsigned int
void delay(uint);                       //声明延时函数
void display(void)j                     //声明显示函数
uchar disbuffer[6]={0, 1, 2, 3, 4, 5};  //定义显示缓冲区
void main(void)
    {
      while(1)
         {display( );                    //显示函数
          }
    }
//***************延时函数***************
void delay(uint i)                       //延时函数
{uint j;
for (j=0; j<i ; j++){}
}
```

```
//**********显示函数**********
void display(void)                          //定义显示函数
{uchar codevalue[16]={0x3f, 0x06, 0x5b, 0x4f, 0x66, 0x6d, 0x7d, 0x07,
        0x7f, 0x6f, 0x77, 0x7c, 0x39, 0x5e, 0x79, 0x71};      //0~F 的段码表
 uchar chocode[6]={0x01, 0x02, 0x04, 0x08, 0x10, 0x20};       //位选码表
 uchar  i, p, temp;
 for  (i=0; i<6;  i++)
   {
    p=disbuffer[i];                         //取当前显示的字符
    temp=codevalue[p];                      //查得显示字符的段码
    XBYTE[0x7f02]=temp;                     //送出段码
    temp=chocode[i];                        //取当前的位选码
    XBYTE[0x7f01]=temp;                     //送出位选码
    delay(20);                              //延时
    }
}
```

8.3　单片机与字符型 LCD 的接口

在日常生活中，我们对液晶显示器（LCD）并不陌生。LCD 作为很多电子产品的通用器件，如在计算器、万用表、电子表及很多家用电子产品中都可以被看到，显示的主要是数字、专用符号和图形。

在单片机系统中应用 LCD 作为输出器件有以下几个优点。

（1）显示质量高。由于 LCD 每个点在收到信号后就一直保持那种色彩和亮度，恒定发光，而不像阴极射线管（CRT）显示器那样要不断刷新亮点。因此，LCD 的画面质量高且不会闪烁。

（2）数字式接口。LCD 都是数字式的，和单片机系统的接口更加简单可靠，对其操作更加方便。

（3）体积和质量小。LCD 通过显示屏上的电极控制液晶分子状态来达到显示的目的，在质量上比相同显示面积的传统显示器要小得多。

（4）功耗低。相对而言，LCD 的功耗主要消耗在其内部的电极和驱动电路上，因而其耗电量比其他显示器要少得多。

8.3.1　液晶显示概述

1. 液晶显示的原理

液晶显示的原理是利用液晶的物理特性，通过电压对其显示区域进行控制，有电就有显示，这样就可以显示出图形。液晶显示器具有厚度薄、适用于大规模集成电路直接驱动、易于实现全彩色显示的特点，目前已经被广泛应用在便携式计算机、数字摄像机、PDA 移动通信工具等众多领域。

2. 液晶显示的分类

液晶显示的分类方法有很多种，通常可按其显示方式分为段式、字符式、点阵式等。除

了黑白显示外，液晶显示还有多灰度彩色显示等。LCD 的驱动方式可以分为静态驱动、单纯矩阵驱动和主动矩阵驱动 3 种。

3．LCD 各种图形的显示原理

（1）线段的显示。点阵图形式 LCD 由 $M×N$ 个显示单元组成。假设 LCD 显示屏有 64 行，每行有 128 列，每 8 列对应一个字节的 8 位，即每行由 16 个字节（共 16×8=128 个点）组成。LCD 显示屏上 64×16 个显示单元与显示 RAM 区 1024 个字节相对应，每个字节的内容和 LCD 显示屏上相应位置的亮/暗对应。例如，LCD 显示屏的第一行的亮/暗由 RAM 区 000H～00FH 16 个字节的内容决定：当(000H) = FFH 时，LCD 显示屏的左上角显示一条短亮线，长度为 8 个点；当(3FFH) = FFH 时，LCD 显示屏的右下角显示一条短亮线；当(000H) = FFH，(001H) = 00H，(002H) = FFH，…，(00EH) = FFH，(00FH) = 00H 时，在 LCD 显示屏的顶部显示一条由 8 条亮线和 8 条暗线组成的虚线。这就是 LCD 显示的基本原理。

（2）字符的显示。用 LCD 显示一个字符是比较复杂的。对于一个由 6×8 或 8×8 点阵组成的字符来说，控制器既要找到和 LCD 显示屏上某几个位置对应的显示 RAM 区的 8 个字节，还要使每个字节的不同位为 1，其他位为 0，为 1 的位置亮，为 0 的位置不亮，这样就组成某个字符。对于内带字符发生器的 LCD 显示屏，显示字符就比较简单了，可以让控制器工作在文本方式，根据在 LCD 上开始显示的行/列号及每行的列数找出显示 RAM 对应的地址，设立光标，在此送上该字符对应的代码即可。

（3）汉字的显示。汉字的显示一般采用图形的方式。事先从单片机中提取要显示的汉字的点阵码（一般用字模提取软件），每个汉字占 32 个字节，分左右两半，各占 16 个字节，左边为 1，3，5…，右边为 2，4，6…。根据在 LCD 上开始显示的行/列号及每行的列数可找出显示 RAM 对应的地址，设立光标，送上要显示的汉字的第一个字节，光标位置地址加 1，送第二个字节，换行按列对齐，送第三个字节……直到 32 个字节显示完就可以在 LCD 上得到一个完整汉字。

8.3.2　1602 字符型 LCD 简介

字符型 LCD 是一种专门用于显示字母、数字、符号等的点阵式 LCD。一般 1602 字符型 LCD 实物如图 8-13 所示。1602 字符型 LCD 的外形尺寸如图 8-14 所示。

（a）1602 字符型 LCD 的正面

图 8-13　一般 1602 字符型 LCD 实物

（b）1602 字符型 LCD 的反面

图 8-13 一般 1602 字符型 LCD 实物（续）

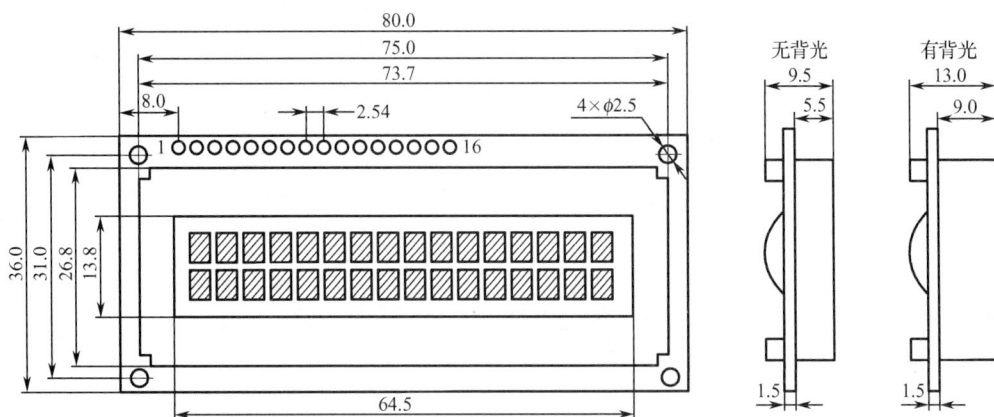

图 8-14 1602 字符型 LCD 的外形尺寸

1. 1602 字符型 LCD 主要技术参数

- 显示容量：16×2 个字符。
- 工作电压：4.5～5.5V。
- 工作电流：2.0mA(5.0V)。
- 最佳工作电压：5.0V。
- 字符尺寸：2.95mm×4.35mm。

2. 1602 字符型 LCD 接口的引脚

1602 字符型 LCD 接口采用标准的 14 引脚（无背光）或 16 引脚（有背光）。1602 字符型 LCD 接口的引脚如表 8-2 所示。

表 8-2 1602 字符型 LCD 接口的引脚

引 脚 号	符 号	引脚说明	引 脚 号	符 号	引脚说明
1	VSS	电源地	6	E	使能信号
2	VDD	电源正极	7	D0	数据
3	VL	显示偏压	8	D1	数据
4	RS	数据/指令寄存器选择	9	D2	数据
5	R/W	读/写信号	10	D3	数据

引 脚 号	符 号	引 脚 说 明	引 脚 号	符 号	引 脚 说 明
11	D4	数据	14	D7	数据
12	D5	数据	15	BLA	背光源正极
13	D6	数据	16	BLK	背光源负极

- 引脚 1：VSS 接电源地。
- 引脚 2：VDD 接+5V 电源。
- 引脚 3：VL 接显示偏压，用于 LCD 对比度调整。当该引脚接正电源时，LCD 对比度最低；当该引脚接地时，LCD 对比度最高。当 LCD 对比度过高时，屏幕上会产生"鬼影"。LCD 在使用时可以通过一个 10kΩ的电位器调整其对比度。
- 引脚 4：RS 用于数据/指令寄存器选择。当该引脚为高电平时，选择数据寄存器；当该引脚为低电平时，选择指令寄存器。
- 引脚 5：R/W 为读/写信号。当该引脚为高电平时，进行读操作；当该引脚为低电平时，进行写操作。当 RS 和 R/W 共同为低电平时可以写入指令或显示地址；当 RS 为低电平、R/W 为高电平时，可以读忙信号；当 RS 为高电平、R/W 为低电平时，可以写入数据。
- 引脚 6：E 为使能信号。当 E 由高电平跳变成低电平时，LCD 执行指令。
- 引脚 7～14：D0～D7 为 8 位双向数据线。
- 引脚 15：BLA 为背光源正极。
- 引脚 16：BLK 为背光源负极。

3．1602 字符型 LCD 的基本操作

（1）基本操作时序如表 8-3 所示。

表 8-3　基本操作时序

读状态	输入	RS=L,R/W=H,E=H		输出	D0～D7 为状态字
写指令	输入	RS=L,R/W=L,D0～D7 为指令码，E 为正脉冲信号		输出	无
读数据	输入	RS=H,R/W=H,E=H		输出	D0~D7 为数据
写数据	输入	RS=H,R/W=L,D0~D7 为数据，E 为正脉冲信号		输出	无

读操作时序如图 8-15 所示。写操作时序如图 8-16 所示。

（2）RAM 地址映射。因为 1602 字符型 LCD 是一个慢显示器件，所以在执行每条指令之前一定要确认 1602 字符型 LCD 的忙标志为低电平（表示不忙），否则此指令失效。在显示字符时要先输入显示字符地址，也就是告诉 1602 字符型 LCD 在哪里显示字符。1602 字符型 LCD 的 RAM 地址映射如图 8-17 所示。

例如，图 8-17 中第二行第一个字符的地址是 40H，那么是否直接写入 40H 就可以将光标定位在第二行第一个字符的位置呢?这样不行，因为写入显示地址时要求最高位 D7 恒定为高电平，所以实际写入的数据应该是 01000000B(40H) +10000000B(80H)=11000000B(C0H)。

单片机程序在开始时对 1602 字符型 LCD 进行了初始化设置，约定了显示格式。在显示字符时，光标是自动右移的，无须人工干预。每次输入指令都先调用判断 1602 字符型 LCD 是否忙的子程序 DELAY，然后输入显示位置的地址 0C0H，最后输入要显示的字符 A 的代码 41H。

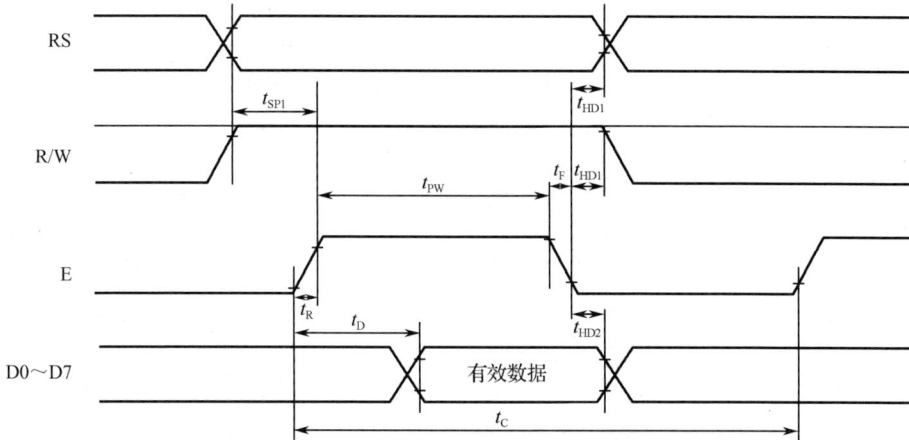

图 8-15　读操作时序

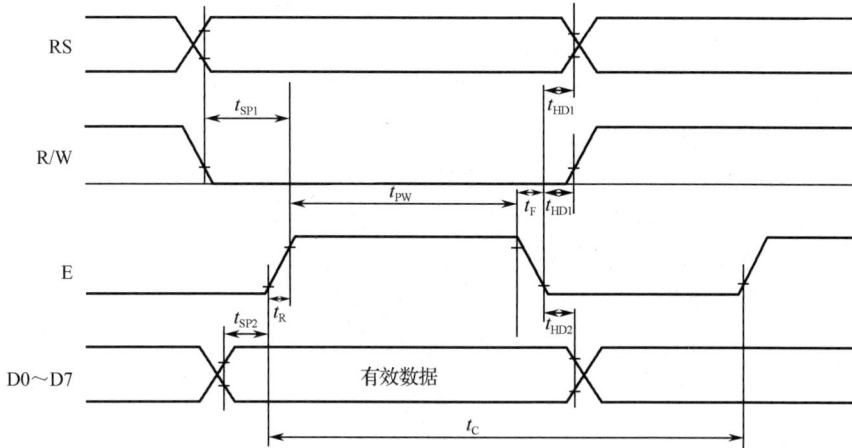

图 8-16　写操作时序

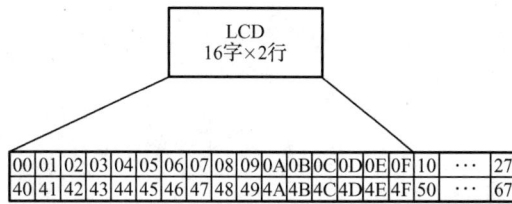

图 8-17　1602 字符型 LCD 的 RAM 地址映射

4. 1602 字符型 LCD 的指令

1602 字符型 LCD 内部的控制器共有 11 条控制指令，如表 8-4 所示。

表 8-4　1602 字符型 LCD 的指令说明

序号	指　令	RS	R/W	D7	D6	D5	D4	D3	D2	D1	D0
1	清屏	0	0	0	0	0	0	0	0	0	1
2	光标复位	0	0	0	0	0	0	0	0	1	*
3	设置输入模式	0	0	0	0	0	0	0	1	I/D	S
4	显示开/关控制	0	0	0	0	0	0	1	D	C	B

序号	指　　令	RS	R/W	D7	D6	D5	D4	D3	D2	D1	D0
5	光标或字符移位	0	0	0	0	0	1	S/C	R/L	*	*
6	设置功能	0	0	0	0	1	DL	N	F	*	*
7	设置字符发生存储器地址	0	0	0	1	字符发生存储器地址					
8	设置数据存储器地址	0	0	1	显示数据存储器地址						
9	读忙标志或地址	0	1	BF	计数器地址						
10	写数据	1	0	要写的数据内容							
11	读数据	1	1	读出的数据内容							

1602 字符型 LCD 的读/写操作、屏幕和光标的操作都是通过指令编程来实现的（说明：1 表示高电平、0 表示低电平）。

- 指令 1：清屏，指令码为 01H，光标复位到地址 00H。
- 指令 2：光标复位，光标返回到地址 00H。
- 指令 3：设置输入模式。I/D：光标移动方向，高电平时右移，低电平时左移。S：屏幕上所有文字是否左移或右移，高电平表示有效，低电平则无效。
- 指令 4：显示开/关控制。D：控制整体显示的开与关，高电平时开显示，低电平时关显示。C：控制光标的开与关，高电平时有光标，低电平时无光标。B：控制光标是否闪烁，高电平时闪烁，低电平时不闪烁。
- 指令 5：光标或字符移位。S/C：高电平时移动显示的文字，低电平时移动光标。
- 指令 6：设置功能。DL：高电平时为 4 位总线，低电平时为 8 位总线。N：低电平时单行显示，高电平时双行显示。F：低电平时显示 5×7 的点阵字符，高电平时显示 5×10 的点阵字符。
- 指令 7：设置字符发生存储器地址。
- 指令 8：设置数据存储器地址。
- 指令 9：读忙标志或地址。BF：为忙标志位，高电平时表示忙，此时 LCD 不能接收指令或数据，低电平时表示不忙。
- 指令 10：写数据。
- 指令 11：读数据。

5. 1602 字符型 LCD 的字符

1602 字符型 LCD 内部的字符发生存储器（CGROM）已经存储了 160 个不同的字符，如表 8-5 所示。这些字符有阿拉伯数字、英文字母的大/小写、常用的符号和日文假名等，每个字符都有一个固定的代码。例如，大写的英文字母"A"的代码是 01000001B(41H)，当 1602 字符型 LCD 把地址 41H 中的字符显示出来时，我们就能看到字母"A"。

表 8-5　字符与代码的对应关系

低 4 位	高 4 位												
	0000	0010	0011	0100	0101	0110	0111	1010	1011	1100	1101	1110	1111
0000	CGRAM(1)		0	ə	P	\	p		—	タ	ミ	α	P
0001	(2)	!	1	A	Q	a	q	ロ	ア	チ	ム	ä	q

续表

低4位	高4位												
	0000	0010	0011	0100	0101	0110	0111	1010	1011	1100	1101	1110	1111
0010	(3)	"	2	B	R	b	r	r	イ	川	メ	β	θ
0011	(4)	#	3	C	S	c	s	┘	ウ	ラ	モ	ε	∞
0100	(5)	$	4	D	T	d	t	\	エ	ト	セ	μ	Ω
0101	(6)	%	5	E	U	e	u	ロ	オ	ナ	ｴ	B	0
0110	(7)	&	6	F	V	f	v	テ	カ	ニ	ヨ	P	Σ
0111	(8)	>	7	G	W	g	w	ア	キ	ヌ	ラ	g	π
1000	(1)	(	8	H	X	h	x	イ	ク	ネ	リ	厂	x
1001	(2)	)	9	I	Y	i	y	ウ	ケ	j	ル	-1	y
1010	(3)	#	:	J	Z	j	z	エ	コ	リ	レ	j	千
1011	(4)	+	:	K	[	k	{	オ	サ	ヒ	ロ	x	万
1100	(5)		<	L	¥	l			セ	シ	フ	ワ	Ç	⊟
1101	(6)	—	=	M	]	m	}	ユ	ス	∧	ソ	キ	+
1110	(7)	.	>	N	^	n		ヨ	セ	ホ	ハ	n̄	
1111	(8)	/	?	O	—	o	←	ツ	ソ	マ	ロ	ö	

6．1602 字符型 LCD 的一般初始化（复位）过程

单片机按照以下步骤向 1602 字符型 LCD 写入指令，即可完成初始化（复位）过程。

（1）延时 5ms。

（2）写指令 38H（不检测忙标志）。

（3）延时 5ms。

（4）写指令 38H（不检测忙标志）。

（5）延时 5ms。

（6）写指令 38H（不检测忙标志）。

以后每次写指令、读/写数据操作均要检测忙标志。

（7）写指令 38H：设置显示模式。

（8）写指令 08H：关闭显示。

（9）写指令 01H：清屏。

（10）写指令 06H：设置显示光标移动。

（11）写指令 0CH：开显示及设置光标。

7．1602 字符型 LCD 的应用

1）硬件原理

1602 字符型 LCD 可以和 89C51 单片机接口直接连接。1602 字符型 LCD 与 89C51 单片机的接口电路如图 8-18 所示。

2）软件功能

软件流程图如图 8-19 所示。

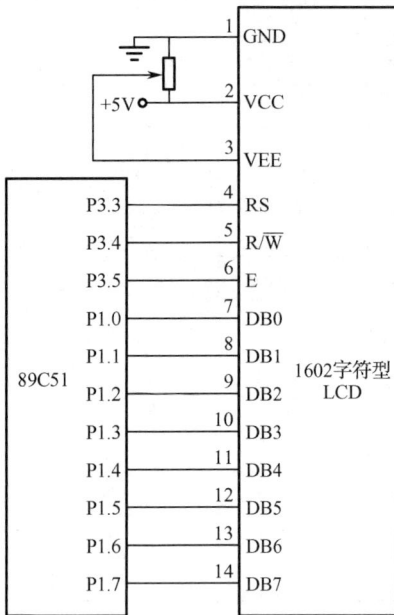

图 8-18　1602 字符型 LCD 与 89C51 单片机的接口电路

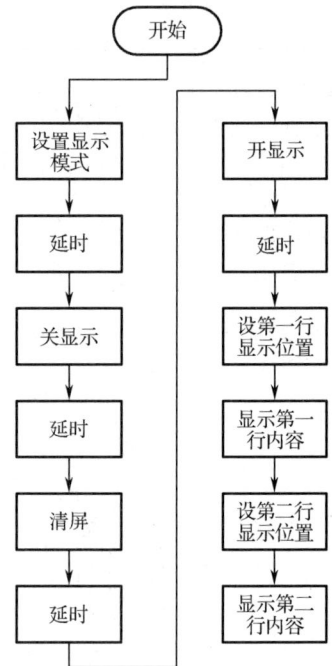

图 8-19　软件流程图

3）程序代码

汇编语言程序如下：

```
        ORG 0H
RS      EQU  P3.3          ;寄存器选择信号
RW      EQU  P3.4          ;读/写控制信号
E       EQU  P3.5          ;使能信号
COM     EQU  20H           ;命令字暂存单元
        CLR  RS
        CLR  RW"
        MOV  P1, #38H      ;向 1602 字符型 LCD 写入 3 条 38H 指令，使之复位
        MOV  R7, #03H
INT:    SETB E             ;使 E 产生下降沿信号
        CLR  E
        LCALL  DELAY       ;延时大于 5ms
        DJNZ R7, INT
        MOV  P1, #38H      ;设置工作方式命令字：设置 8 位数据总线，5×8 点阵
        SETB E             ;使 E 产生下降沿信号
        CLR  E
        MOV  COM, #08H     ;关闭显示
        LCALL  PR1         ;调 1602 字符型 LCD 写指令子程序
        MOV  COM, #01H     ;清屏
        LCALL  PR1         ;调 1602 字符型 LCD 写指令子程序
        MOV  COM, #06H     ;设置输入方式命令字：光标右移 1 个字符
        LCALL  PR1
        MOV  COM, #0CH     ;设置显示开关控制命令字：开显示，无光标
```

```
            LCALL   PR1
            MOV   R6, #32                  ;R6 作为字符计数器
            MOV   DPTR, #DATA1
            MOV   R4, #0
DISPLY:  LCALL   F_BUSY                 ;调 "判忙" 子程序
            MOV   A, R4
            MOVC  A, @A+DPTR             ;取数
            SETB   RS                     ;以下 5 条指令为向 1602 字符型 LCD 写数据
            CLR   RW
            MOV   P1, A
            SETB   E
            CLR   E
            INC   R4
            CJNE   R4, #10H, NEXT         ;第一行没有显示完则跳转
            MOV   COM, #0C0H             ;设置地址为 40H, 调整显示位置为第二行
            LCALL   PR1
NEXT:    DJNZ   R6, DISPLY
            SJMP   $
PR1:      LCALL   F_BUSY                 ;写指令子程序
            CLR   RW
            MOV   P1, COM
            SETB   E
            CLR   E
            RET
F_BUSY: CLR   RS                         ; "判忙" 子程序
            SETB   RW
F_BY1:  MOV   P1, #0FFH
            SETB   E
            MOV   A, P1
            CLR E
            JB   ACC. 7, F_BY1
            RET
DELAY:  MOV   R0, #8H                    ;延时子程序
DLY0:   MOV   R1, #0C8H
DLY1:   DJNZ   R1, DLY1
            DJNZ   R0, DLY0
            RET
DATA1:   DB   20H, 20H, 'How are you?', 20H, 20H
            DB   20H, 20H, 20H, 20H, 20H, 'Fine!', 20H, 20H, 20H, 20H, 20H, 20H
            END
```

C 语言程序如下:

```
#include  "reg51.h"
  sbit  RS=P3^3;                 /*数据/命令选择信号*/
  sbit  RW=P3^4;                 /*读/写控制信号*/
  sbit  E=P3^5;                  /*使能信号*/
  sbit  Acc_b=ACC^7;             /*定义累加器的第七位*/
```

```
    void Busy( )                        /*"判忙"子程序*/
    {
      RS=0;                             /*读状态寄存器*/
      RW=1;
      for(;  Acc_b= =1; )
       {
          Pl=0x0FF;
          E=1;
          ACC=P1;
          E=0;
       }
        return;
    }
    void Print( )                       /*写指令子程序*/
    {
      unsigned char j;
.     RW=0;                             /*写指令*/
      E=1;
      E=0;
      for(j=0;  j++<100;  );            /*延时*/
    return;
}
main ( )
{
unsigned int i, j, k;
char LcdStr[32]={"  How are you?        Fine!      "};   /*定义数组并初始化*/
RS=0;                                 /*向 1602 字符型 LCD 写入 3 条 38H 指令, 使之复位*/
RW=0;
Pl=0x38;
for(i=3; i>0; i--)
  {
  E=1;
  E=0;
    for(j=0; j++<100; );              /*延时*/
    }
  P1=0x38;                            /*设置 8 位数据总线方式*/
  Print( );                          /*调用 1602 字符型 LCD 写指令子程序*/
  Pl=8;                              /*关闭显示*/
  Print( );
  Pl=1;                              /*清屏*/
  Print( );
  Pl=6;                              /*设置输入方式: 光标右移 1 个字符*/
  Print( );
  Pl=0x0C;                           /*设置显示方式: 开显示, 无光标*/
  Print( );
  E=1;
  E=0;
```

```
        j=0;                              /*显示计数器*/
        for(i=0; i<16; i++)               /*显示字母*/
          {
          busy( );
          RS=l;                           /*送出一个字母*/
          RW=0;
          E=1;
          Pl=LcdStr[i];
          for(k=0; k++<100; );            /*延时*/
          E=0;
          j++;                            /*显示计数器加 1*/
          if(j= =16)                      /*第一行没有显示完则跳转*/
            {
            for(k=0; k++<100; );
            RS=0;
            P1=0x0C0;                      /*设置地址为 40H，调整显示位置为第二行*/
            Print 0:
            }
          }
      for( ; ; );
    }
```

8.4　单片机与 ADC 的接口

当单片机用于实时控制和智能仪表等应用系统中时，经常会遇到连续变化的模拟量，如温度、压力、速度等物理量。这些模拟量必须先转换成数字量，才能送给单片机处理。当单片机处理后，常常要把数字量再转换成模拟量，才能送给外部设备。若输入应用系统的是非电信号，还要经过传感器转换成模拟电信号。实现模拟量转换成数字量的器件称为模数转换器（Analog to Digital Converter，ADC），又称 A/D 转换器。实现数字量转换成模拟量的器件称为数模转换器（Digital to Analog Converter，DAC，又称 D/A 转换器）。

8.4.1　ADC 概述

1．ADC 的类型及原理

ADC 的作用是把模拟量转换成数字量，以便于计算机进行处理。

随着超大规模集成电路技术的飞速发展，现在有很多类型的 ADC 芯片。不同的 ADC 芯片的内部结构是不一样的，其转换原理也是不同的。按转换原理，ADC 可分为计数型 ADC、逐次逼近型 ADC、双积分型 ADC 和并行式 ADC 等；按转换方法，ADC 可分为直接 ADC 和间接 ADC；按 ADC 的分辨率，ADC 可分为 4～16 位的 ADC。

1）计数型 ADC

计数型 ADC 由 DAC、计数器和比较器组成。当计数型 ADC 工作时，计数器由 0 开始计数，每计一次数后，计数值送往 DAC 进行转换，并将转换后的模拟信号与输入的模拟信号在比较器内进行比较。若 D/A 转换后的模拟信号小于输入的模拟信号，则计数值加 1，重复 D/A 转换及比较过程。依次类推，直到当 D/A 转换后的模拟信号与输入的模拟信号相等时，才停止计数,这时计数器中的当前值就为输入的模拟量对应的数字量。虽然计数型 ADC 结构简单、原理清楚,但它的转换速度与精度之间存在矛盾。当提高计数型 ADC 精度时,其转换速度就会变慢;当提高计数型 ADC 速度时,其转换精度就会降低。所以,在实际中很少使用计数型 ADC。

　　2)逐次逼近型 ADC

　　逐次逼近型 ADC 由一个比较器、DAC、寄存器及控制电路组成。与计数型 ADC 相同,逐次逼近型 ADC 也要进行比较以得到转换的数字量,但它是用一个寄存器从高位到低位依次开始逐位试探比较的。逐次逼近型 ADC 开始转换时先将寄存器各位清 0,再将寄存器最高位置 1,并送 DAC 进行转换,然后将转换后的模拟量与输入的模拟量进行比较。如果转换后的模拟量比输入的模拟量小,则保留 1;如果转换后的模拟量比输入的模拟量大,则不保留 1。然后从第二位依次重复上述过程直至最低位。最后寄存器中的内容就是输入的模拟量对应的数字量。一个 n 位的逐次逼近型 ADC 只要比较 n 次,其转换时间只取决于位数和时钟周期。逐次逼近型 ADC 转换速度快,在实际中被广泛使用。

　　3)双积分型 ADC

　　双积分型 ADC 将输入电压先变换成与其平均值成正比的时间间隔,然后再把此时间间隔转换成数字量。它属于间接型转换器。它的转换过程分为采样和比较两个过程。采样过程就是用积分器对输入电压进行固定时间的积分,而且输入电压越大,采样值越大。比较过程就是用基准电压对积分器进行反向积分,直至积分器的值为 0。由于基准电压是固定的,所以采样值越大,反向积分时间越长,而且反向积分时间与输入电压成正比。最后,把反向积分时间转换成数字量,该数字量就为输入的模拟量对应的数字量。双积分型 ADC 转换精度高,稳定性好,测量的是输入电压在一段时间的平均值,而不是输入电压的瞬间值。因此,它的抗干扰能力强,但是它的转换速度慢。双积分型 ADC 在工业上应用得比较广泛。

2. ADC 的主要性能指标

　　1)分辨率

　　分辨率是指 ADC 能分辨输入的最小模拟量,通常用转换的数字量的位数来表示,如 8 位、10 位、12 位、16 位等,而且位数越高,分辨率越高。

　　2)转换时间

　　转换时间是指 A/D 转换完成一次所需要的时间,即从启动 ADC 开始到转换结束并得到稳定的数字输出量为止的时间。一般来说,转换时间越短,转换速度越快。

　　3)量程

　　量程是指所能转换的输入电压范围。

　　4)转换精度

　　转换精度分为绝对精度和相对精度。绝对精度是指实际需要的模拟量与理论上要求的模拟量之差。相对精度是指当满刻度值校准后,任意数字量对应的实际模拟量(中间值)与理论值(中间值)之差。

8.4.2　ADC0809 芯片

　　ADC0809 芯片是 8 位模拟量输入通道的逐次逼近型 ADC,是采用 CMOS 工艺制造的。ADC0809 芯片包括 8 位 ADC、8 通道多路选择器及与微处理器兼容的控制逻辑电路。8 通道多路选择器能直接连通 8 个单端模拟信号中的任何一个，输出 8 位二进制数。ADC0809 芯片适用于实时测试和过程控制。

1．ADC0809 芯片的内部结构

ADC0809 芯片的内部结构如图 8-20 所示。ADC0809 芯片的内部由具有锁存功能的 8 路模拟量选择开关、8 位逐次逼近型 ADC、三态输出锁存器、地址锁存器与译码电路组成。它可对 8 路 0～5V 的模拟输入电压信号分时进行转换。8 路模拟量输入通道共同用一个 8 位逐次逼近型 ADC 进行 A/D 转换。转换后的数据送入三态输出锁存器，可直接与单片机的数据总线相连，并同时给出转换结束信号。通道地址如表 8-6 所示。

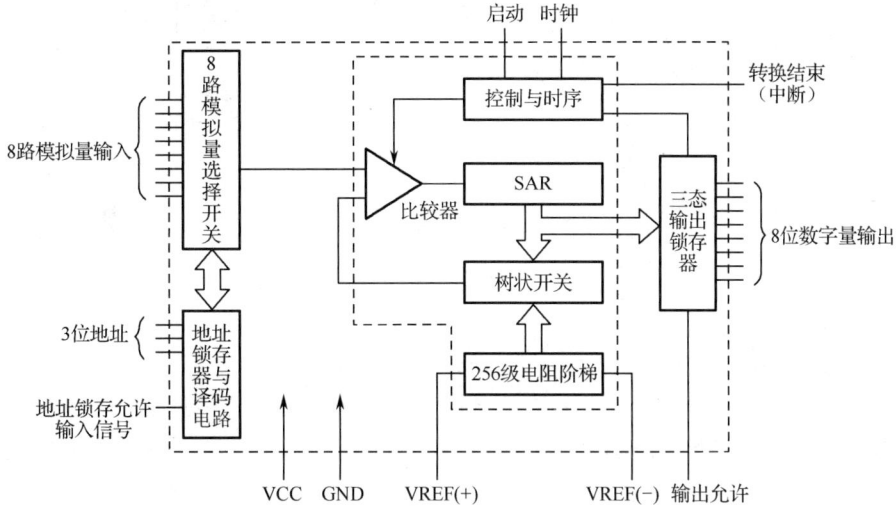

图 8-20　ADC0809 芯片的内部结构

表 8-6　通道地址

ADDC	ADDB	ADDA	选择的通道
0	0	0	IN0
0	0	1	IN1
0	1	0	IN2
0	1	1	IN3
1	0	0	IN4
1	0	1	IN5
1	1	0	IN6
1	1	1	IN7

2．ADC0809 芯片的主要特性

- 分辨率为 8 位。
- 最大不可调误差小于 ±1LSB。
- 当 CLK=500kHz 时，转换时间为 128μs。
- 不必进行零点和满刻度调整。
- 功耗为 15mW。

● 单一+5V 供电，模拟输入电压范围为 0～5V。
● 具有锁存控制的 8 路模拟开关。
● 可锁存三态输出信号，而且输出信号与 TTL 电路兼容。

3．ADC0809 芯片的引脚

ADC0809 芯片的引脚如图 8-21 所示。

ADC0809 芯片为 28 引脚双列直插式封装。ADC0809 芯片的引脚功能如下。

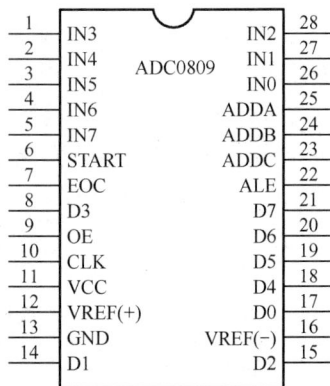

图 8-21　ADC0809 芯片的引脚

● IN0～IN7：8 路模拟量输入引脚，其信号电压范围为 0～5V。
● ADDA, ADDB, ADDC：模拟量输入通道地址，其 8 种编码分别对应 IN0～IN7。
● ALE：地址锁存允许信号。在该信号的上升沿时将地址状态锁存至地址寄存器。
● START：A/D 转换启动信号，正脉冲信号有效。在该信号的下降沿时启动内部控制逻辑开始 A/D 转换。
● EOC：A/D 转换结束信号。当进行 A/D 转换时，EOC 为低电平；当 A/D 转换结束后，EOC 为高电平。EOC 可作为中断请求信号。
● D7～D0：8 位数字量输出引脚，可直接与单片机的数据总线连接。
● OE：输出允许信号，高电平有效。当该信号为高电平时，将 A/D 转换后的 8 位数据送出。
● CLK：时钟信号输入引脚。它决定 ADC 的转换速度，其频率范围为 10～1 280kHz（典型值为 640kHz，对应 ADC 的转换速度为 100μs）。
● VREF(+)、VREF(-)：内部 ADC 的参考电压输入引脚。
● VCC：+5V 电源输入引脚。
● GND：接地引脚。

一般 VREF(+)与 VCC 连接在一起，VREF(-)与 GND 连接在一起。

ADC0809 芯片的时序图如图 8-22 所示。

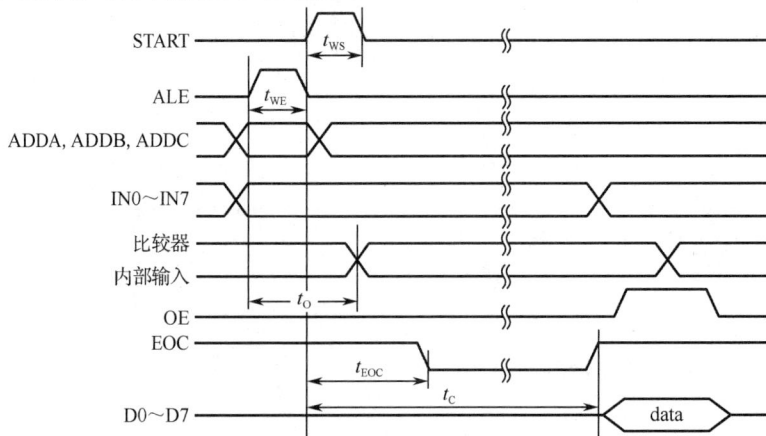

图 8-22　ADC0809 芯片的时序图

8.4.3　ADC0809 芯片与单片机的接口设计

ADC0809 芯片与 MCS-51 单片机的接口有 3 种工作方式：查询方式、中断方式和延时方式。

1. 查询方式

ADC0809 芯片内无时钟电路。ADC0809 芯片的时钟信号可利用 8051 单片机提供的地址锁存允许信号（ALE）经过 D 触发器 2 分频后获得。ALE 的频率是 8051 单片机时钟频率的 l/6。如果单片机时钟频率为 6MHz，则 ALE 的频率为 1MHz，再经 2 分频后变为 500kHz。该频率正好符合 ADC0809 芯片对时钟频率的要求。如图 8-23 所示，ADDA, ADDB, ADDC 引脚分别与地址总线的低 3 位 A0, A1, A2（74LS373 芯片的 2, 5, 6 引脚）相接，以选通 IN0～IN7 中的某一个通道。将 P2.0（地址总线最高位 A8）作为片选信号。在启动 A/D 转换时，由输出指令"MOVX @DPTR，A"或"MOVX @Ri，A"产生写信号，$\overline{WR}$ 和 R2.0 都为 0，经过或非门后控制 ADC0809 芯片所需要的 A/D 转换启动信号（START）和地址锁存允许信号（ALE）。由于 ALE 和 START 连在一起，因此在地址解锁的同时便启动转换过程。大约经过 125μs 的转换时间后转换结束，由读指令"MOVX　A，@DPTR"或"MOVX　A，@Ri"产生读信号，$\overline{RD}$ 和 P2.0 都为 0，经过或非门后，产生的正脉冲信号作为输出允许信号 OE，用以打开三态输出锁存器，这样就可将转换出来的数字信号读入 CPU 中的累加器 A 中。由图 8-23 可知，P2.0 与 ADC0809 芯片的 ALE, START 和 OE 之间有如下关系：

$$ALE=START=\overline{\overline{WR}+\overline{P2.0}}$$

$$OE=\overline{\overline{RD}+\overline{P2.0}}$$

可见，应将 P2.0 置为低电平，即 P2.0=A8=0。

由以上分析可知，在编写软件时，应令 P2.0=A8=0；A0, A1, A2 给出被选择的模拟量输入通道地址；由于通过 8051 单片机的 P2.0 和 $\overline{WR}$ 启动转换过程，因而模拟量输入通道地址为 FEF8H～FFFFH；A/D 转换结束信号 EOC 经过反相后接入 $\overline{INT1}$ 引脚，作为查询标志。此接口电路也可采用延时方式工作，即执行一条输出指令，可启动 A/D 转换；执行一条输入指令，可读取 A/D 转换结果。

下面的程序采用查询方式分别对 8 路模拟信号轮流采样一次，并依次把结果转存到数据存储区。

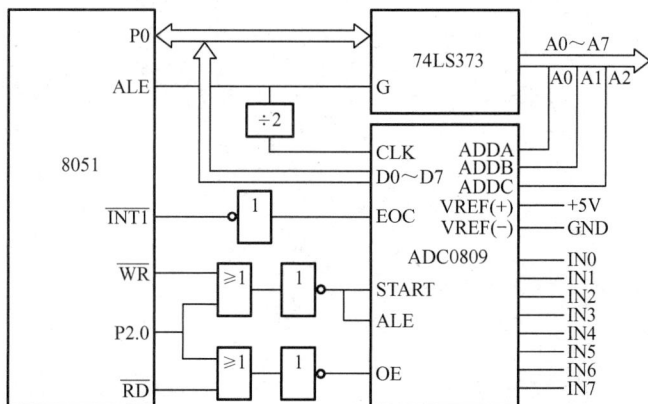

图 8-23　ADC0809 芯片与 8051 单片机的查询方式接口电路

程序如下：

```
        ORG    0000H
        MOV    R1, #data        ;设置存放结果的首地址
        MOV    DPTR, #0FEF8H    ;P2.0=0 且指向通道 0
        MOV    R7, #08H         ;设置通道数
LOOP:   MOVX   @DPTR, A         ;启动 A/D 变换
        MOV    R6, #0AH         ;软件延时
DLAY:   NOP
        NOP
        DJNZ   R6, DLAY
        MOVX   A, @DPTR         ;读取数据
        MOV    @Rl, A           ;存储数据
        INC    DPTR             ;指向下一个通道
        INC    R1               ;修改数据存储区地址
        DJNZ   R7, LOOP         ;8 个通道未被采样完，循环
        END
```

2. 中断方式

ADC0809 芯片与 8051 单片机的中断方式接口电路如图 8-24 所示。这里将 ADC0809 芯片作为一个外部扩展的并行 I/O 接口，直接由 8051 单片机的 P2.0 和 $\overline{WR}$ 脉冲信号进行启动，用中断方式读取转换结果的数字量，ADDA, ADDB, ADDC 引脚分别与 8051 单片机的 P0.0, P0.1, P0.2 引脚直接相连。因此，模拟量输入通道地址为 FEF8H～FEFFH。CLK 由 8051 单片机的 ALE 提供。下面的程序分别对 8 路模拟信号轮流采样一次，并依次把结果存放在 20H 开始的片内数据存储区。

程序如下：

```
        ORG    0000H
        AJMP   START
        ORG    0013H
        AJMP   PINTl
        ORG    2000H
START:  MOV    R1, #20H         ;设置存放结果首地址
        MOV    DPTR, #0FEF8H    ;P2.0=0 且指向通道 0
        MOV    R7, #08H         ;设置通道数
LOOP:   SETB   IT1              ;选择 INT1 边沿触发方式
        SETB   EA               ;开中断
        SETB   EXI              ;开 INT1 中断
        MOVX   @DPTR, A         ;启动 A/D 变换
        SJMP   $                ;等待中断
; *********中断程序***********
PINT:   MOVX   A, @DPTR         ;读取数据
        MOV    @RI, A           ;存储数据
        INC    R1               ;修改数据存储区地址
        INC    DPTR             ;指向下一个通道
        DJNZ   R7, NEXT         ;8 个通道未被采样完，循环
DONE:   SJMP   DONE             ;结束
```

```
NEXT:        RETI
             END
```

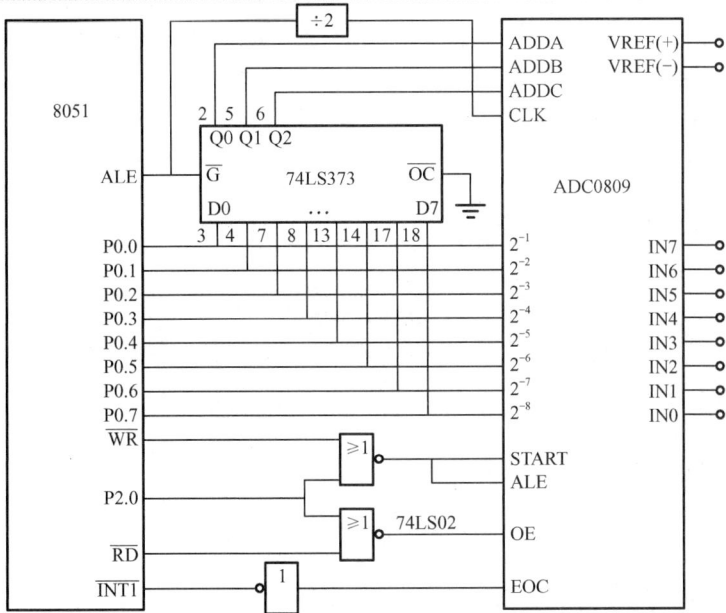

图 8-24   ADC0809 芯片与 8051 单片机的中断方式接口电路

3．延时方式

ADC0809 芯片与 8051 单片机的延时方式接口电路如图 8-25 所示。该电路没有利用 EOC 的功能。单片机主频取 6MHz，ALE 可直接作为 ADC0809 芯片的时钟信号。ADC0809 芯片的 ADDA，ADDB，ADDC 引脚可分别接到单片机地址总线的低 3 位 P0.0，P0.1，P0.2 引脚，以便选通 IN0～IN7 中的某一个通道（由于 ADC0809 芯片内部具有地址锁存器，故无须锁存地址信号）；ADC0809 芯片的片选信号选用 P2.7，模拟信号的通道 0 地址为 7FF8H。

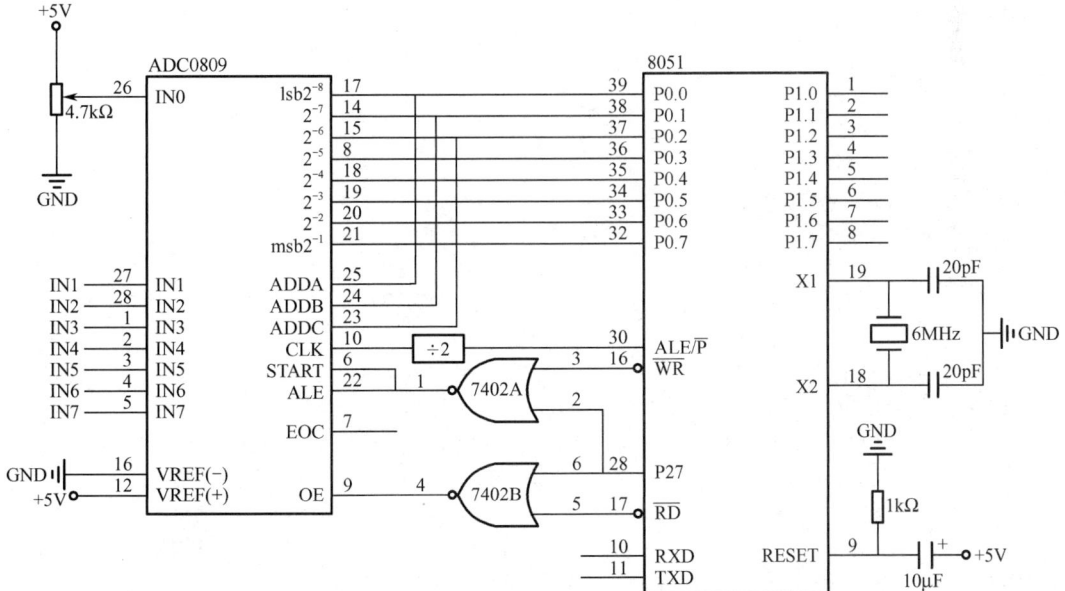

图 8-25   ADC0809 芯片与 8051 单片机的延时方式接口电路

单片机的 $\overline{WR}$ 与 P2.7 引脚信号经过或非门后产生的正脉冲信号接到 ADC0809 芯片的 START 引脚。只要单片机执行写指令，即可启动转换过程。在读取转换结果时，单片机的 $\overline{RD}$ 与 P2.7 引脚信号经过或非门后产生的正脉冲信号接到 ADC0809 芯片的 OE 引脚，用以打开三态输出锁存器，将转换数据读出。在程序执行后，旋转电位器以改变输入电压大小，结果送至 P1 接口，由发光二极管指示转换后的数字量。

程序如下：

```
        ORG   0000H
STA:    MOV    A, #00H          ;A 可为任意值
        MOV    DPTR, #7FF8H     ;设置通道 0 地址
        MOVX   @DPTR, A         ;启动转换
        CALL   DELAY            ;转换等待（实际应用时可调用显示子程序）
        MOVX   A, @DPTR         ;取转换结果
        CPL    A
        MOV    P1, A            ;转换结果送至 P1 接口，由发光二极管指示
        AJMP   STA
DELAY:  MOV    R7, #0FFH
DEL:    DJNZ   R7, DEL
        RET
        END
```

4．ADC0809 芯片轮回检测转换

利用 ADC0809 芯片可实现对 8 路模拟信号进行轮回转换。将图 8-25 中 ADC0809 芯片的 EOC 引脚通过一个反相器接至单片机的 $\overline{INT0}$ 引脚，即可采用中断方式进行 A/D 转换。当 A/D 转换后，EOC 引脚为高电平，经过反相，$\overline{INT0}$ 引脚变为低电平，向 CPU 发出中断请求。在中断程序中，读取转换结果并启动下一个通道的 A/D 转换。下面的程序将 8 路模拟信号转换结果分别存于片内 70H～77H 单元中。

程序如下：

```
        ORG    0000H
        AJMP   START
        ORG    0003H
        AJMP   INT0
START:  MOV    R0, #70H         ;设立数据存储区指针
        MOV    R2, #08H         ;设置 8 路采样计数值
        SETB   IT0              ;设置 IT0 边沿触发方式
        SETB   EA               ;开中断
        SETB   EX0              ;允许 INT0 中断
        MOV    DPTR, #7FF8H     ;指向 ADC0809 芯片的首地址（通道 0）
READ1:  MOVX   @DPTR, A         ;启动 A/D 转换
        MOV    A, R2            ;轮回检查通道数计数值并送入 A
HERE:   JNZ    HERE             ;8 个通道未被采样完，等中断
        CLR    EX0              ;8 个通道被采样完，关中断
        SJMP   S
INT0:   MOVX   A, @DPTR         ;启动转换
        MOV    @R0, A           ;存结果
```

```
        INC      DPTR                  ;指向下一个模拟通道
        INC      R0                    ;指向下一个数据存储单元
        MOVX     @DPTR, A              ;启动下一个通道
        DEC      R2                    ;通道数减 1
        MOV      A, R2
        DJNZ     R2, INT0              ;8 路模拟信号未被转换完, 继续
        CLR      EA                    ;8 路模拟信号已被转换完, 关中断
        CLR      EX0                   ;禁止 INT0 中断
        RETI                           ;中断返回
        END
```

8.5　单片机与 DAC 的接口

　　DAC 的作用是把数字量转换成模拟量。单片机处理的是数字量, 而在单片机应用系统中很多被控对象都是通过模拟量被控制的。这时, 单片机输出的数字量必须经 DAC 转换成模拟量后, 才能送给被控对象。

　　DAC 可以将 MCS-51 单片机直接输入的数字量转换成模拟量, 以控制被控对象的工作过程。这就要 DAC 输出的模拟量随着输入的数字量成正比的变化, 使输出的模拟量能直接反映输入的数字量大小。实际上, DAC 输出的电信号不能真正连续可调, 而是以所用 DAC 的绝对分辨率为单位增减的。所以, DAC 输出的电信号实际是准模拟量。

8.5.1　DAC 的主要特点与技术指标

1. 不同的 DAC 芯片有不同的特点和指标

　　从接口的角度考虑, DAC 有以下特点。

　　(1) 输入数据的位数很多。DAC 芯片有 8 位、10 位、12 位、16 位之分。

　　(2) DAC 可以输出电流或电压。一般 DAC 输出电压范围有 0～5V, 0～10V, -5～5V, -10～10V 等, 有时其输出电压可以高达 30V。如果 DAC 输出电流, 则必须外加电流/电压转换器电路 (运算放大器), 其输出电流有时为几毫安到几十毫安, 有时高达 3A。

　　(3) 输出电压极性有单极性和双极性之分, 例如, 0～5V, 0～10V 为单极性输出电压, -5～5V, -10～10V 为双极性输出电压。

　　(4) 由于单片机的接口电路与 74 系列逻辑电路均采用 TTL 电平, 因此应用 DAC 芯片时, 应选用 TTL 电平的芯片。

2. DAC 的主要指标

1) 分辨率

　　分辨率反映了 DAC 对微小输入量变化的敏感程度, 通常用数字量的位数表示, 如 8 位、12 位、16 位等。分辨率这里是指最小输出电压 (对应的数字输入信号只有最低位为 1) 与最大输出电压 (对应的数字输入信号所有位全为 1) 之比。例如, 分辨率为 10 位的 DAC, 它可以对满量程的 $1/(2^{10}-1)=1/1023\approx0.001$ 的增量做出反应。分辨率越高, DAC 转换时对应数字输入信号最低位的模拟信号数值越小, 即越灵敏。有时, 也用数字输入信号的位数来给出分辨率。

2) 转换精度

　　转换精度是以最大的静态转换误差的形式给出的。这个静态转换误差包含非线性误差、

比例系数误差及漂移误差等综合误差。应该注意的是，转换精度和分辨率是两个不同的概念。转换精度是指转换后所得的实际值对于理想值的接近程度，而分辨率是指能够对转换结果发生影响的最小输入量。分辨率很高的 DAC 并不一定具有很高的转换精度。

3）相对精度

相对精度是指在满刻度已校准的前提下，在整个刻度范围内，对应于任意数值的模拟输出量与它的理论值之差。通常用偏差几个 LSB 或用该偏差相对满刻度的百分比来表示相对精度。

4）转换时间

转换时间是指当数字量变化到满刻度时，达到终值+LSB/2 时所需的时间，通常为几十纳秒至几微秒。

5）线性度

通常，用非线性误差的大小来表示 DAC 的线性度；用输入-输出特性的偏差与满刻度输出量之比的百分数来表示非线性误差。一定温度下的最大非线性误差一般为 0.01%～0.03%。

8.5.2　DAC0832 芯片

DAC0832 芯片是具有 2 个数据寄存器的 8 位分辨率的 D/A 转换芯片。此芯片与微处理器完全兼容，并且价格低廉、接口简单、转换控制容易，在单片机应用系统中得到了广泛的应用。

1．DAC0832 芯片的主要特性

● 分辨率为 8 位。
● 转换时间为 1μs。
● 可单缓冲输入、双缓冲输入或直接数字输入。
● 只能在满量程下调整其线性度。
● 与 TTL 电路兼容。
● 单一电源供电（5～15V）：
● 低功耗（0.2mW）。
● 基准电压的范围为-10~10V。

2．DAC0832 芯片的内部结构

DAC0832 芯片的内部结构如图 8-26 所示。DAC0832 芯片的内部由 8 位输入寄存器、8 位 DAC 寄存器、8 位 DAC 及转换控制电路构成，通过输入寄存器和 DAC 寄存器构成两级锁存电路。

DAC0832 芯片在使用时，数据输入可以采用两级锁存（双锁存）电路、单级锁存（一级锁存方式，一级直通方式）电路或直接输入（两级直通）电路。

在图 8-26 中，3 个与门电路组成寄存器输出控制逻辑电路。该逻辑电路的功能是进行数据锁存控制，当 $\overline{LE1}$ 或 $\overline{LE2}$ 为 0 时，输入数据被锁存；当 $\overline{LE1}$ 或 $\overline{LE2}$ 为 1 时，寄存器的输出数据跟随输入数据变化。

3．DAC0832 芯片的引脚

DAC0832 芯片为 20 引脚双列直插式封装，如图 8-27 所示。

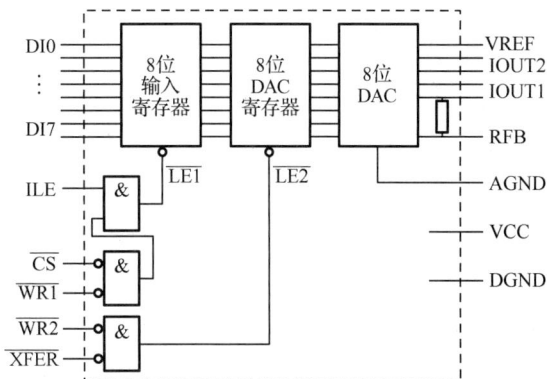

图 8-26　DAC0832 芯片的内部结构

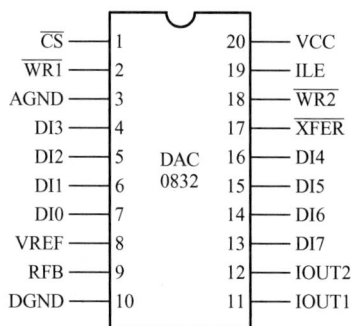

图 8-27　DAC0832 芯片的引脚

DAC0832 的引脚功能如下。

- DI0～DI7：8 位数据输入引脚。
- $\overline{CS}$：片选信号，低电平有效。
- ILE：数据锁存允许信号，高电平有效。输入寄存器的锁存信号 $\overline{LE1}$ 由 ILE，$\overline{CS}$，$\overline{WR1}$ 的逻辑组合产生。当 ILE=1，$\overline{CS}$=0，$\overline{WR1}$ 为负脉冲信号时，$\overline{LE1}$ 产生正脉冲信号。当 $\overline{LE1}$=1 时，输入寄存器的输出数据随输入数据变化，而在 $\overline{LE1}$ 负跳变时将输入数据锁入输入寄存器。
- $\overline{WR1}$：输入寄存器写选通信号，低电平时有效。

当 ILE=1 且 $\overline{WR1}$=0 时，输入寄存器处于直通方式状态；当 ILE=1 且 $\overline{WR1}$=1 时，输入寄存器处于锁存方式状态。

- $\overline{WR2}$：DAC 寄存器写选通信号，低电平时有效。
- $\overline{XFER}$：数据传送信号，低电平时有效。

当 $\overline{WR2}$=0 且 $\overline{XFER}$=0 时，DAC 寄存器处于直通方式状态；当 $\overline{WR2}$=1 或 $\overline{XFER}$=1 时，DAC 寄存器处于锁存方式状态。

- IOUT1，IOUT2：输出电流，IOUT1+ IOUT2=常数。
- RFB：反馈电阻输入引脚。
- VREF：基准电压，其值为-10～10V。
- AGND：模拟信号地。
- DGND：数字信号地，为工作电源地和数字逻辑地。
- VCC：电源输入引脚，电源电压为 5～15V。

8.5.3　DAC0832 芯片与单片机的接口设计

DAC0832 芯片与单片机的接口有 3 种工作方式：直通方式、单缓冲方式、双缓冲方式。

1. 单缓冲方式

单缓冲方式是指在输入寄存器和 DAC 寄存器中，有一个处于直通方式，而另一个处于受控的锁存方式。当然也可使这两个寄存器同时被选通及锁存。若应用系统中只有一路 D/A 转换，或者虽然是多路 D/A 转换，但并不要求同步输出，则可采用单缓冲方式。如图 8-28 所示，ILE 引脚接+5V 电源，片选信号 $\overline{CS}$ 引脚和数据传送信号 $\overline{XFER}$ 引脚都与 P2.7 引脚相连，输入寄存器和 DAC 寄存器地址都可选为 7FFFH。$\overline{WR1}$ 和 $\overline{WR2}$ 引脚都和 8051 单片机的 $\overline{WR}$ 引脚相连。

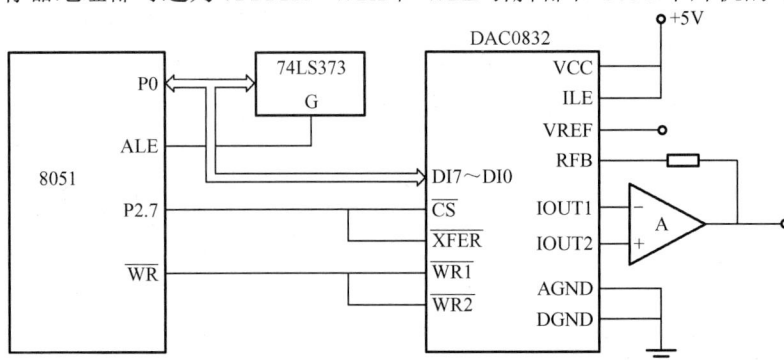

图 8-28　DAC0832 芯片与单片机的单缓冲方式接口电路

执行下面的几条指令就能完成一次 D/A 转换：

```
MOV   DPTR, #7FFFH        ;指向 DAC0832 芯片
MOV   A, #data            ;将数字量输入 A
MOVX  @DPTR, A            ;完成一次 D/A 转换
```

2．双缓冲方式

对于多路 D/A 转换接口，并要求同步进行 D/A 转换时，DAC0832 芯片与单片机的接口电路必须采用多缓冲方式。这时，数字量的输入和 D/A 转换输出是分两步完成的，即 CPU 的数据总线分时地向各路 DAC 输入要转换的数字量并锁存在各自的输入寄存器中，然后 CPU 对所有的 DAC 发出控制信号，将各 DAC 输入寄存器中的数据送入 DAC 寄存器，实现同步转换输出。

双缓冲方式就是把 DAC0832 芯片的两个寄存器都连接成受控锁存方式，如图 8-29 所示。由于两个寄存器分别占据两个地址，因此在程序中要使用两条传送指令才能完成一个数字量的模拟转换。假设输入寄存器地址为 FEFFH，DAC 寄存器地址为 FDFFH，则完成一次 D/A 转换的程序如下：

```
MOV   A, #DATA           ;将数据送入 A
MOV   DPTR, #0FEFFH      ;指向输入寄存器
MOVX  @DPTR, A           ;将数据送入输入寄存器
MOV   DPTR, #0FDFFH      ;指向 DAC 寄存器
MOVX  @DPTR, A           ;将数据送入 DAC 寄存器并进行 D/A 转换
```

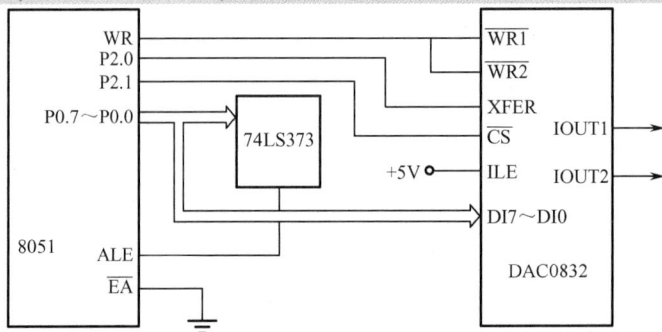

图 8-29　DAC0832 芯片与单片机的双缓冲方式接口电路

8.5.4　DAC0832 芯片的应用

1. 应用电路

DAC0832 芯片的应用电路如图 8-30 所示。在 P2.7 引脚为低电平时，CPU 对 DAC 寄存器执行一次写操作，将输入数字量直接写入 DAC 寄存器，然后经过 D/A 转换后输出相应的模拟量。可将 DAC0832 芯片地址设为 7FFFH（只要 P2.7 引脚为低电平，即可选中该芯片完成 D/A 转换）。

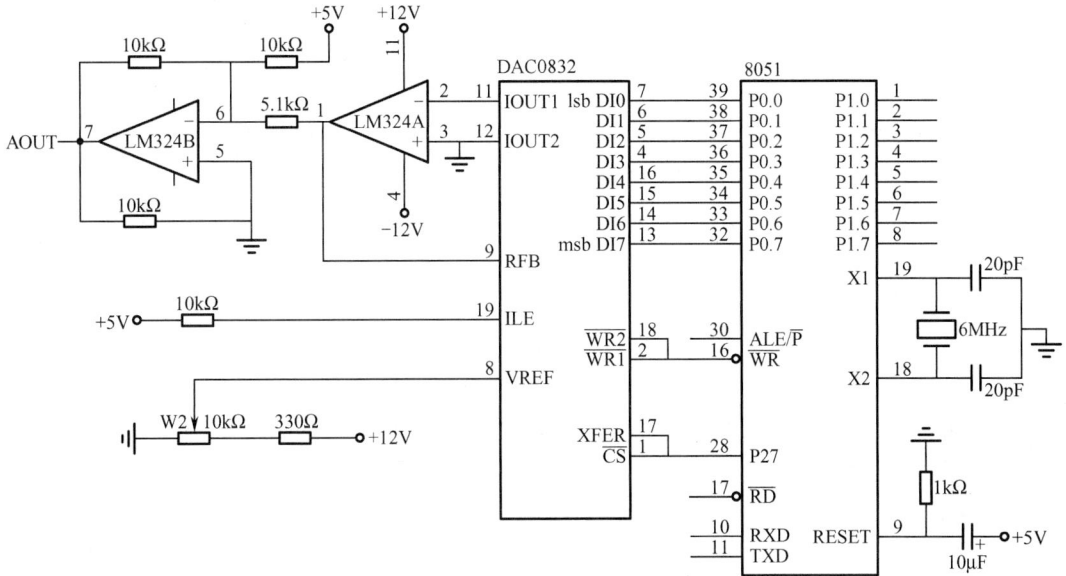

图 8-30　DAC0832 芯片的应用电路

2. 程序设计

利用图 8-30 所示的电路可产生各种输出信号，如锯齿波、三角波、方波、阶梯波等信号。产生锯齿波信号的程序如下：

```
        ORG   0000H
START:  MOV DPTR, #7FFFH      ;将 DAC0832 芯片地址送入 DPTR
        MOV A, #00H           ;设置数字量初始值
. LOOP： MOVX   @DPTR, A       ;送数据并转换
        INC  A
        NOP                   ;延时（延时时间决定锯齿波信号的斜率）
        SJMP  LOOP
        END
```

产生三角波的程序如下：

```
        ORG   0000H
START:  MOV   DPTR, #7FFFH    ;将 DAC0832 芯片地址送入 DPTR
        MOV   A, #00H         ;设置数字量初始值
LOOP1:  MOVX   @DPTR, A       ;送数据并转换
        INC    A
        ORL   A, #00H
        JNZ    LOOP1
```

```
            MOV    A, #0FFH
LOOP2:      MOVX   @DPTR, A
            DEC    A
            ORL    A, #00H
            JNZ    LOOP2
            LJMP   START
            END
```

8.6　单片机与 I²C 总线芯片的接口

在一些设计功能较多的单片机应用系统中，通常要扩展多个外围接口器件。若采用传统的并行扩展方式，将占用较多的系统资源，并且硬件电路复杂、成本高、功耗大、可靠性差。为此，飞利浦公司推出了一种高效、可靠、方便的串行扩展总线——I²C（Inter Integrated Circuit）总线。

8.6.1　I²C 总线的功能和特点

I²C 总线产生于 20 世纪 80 年代，是芯片间的二线式串行总线，实现了完善的全双工同步数据传送，可以极方便地构成多机系统和外围器件扩展系统。I²C 总线用于连接微控制器及其外围设备，主要在服务器管理中使用，其中包括单个组件状态的通信。I²C 总线采用了器件地址的硬件设置方法，通过软件寻址完全避免了器件的片选寻址方法，使硬件系统具有简单而灵活的扩展方法。

采用 I²C 总线可以简化电路结构，增加硬件的灵活性，缩短产品开发周期，降低成本，提高系统的安全性和可靠性。I²C 总线实际上已经成为一个国际标准，其数据传输速率也从原来的 100kbit/s 发展到 3.4Mbit/s。

由于 I²C 总线接口直接在组件之上，占用空间非常小，减少了电路板的空间和芯片引脚的数量，因此广泛用于微控制器与各种功能模块的连接。I²C 总线的长度可高达 25ft（1ft=0.304 8m），并且能够以 10kbit/s 的最大数据传输速率支持 40 个组件。I²C 总线的其他优点是支持多个主控制器，其中任何能够进行接收和发送的设备都可以成为主控制器，每个主控制器能够控制信号的传输和时钟频率。

目前，已有多家公司生产具有 I²C 总线接口的单片机，如飞利浦、摩托罗拉、三星、三菱等公司。具有 I²C 总线接口的单片机在工作时，总线状态由硬件监测，无须用户介入，应用非常方便。对于不具有 I²C 总线接口的单片机，在单片机应用系统中可以通过软件模拟 I²C 总线的工作时序，使用时只要正确调用子程序就可以很方便地扩展 I²C 总线接口器件。

8.6.2　I²C 总线的构成及工作原理

I²C 总线有两条信号线，如图 8-31 所示。其中，SCL 是时钟线，SDA 是数据线，两者构成的串行总线可发送和接收数据。I²C 总线上的各器件都采用漏极开路结构与 I²C 总线相连。因此，SCL 和 SDA 均须连接上拉电阻，I²C 总线在空闲状态下均保持高电平。

在 CPU 与被控器件之间及器件与器件之间进行双向数据传输时，最高数据传输速率达 100kbit/s。各种被控电路均并联在 I²C 总线上，每个被控电路都有唯一的地址。在信息的传输过程中，I^{2}C 总线支持多主和主从两种工作方式，通常为主从工作方式。I^{2}C 总线上并接的每个被控电路既是主控器（或被控器），又是发送器（或接收器），这取决于它所要完成的功能。在主从工作方式中，系统中只有一个主器件（单片机），I^{2}C 总线上的其他器件都是具有 I^{2}C 总线接口的外围从器件。在主从工作方式中，主器件启动数据的发送（发出启动信号），产生时钟信号，并发出停止信号。为了实现通信，每个从器件均有唯一一个器件地址，具体地址由 I^{2}C 总线分配。

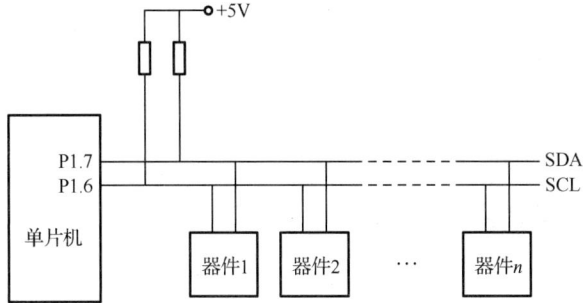

图 8-31　I^{2}C 总线系统结构

CPU 发出的控制信号分为地址码和控制量两部分。地址码用来选址，即接通要控制的电路，确定控制的种类；控制量决定该调整的类别（如对比度、亮度等）及要调整的量。这样，各被控电路虽然挂在 I^{2}C 总线上，却彼此独立，互不相关。

8.6.3　I^{2}C 总线的工作方式

1. 发送启动（开始）信号

在利用 I^{2}C 总线进行一次数据传输时，首先由单片机发出启动信号，启动 I^{2}C 总线。在 SCL 为高电平期间，SDA 出现的下降沿信号就是启动信号。此时，具有 I^{2}C 总线接口的从器件会检测到该信号。

2. 发送寻址信号

单片机发送启动信号后，再发出寻址信号。器件地址有 7 位和 10 位两种，这里只介绍 7 位地址寻址方式。寻址信号由一个字节构成，高 7 位为地址位，最低位为读/写位，用以表明单片机与从器件的数据传输方向。当读/写位为 0 时，单片机对从器件进行写操作；当读/写位为 1 时，单片机对从器件进行读操作。

3. 应答信号

I^{2}C 总线协议规定，每传输一个字节数据（含地址及命令字）后，都要有一个应答信号，以确定数据传输是否正确。应答信号由接收设备产生，在 SCL 为高电平期间，接收设备将 SDA 拉为低电平，表示数据传输正确，产生应答。

4. 数据传输

单片机发送寻址信号并得到从器件应答后，便可进行数据传输，每次传输一个字节，但每次传输都应在得到应答信号后再进行下一个字节的传输。

5. 非应答信号

当单片机为接收设备时，单片机对最后一个字节不应答，以向发送设备表示数据传输结束。

6. 发送停止信号

在全部数据传输完毕后，单片机发送停止信号，即在 SCL 为高电平期间，SDA 产生一个上升沿信号。

在 I²C 总线上进行一次数据传输的通信格式如图 8-32 所示。

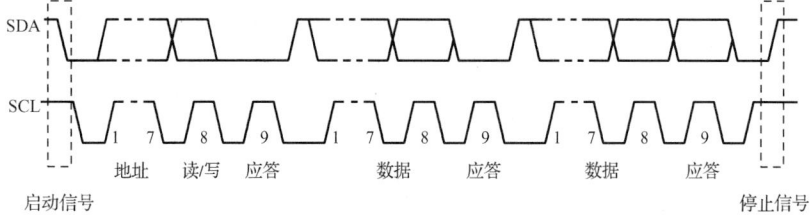

图 8-32　在 I²C 总线上进行一次数据传输的通信格式

8.6.4　具有 I²C 总线接口的 E²PROM

具有 I²C 总线接口的 E²PROM 类型产品很多。AT24C 系列芯片是 Atmel 公司的低功耗 CMOS 串行 E²PROM，主要型号有 AT24C01/02/04/08/16，对应的存储容量分别为 128× 8/256×8/512×8/1024×8/2048×8 位。这类芯片功耗小，工作电压宽（2.5～6.0V），工作电流约为 3mA，静态电流随电源电压而不同（30～110μA），写入速度快，在系统中始终为从器件。采用这类芯片可解决掉电数据保护问题，可对所存数据保存 100 年左右，擦写次数可达 10 万次左右。

对 AT24C 系列芯片的操作主要有字节读/写、页面读/写，而且首先发送开始信号。其中，开始命令后面必须是控制字。

控制字的格式如下：

1	0	1	0	A2	A1	A0	$\overline{\text{W}}$/R

其中，高 4 位为器件类型识别符（不同的芯片类型有不同的定义，E²PROM 一般应为 1010）；接着 3 位作为片选信号，也就是 3 个地址位；最后一位为读/写控制位，为 1 时进行读操作，为 0 时进行写操作。

1. AT24C 系列芯片的写操作

1）字节写

AT24C 系列芯片字节写时序图如图 8-33 所示。在字节写模式下，主器件首先发送开始信号和从器件地址（将 $\overline{\text{W}}$/R 位置 0）给从器件，然后等待从器件送回应答信号。当主器件收到从器件发出的应答信号后，主器件再发送 1 个 8 位字节的器件内单元地址，写入从器件的地址指针，而从器件收到后再向主器件发送一个应答信号。当主器件收到该应答信号后，再发送数据到从器件的相应存储单元。从器件收到后再次发送应答信号，并在主器件产生停止信号后开始写入数据。在写入数据的过程中，从器件不再应答主器件的任何请求。

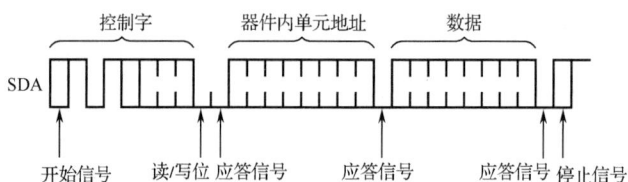

图 8-33　AT24C 系列芯片字节写时序图

2）页面写

AT24C 系列芯片页面写时序图如图 8-34 所示。在页面写模式下，AT24C 系列芯片一次可写入 8 或 16 个字节数据。页面写操作的启动和字节写的一样，不同的是在于传输了一个字节数据后并不产生停止信号，而是继续传输下一个字节。每发送一个字节数据后 AT24C 系列芯片产生一个应答信号，且内部低 3 或 4 位地址加 1，高位保持不变。如果在发送停止信号之前主器件发送数据超过一页面字节，地址计数器将自动翻转，先前写入的数据被覆盖。接收到一页面字节数据和主器件发送的停止信号后，AT24C 系列芯片启动内部写周期将数据写入数据区。接收的数据在一个写周期内写入 AT24C 系列芯片。

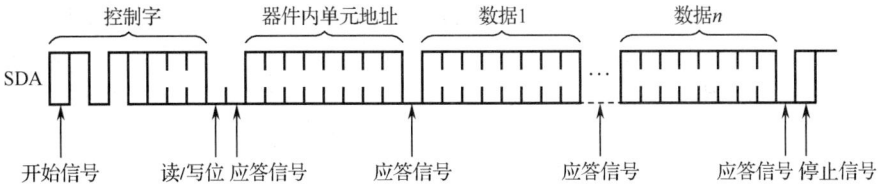

图 8-34 AT24C 系列芯片页面写时序图

3）应答查询

一旦主器件发送停止信号指示主器件操作结束时，AT24C 系列芯片启动内部写周期，应答查询立即被启动，包括发送一个开始信号和进行写操作的从器件地址。如果 AT24C 系列芯片正在进行内部写操作，则从器件不会发送应答信号。如果 AT24C 系列芯片已经完成了内部写操作，从器件将发送一个应答信号，主器件可以继续进行下一次读/写操作。

4）写保护

写保护可使用户避免由于不当操作而造成对存储区域内部数据的改写。当 AT24C 系列芯片的 WP 引脚为高电平时，其整个寄存器区域全部被保护起来，只可被读取数据。AT24C 系列芯片可以接收从器件地址和字节地址，但是在接收到第一个字节数据后不发送应答信号，从而避免其寄存器区域被改写。

2．AT24C 系列芯片的读操作

AT24C 系列芯片的读操作初始化方式与其写操作初始化方式一样，仅把 $\overline{W}/R$ 位置 1。AT24C 系列芯片有 3 种不同的读操作方式：当前地址读、随机地址和顺序地址读。

1）当前地址读

AT24C 系列芯片当前地址读时序图如图 8-35 所示。AT24C 系列芯片的地址计数器内容为最后操作字节的地址加 1。也就是说，如果上次读/写的操作地址为 N，则立即读的地址从地址 $N+1$ 开始。如果读到一页面的最后字节，则地址计数器将被清 0，继续读出页面开始的数据。AT24C 系列芯片接收到从器件地址（将 $\overline{W}/R$ 位置 1）后，首先发送一个应答信号，然后发送一个 8 位字节数据。主器件无须发送一个应答信号，但要产生一个停止信号。

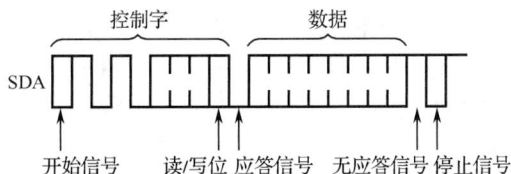

图 8-35 AT24C 系列芯片当前地址读时序图

2）随机地址读

AT24C 系列芯片随机地址读时序图如图 8-36 所示。随机地址读操作允许主器件对从器件的任意字节进行读操作。主器件首先通过发送开始信号、从器件地址（将 $\overline{W}$/R 位置 0）和它想读取的字节数据的地址执行一个写操作。在 AT24C 系列芯片应答之后，主器件重新发送开始信号和从器件地址，此时将 $\overline{W}$/R 位置 1。AT24C 系列芯片响应并发送应答信号，然后输出所要求的一个 8 位字节数据。主器件不发送应答信号，但产生一个停止信号。

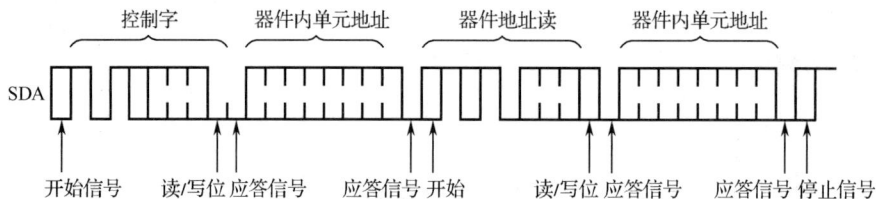

图 8-36　AT24C 系列芯片随机地址读时序图

3）顺序地址读

AT24C 系列芯片顺序地址读时序图如图 8-37 所示。顺序地址读可通过当前地址读或随机地址读启动。在 AT24C 系列芯片发送完一个 8 位字节数据后，主器件产生一个应答信号来响应，告知 AT24C 系列芯片要求更多的数据。对应每个主器件产生的应答信号，AT24C 系列芯片将再发送一个 8 位字节数据。当主器件不发送应答信号而发送停止信号时，结束此操作。

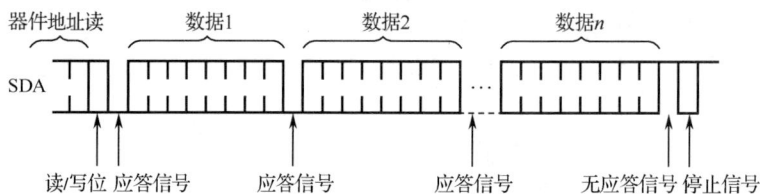

图 8-37　AT24C 系列芯片顺序地址读时序图

3．AT24C 系列芯片与单片机的接口与编程

8051 单片机与 AT24C04 芯片的接口电路如图 8-38 所示。在图 8-38 中，E^{2}PROM 为 AT24C04 芯片。其他 AT24C 系列芯片与单片机的接口电路与图 8-38 所示的电路相似。8051 单片机的 P1.0 与 P1.1 引脚线作为 I^{2}C 总线与 AT24C04 芯片的 SDA 和 SCL 引脚相连。连接时注意 I^{2}C 总线要通过电阻连接电源。P1.2 与 WP 引脚相连。AT24C04 芯片的 A2, A1 和 A0 引脚直接接地。片选信号为 000，AT24C04 芯片的器件地址的高 7 位为 1010000。

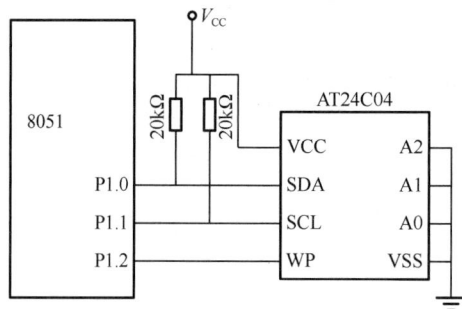

图 8-38　8051 单片机与 AT24C04 芯片的接口电路

下面只给出针对图 8-38 中 AT24C04 芯片的读/写驱动程序。

汇编语言程序：

```
;程序占用内部资源：R0, R1, R2, R3, A, C
;在程序里要做以下定义
;使用前必须定义变量：SLA 为器件地址，SUBA 为器件内单元地址
;NUMBYTE 为读/写的字节数，ACK 为位变量
;使用前必须定义常量：SDA 为数据信号，SCL 为时钟信号
;MTD 为发送数据缓冲区首地址，MRD 为接收数据缓冲区首地址
; (ACK 为调试/测试位，ACK=0 表示无应答信号)
;*******************************************************
SCL   BIT   P1.0                ;I²C 总线定义
SDA   BIT   P1.1
WP    BIT   P1.2                ;定义写保护位
MTD   EQU   30H                 ;发送数据缓冲区首地址（缓冲区 30H~3FH）
MRD   EQU   40H                 ;接收数据缓冲区首地址（缓冲区 40H~4FH）
SLA   EQU   10100000B           ;定义器件地址
SUBA  EQU   10H                 ;定义器件内单元地址
NUMBYTE  EQU  n                 ;读/写的字节数
ACK   BIT   F0
;----------------------------------------------------------------------------------------
;开始信号子程序，启动 I²C 总线子程序
START:      SETB  SDA
            NOP
            SETB  SCL           ;开始信号建立时间大于 4.7μs
            NOP
            NOP
            NOP
            NOP
            NOP
            CLR  SDA
            NOP                 ;开始信号锁定时间大于 4μs
            NOP
            NOP
            NOP
            NOP
            NOP
            CLR  SCL            ;准备发数据
            NOP
            RET
;----------------------------------------------------
;发送停止信号子程序
STOP:       CLR  SDA
            NOP
            SETB  SCL           ;发送停止信号
            NOP                 ;停止信号时间大于 4μs
            NOP
            NOP
```

```
                    NOP
                    NOP
                    SETB   SDA          ;停止信号
                    NOP                 ;保证一个停止信号和开始信号的空闲时间大于 4.7μs
                    NOP
                    NOP
                    NOP
                    RET
;------------------------------------------------------
;发送应答信号子程序
MACK:               CLR    SDA          ;将 SDA 置 0
                    NOP
                    NOP
                    SETB   SCL
                    NOP                 ;保持数据时间，即 SCL 为高电平的时间大于 4.7μs
                    NOP
                    NOP
                    NOP
                    CLR    SCL
                    NOP
                    NOP
                    RET
;------------------------------------------------------
;发送非应答信号子程序
MNACK:              SETB   SDA          ;将 SDA 置 1
                    NOP
                    NOP
                    SETB   SCL
                    NOP
                    NOP                 ;保持数据时间，即 SCL 为高电平的时间大于 4.7μs
                    NOP
                    NOP
                    NOP
                    CLR    SCL
                    NOP
                    NOP
                    RET
;------------------------------------------------------
;检查应答信号子程序
;返回值，ACK=1 表示有应答信号
CACK:               SETB   SDA
                    NOP
                    NOP
                    SETB   SCL
                    CLR    ACK
                    NOP
```

```
                NOP
                MOV    C, SDA
                JC     CEND
                SETB   ACK              ;判断应答信号
CEND:           NOP
                CLR    SCL
                NOP
                RET
;-------------------------------------------------------
;发送字节子程序
;字节数据放入 A 中
;每发送一个字节要调用一次 CACK 子程序，取应答信号
WRBYTE:         MOV    R0, #08H
WLP:            RLC    A                ;取数据
                JC     WR1
                SJMP   WR0              ;判断数据
WLP1:           DJNZ   R0, WLP
                NOP
                RET
WR1:            SETB   SDA              ;发送 1
                NOP
                SETB   SCL
                NOP
                NOP
                NOP
                NOP
                NOP
                CLR    SCL
                SJMP   WLP1
WR0:            CLR    SDA              ;发送 0
                NOP
                SETB   SCL
                NOP
                NOP
                NOP
                NOP
                NOP
                CLR    SCL
                SJMP   WLP1
;-------------------------------------------------------
;读取字节子程序
;读出的值在 A 中
;每取一个字节要发送一个应答/非应答信号
RDBYTE:         MOV    R0, #08H
RLP:            SETB   SDA
                NOP
                SETB   SCL              ;时钟信号为高电平，接收数据
```

```
                NOP
                NOP
                MOV   C, SDA              ;读取数据
                MOV   A, R2
                CLR   SCL                ;使 SCL 为低电平，时间大于 4.7μs
                RLC   A                  ;进行数据的处理
                MOV   R2, A
                NOP
                NOP
                NOP
                DJNZ  R0, RLP            ;不足 8 位，再循环一次
                RET
;在器件当前地址写字节数据
;入口参数：数据为 A，器件地址为 SLA
;占用：  A, R0, C
IWRBYTE: PUSH    ACC
IWBLOOP: LCALL   START                   ;启动总线
                MOV   A, SLA
                LCALL  WRBYTE            ;发送器件地址
                LCALL  CACK
                JNB    ACK, RETWRB       ;无应答信号则跳转
                POP    ACC               ;写入数据
                LCALL  WRBYTE
                LCALL  CACK
                LCALL  STOP
                RET
RETWRB: POP      AC C
                LCALL  STOP
                RET
;----------------------------------------------
;在器件当前地址读字节数据
;入口参数：器件地址为 SLA
;出口参数：数据为 A
;占用：A, R0, R2, C
IRDBYTE:  LCALL   START
                MOV   A, SLA            ;发送器件地址
                INC    A
                LCALL  WRBYTE
                LCALL  CACK
                JNB    ACK, RETRDB
                LCALL  RDBYTE            ;进行读字节操作
                LCALL  MNACK            ;发送非应答信号
RETRDB:  LCALL   STOP                   ;停止信号
                RET
;----------------------------------------------
;向器件内单元地址写 N 个数据
;入口参数：器件地址为 SLA，器件内单元地址为 SUBA，发送数据缓冲区首地址为 MTD，发送字节
```

数为 NUMBYTE
```
    ;占用：    A, R0, R1, R3, C
    IWRNBYTE:    MOV    A, NUMBYTE
            MOV    R3, A
            LCALL  START            ;启动总线
            MOV    A, S LA
            LCALL  WRBYTE           ;发送器件地址
            LCALL  CACK
            JNB    ACK, RETWRN      ;无应答信号则退出
            MOV    A, SUBA          ;器件内单元地址
            LCALL  WRBYTE
            LCALL  CACK
            MOV    R1, #MTD
    WRDA:   MOV    A, @R1
            LCALL  WRBYTE           ;开始写入数据
            LCALL  CACK
            JNB    ACK, IWRNBYTE
            INC    R1
            DJNZ   R3, WRDA         ;判断写完没有
    RETWRN: LCALL  STOP
            RET
    ;--------------------------------------------------------
    ;从器件内单元地址读取 N 个数据
    ;入口参数：    器件地址为 SLA，器件内单元地址为 SUBA，接收字节数为 NUMBYTE
    ;出口参数：    接收数据缓冲区 MTD
    ;占用：    A, R0, R1, R2, R3, C
    IRDNBYTE:    MOV    R3, NUMBYTE
            LCALL  START
            MOV    A, SLA
            LCALL  WRBYTE           ;发送器件地址
            LCALL  CACK
            JNB    ACK, RETRDN
            MOV    A, SUBA          ;器件内单元地址
            LCALL  WRBYTE
            LCALL  CACK
            LCALL  START            ;重新启动总线
            MOV    A, SLA
            INC    A                ;准备进行读操作
            LCALL  WRBYTE
            LCALL  CACK
            JNB    ACK, IRDNBYTE
            MOV    R1, #MRD
    RDN1:   LCALL  RDBYTE           ;读操作开始
            MOV    @R1, A
            DJNZ   R3, SACK
            LCALL  MNACK            ;最后一字节发非应答信号
    RETRDN: LCALL  STOP             ;停止信号
```

```
            RET
SACK:       LCALL   MACK
            INC     R1
            SJMP    RDN1
```

C 语言编程：

```
#include   <reg51.h>
# include   <intrins.h>
#define   uchar   unsigned char
#define   uint   unsigned int
#define   _Nop()   _nop_() //定义指令
sbit   SDA=P1^0;                      //定义数据信号
sbit   SCL=P1^1;                      //定义时钟信号
sbit   WP=P1^2;                       //定义写保护信号
bit   ack;                            //定义应答信号
/***************************************************************
    开始信号函数
    原函数   void   Start_i2c();
    启动 I²C 总线，即发送开始信号
/***************************************************************
void   Start_I2c()
{
   SDA=1;                             //发送开始信号
   _Nop();
   SCL=1;
   _Nop();_Nop();Nop(); Nop();_Nop();  //开始信号建立时间大于 4.7μs，延时
   SDA=0;                             //发送开始信号
   _Nop();_Nop();Nop(); Nop();_Nop();  //开始信号锁定时间大于 4μs
SCL=0;                                //准备发送或接收数据
   _Nop();_Nop();
}
/***************************************************************/
    停止信号函数
    原函数   void   Stop_i2C();
结束 I²C 总线，即发送停止信号
    ***************************************************************/
Void   Stop_I2c()
{
   SDA=0;                             //发送停止信号
     _Nop();
SCL=1;                                //发送停止信号
_Nop(); _Nop();_Nop(); _Nop(); _Nop(); //停止信号建立时间大于 4μs
   SDA=1;                             //发送停止信号
_Nop(); _Nop(); _Nop();_Nop();
}
/***************************************************************
    写一个字节函数
```

```
原函数　void　SendByte(uchar i);
送出 8 位数据，返回应答信号 ACK，若正常，ACK=1，否则 ACK=0
*******************************************************************/
void　SendByte(uchar　c)
{
  uchar　BitCnt;
  for(BitCnt=0；BitCnt<8；BitCnt++)           //循环传送 8 位数据
    {
     if((c<<BitCnt)&0x80)SDA=1;               //取当前发送位数据
       else　SDA=0;
     _Nop();
     SCL=1;                                   //发送到数据线上
       _Nop()；_Nop()；_Nop()；_Nop()；_Nop();
     SCL=0;
    }
    _Nop();_Nop();
    SDA=1;                                    //8 位数据发送完，准备接收应答信号
    _Nop()；_Nop(); SCL=1；_Nop()；_Nop()；_Nop();
    if(SDA==1)ack=0;
      else　ack=1;                            //若接收到应答信号，ACK=1，否则 ACK=0
    SCL=0,
    _Nop()；_Nop();
  }
/*******************************************************************
  接收一个字节函数
  原函数　void　RcvByte();
  返回接收的 8 位数据
*******************************************************************/
uchar　RcvByte()
{
  uchar　retc;
  uchar　BitCnt;
  retc=0;
  SDA=1;                                      //置数据线为输入方式
  for(BitCnt=0；BitCnt<8；BitCnt++)
    {
     _Nop();
     SCL=0;                                   //置时钟信号为低电平，准备接收数据
     _Nop()；_Nop(); Nop(); Nop(); Nop();
     SCL=1;                                   //置时钟信号为高电平，数据线上数据有效
     _Nop()；_Nop();
     retc=retc<<1;
     if(SDA==1)retc=retc+1;                   //接收当前位数据，并放入 retc 中
     _Nop()；_Nop();
    }
  SCL=0;
  _Nop();
```

```
    _Nop();
    return(retc);                                   //返回接收的 8 位数据
}
/*******************************************************************
    应答函数
    原函数   void  Ack_I2c(bit a);
    若 a 为 1，发应答信号，若为 0，发非应答信号
********************************************************************/
void  Ack_I2c(bit  a)
{
    if(a= =0)SDA=0;                                 //发应答信号
        else  SDA=1;
    _Nop();  _Nop();  _Nop();
    SCL=1;
    _Nop();  _Nop();  _Nop();  _Nop();  _Nop();
    SCL=0;
    _Nop();  _Nop();
}
/*******************************************************************
    向器件当前地址写一个字节函数
    原函数  bit  ISendByte(uchar  sla, ucahr  c);入口参数器件地址码和传送的数据
    返回一位，若为 1，表示成功，否则有误，使用后必须结束 I²C 总线
********************************************************************/
bit ISendByte(uchar sla, uchar  c)
{
    Start_I2c();                                    //发送开始信号
    SendByte(sla);                                  //将器件地址写到 I²C 总线上
        if(ack==0)return(0);
    SendByte(c);                                    //如果接收应答信号，则发送一个字节数据
        if(ack==0)return(0);                        //若发送有误，则返回 0
    Stop_I2c();                                     //若正常结束，发送停止信号，返回 1
    return(1);
}
/*******************************************************************
    向器件内单元地址按页面写函数
    原函数  bit  ISenclStr(uchar sla, uchar suba, ucahr *s, uchar no);
    入口参数有 4 个：器件地址、器件内单元地址、写入的数据串、写入的字节个数
    若写入成功，返回 1，否则返回 0，使用后必须结束 I²C 总线
********************************************************************/
bit  ISendStr(uchar  sla, uchar  suba, uchar  *s, uchar  no)
{
    uchar  I;
    Start_I2c();                                    //发送开始信号，启动 I²C 总线
    SendByte(sla);                                  //发送器件地址
        if(ack==0)return(0);                        //若无应答信号，返回 0
    SendByte(suba);                                 //若有应答信号，发送器件内单元地址
        if(ack==0)return(0);                        //若无应答信号，返回 0
```

```
    for(i=0; i<no; i++)                     //连续发送数据字节
      {
      SendByte(*s);                         //发送数据字节
        if(ack==0)return(0);                //若无应答信号，返回 0
      s++;
      }
    Stop_I2c();                             //若正常结束，发送停止信号，返回 1
    return(1);
}
/***************************************************************
    读器件当前地址单元数据函数
    原函数　bit IRcvByte(ucha sla,ucahr *c);
    入口参数有两个：器件地址、读入接收字节的地址，若读成功，返回 1，否则返回 0
***************************************************************/
bit IRcvByte(uchar sla, ucha *c)
{
    Start_I2c();                            //发送开始信号，启动 I²C 总线
    SendByte(sla);                          //发送器件地址
      if(ack==0)return(0);                  //若无应答信号，返回 0
    *c=RcvByte();                           //读入接收字节的地址
      Ack_I2c(1);                           //送非应答信号
    Stop_I2c();                             //若正常结束，发送停止信号，返回 1
    return(1);
}
/***************************************************************
    从器件内单元地址读多个字节
    原函数　bit　ISendStr(uchar sla, uchar suba, ucahr *s, uchar no);
    入口参数有 4 个：器件地址、器件内单元地址、写入的数据串、写入的字节个数
    若写入成功，返回 1，否则返回 0，使用后必须结束 I²C 总线
***************************************************************/
bit IRcvStr(uchar  sla, uchar  suba, uchar  *s, uchar  no)
{
    uchar  I;
    Start_I2c();                            //发送开始信号，启动 I²C 总线
    SendByte(sla);                          //发送器件地址
      if(ack==0)return(0);                  //若无应答信号，返回 0
    SendByte(suba);                         //若有应答信号，发送器件内单元地址
      if(ack==0)return(0);                  //若无应答信号，返回 0
    Start_I2c();                            //若有应答信号，重新发送开始信号，启动 I²C 总线
    SendByte(sla);                          //发送器件地址
      if(ack==0)return(0);                  //若无应答信号，返回 0
    for(i=0; i<no-1, i++)                   //连续读入字节数据
      {
*s=RcvByte();                               //读当前字节的地址
      Ack_I2c(0);                           //发送应答信号
      s++;
      }
```

```
    *s=RcvByte();
     Ack_I2c(1);                              //发送非应答信号
     Stop_I2c();                              //若正常结束，发送停止信号，返回1
     return(1);
    }
```

8.7　单片机与 DS18B20 芯片的接口

由 DALLAS 半导体公司生产的 DS18B20 芯片是一种单总线智能温度传感器，属于新一代适配微处理器的智能温度传感器，可广泛用于工业、民用、军事等领域的温度测量及控制仪器、测控系统和大型设备中。它具有体积小、接口方便、传输距离远等特点。

8.7.1　DS18B20 芯片的特点

（1）DS18B20 芯片采用单总线专用技术。在 DS18B20 芯片与微处理器连接时仅需要一条接口线即可实现微处理器与 DS18B20 的双向通信。

（2）DS18B20 芯片可编程的分辨率为 9～12 位。当 DS18B20 芯片将温度转换为 12 位数字格式时，最大转换时间为 750ms。

（3）DS18B20 芯片测温范围为-55～125℃，精度为±0.5℃。

（4）DS18B20 芯片内含 64 位经过激光修正的只读存储器 ROM。

（5）DS18B20 芯片适用于各种单片机或系统机。

（6）DS18B20 芯片支持多点组网功能。多个 DS18B20 芯片可以并联在唯一的总线上，实现多点测温，而且用户可分别设定各路温度的上、下限。

（7）DS18B20 芯片可工作于寄生电源模式。DS18B20 芯片工作电源电压为直流 3～5V。DS18B20 芯片在使用中不需要任何外围器件。

（8）DS18B20 芯片适用于各种介质工业管道和狭小空间设备测温。

（9）在 DS18B20 芯片与其他电器设备连接时，可以使用 PVC 电缆直接连接或使用德式球形接线盒连接。

8.7.2　DS18B20 芯片封装形式及引脚功能

DS18B20 芯片有 3 种封装形式：3 引脚的 TO-92 封装形式、6 引脚的 TSOC 封装形式、8 引脚的 SOIC 封装形式，如图 8-39 所示。

DS18B20 芯片的各引脚功能如下。

（1）GND：接电源地。

（2）DQ：数字信号输入/输出引脚。

（3）VDD：外接供电电源。当采用寄生电源方式时，该引脚接地。

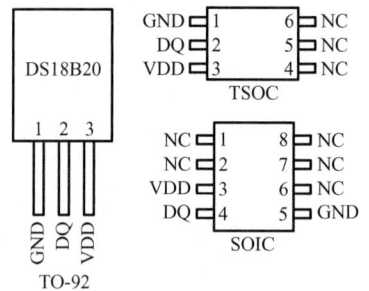

图 8-39　DS18B20 芯片封装形式

8.7.3　DS18B20 芯片的内部结构

DS18B20 芯片的内部结构如图 8-40 所示。DS18B20 芯片的内部主要由 64 位 ROM、温度传感器、非易失性的温度报警触发器（高/低温触发器）、高速缓存器等组成。

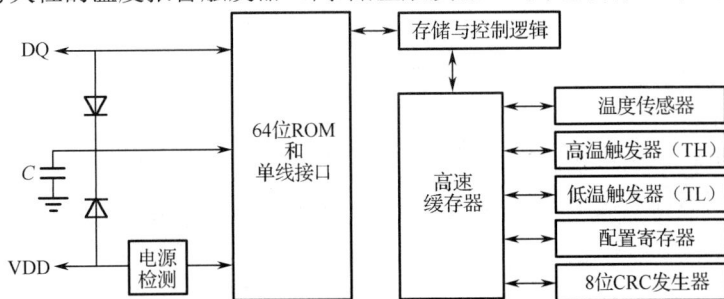

图 8-40 DS18B20 芯片的内部结构

下面对 DS18B20 芯片内部相关部分进行简单的描述。

1. 64 位 ROM

64 位 ROM 存放由厂家使用激光刻录的一个 64 位二进制数。这个二进制数是 DS18B20 芯片的标识号，如图 8-41 所示。

8位CRC循环冗余检验	48位序列号	8位产品分类编号（10H）
MSB　　　　LSB	MSB　　　　LSB	MSB　　　　LSB

图 8-41 DS18B20 芯片的标识号

DS18B20 芯片的标识号的低 8 位表示产品分类编号，DS18B20 芯片的产品分类编号为 10H；接着为 48 位序列号，它是一个大于 $281×10^{12}$ 的编码，作为该芯片的唯一标识代码；最后 8 位为前述 56 位的 CRC 循环冗余校验码。由于每个 DS18B20 芯片的标识号不同，因此在单总线上能够挂多个 DS18B20 芯片进行多点温度实时检测。

2. 温度传感器

温度传感器是 DS18B20 芯片的核心部分，可完成对温度的测量。通过软件编程可将-55～125℃范围内的温度值按 9 位、10 位、11 位、12 位的分辨率进行量化。以上的分辨率都包括一个符号位，对应的温度量化值分别是 0.5℃，0.25℃，0.125℃，0.0625℃，即最高分辨率为 0.0625℃。DS18B20 芯片出厂时默认为 12 位的转换精度。当 DS18B20 芯片接收到温度转换命令（44H）后，开始对温度值进行转换，转换完成后的温度值以 16 位带符号扩展的二进制补码形式表示，存储在高速缓存器的第 0 字节和第 1 字节中，二进制数的低 5 位是符号位。如果测得的温度值大于 0，这 5 位符号位为 0，只要将测到的数值乘上 0.0625 即可得到实际温度；如果测得的温度值小于 0，这 5 位符号位为 1，只要将测到的数值取反加 1 再乘上 0.0625 即可得到实际温度。

例如，125℃对应的二进制数为 07D0H，25.0625℃对应的二进制数为 0191H，-25.0625℃对应的二进制数为 FF6FH，-55℃对应的二进制数为 FC90H。

3. 高速缓存器

DS18B20 芯片内部的高速缓存器包括一个高速暂存器 RAM 和一个非易失性可电擦除 E^2PROM。非易失性可电擦除 E^2PROM 用来存放高温触发器（TH）、低温触发器（TL）和配置寄存器中的信息。

高速暂存器 RAM 是一个连续 8 字节的存储器。其中，前两个字节是测得的温度信息，

第一个字节是温度的低 8 位，第二个字节是温度的高 8 位；第三个字节和第四个字节是 TH
和 TL 中的复制信息；第五个字节是配置寄存器中的复制信息；第六～八个字节为保留字。
第一～五个字节的内容在每一次上电复位时被刷新。

4. 配置寄存器

配置寄存器的内容用于确定温度值的数字转换分辨率。DS18B20 芯片工作时按此寄存器
的分辨率将温度值转换为相应精度的数值。它是高速缓存器的第五个字节，该字节定义如下：

TM	R0	R1	1	1	1	1	1

TM 是测试模式位，用于设置 DS18B20 芯片是在工作模式还是在测试模式。在 DS18B20
芯片出厂时，TM 被设置为 0，用户不要去改动 TM。R1 和 R0 用来设置分辨率。其余 5 位均
固定为 1。DS18B20 芯片分辨率的设定如表 8-7 所示。

表 8-7 DS18B20 分辨率的设定

R1	R0	分辨率	最大转换时间/ms
0	0	9 位	93.75
0	1	10 位	187.5
1	0	11 位	375
1	1	12 位	750

8.7.4 DS18B20 芯片的测温原理

DS18B20 芯片的测温原理如图 8-42 所示。低/高温度系数振荡器用于产生减法计数脉冲信
号。低温度系数振荡器的振荡频率受温度的影响很小，将其产生的固定频率的脉冲信号送给
减法计数器 1。高温度系数振荡器的振荡频率受温度的影响较大，随着温度的变化，其振荡
频率明显改变，将其产生的脉冲信号送给减法计数器 2。减法计数器 1 和减法计数器 2 对脉
冲信号进行减法计数。温度寄存器用于暂存温度值。

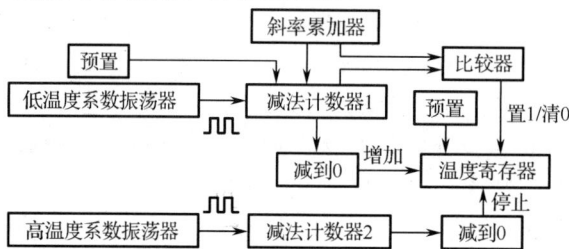

图 8-42 DS18B20 芯片的测温原理

在图 8-42 中，还隐含着计数门。当打开计数门时，DS18B20 芯片就对低温度系数振荡器
产生的脉冲信号进行计数，从而完成温度测量。计数门的开启时间由高温度系数振荡器决定。
每次测量前，将-55℃所对应的二进制数分别置入减法计数器 1 和温度寄存器中。

减法计数器 1 对低温度系数振荡器产生的脉冲信号进行减法计数。当减法计数器 1 的预
置值减到 0 时，温度寄存器的值将加 1。之后，减法计数器 1 的预置值将重新被装入，重新
开始对低温度系数振荡器产生的脉冲信号进行计数，如此循环，直到减法计数器 2 计数到 0
时，停止温度寄存器值的累加，此时温度寄存器中的数值即为所测温度值。斜率累加器不断

补偿和修正测温过程中的非线性偏差值，只要计数门仍未被关闭就重复上述过程，直至温度寄存器值达到被测温度值。

　　DS18B20 芯片是单总线芯片。在系统中，若有多个 DS18B20 芯片时，每个 DS18B20 芯片的信息交换是分时完成的，均有严格的读/写时序要求。CPU 对 DS18B20 芯片的访问流程：先对 DS18B20 芯片初始化，再执行 ROM 指令，最后才能对存储器操作，以完成数据操作。DS18B20 芯片每一步操作都要遵循严格的工作时序和通信协议。例如，对于主机控制DS18B20 芯片完成温度的数值转换这一过程，根据 DS18B20 芯片的通信协议，必须经 3 个步骤：每次读/写之前都要对 DS18B20 芯片进行复位，复位成功后发送一条 ROM 指令，最后发送 RAM 指令，这样才能对 DS18B20 芯片进行预定的操作。

8.7.5　DS18B20 芯片的 ROM 指令

　　DS18B20 有多个 ROM 指令，下面对其进行简单介绍。

　　（1）read ROM（读 ROM）：指令代码为 33H。执行该指令可使主设备读出 DS18B20 芯片的标识号。该指令只适用于总线上仅存在单个 DS18B20 芯片的情况。

　　（2）match ROM（匹配 ROM）：指令代码为 55H。若总线上有多个从设备时，执行该指令可选中某个指定的 DS18B20 芯片，即只有和标识号完全匹配的 DS18B20 芯片才能响应操作。

　　（3）skip ROM（跳过 ROM）：指令代码为 CCH。在启动所有 DS18B20 芯片或系统只有一个 DS18B20 芯片时，执行该指令可使主设备不提供标识号就使用存储器操作指令。

　　（4）search ROM（搜索 ROM）：指令代码为 F0H。当系统初次启动时，主设备可能不知总线上有多少个从设备或其标识号，而执行该指令可确定系统中的从设备个数及其标识号。

　　（5）alarm ROM（报警搜索 ROM）：指令代码为 ECH。该指令用于鉴别和定位系统中超出程序设定的报警温度值。

　　（6）write scratchpad（写暂存器）：指令代码为 4EH。执行该指令可使主设备向 DS18B20 芯片的暂存器写入两个字节的数据。其中，第一个字节写入 TH 中，第二个字节写入 TL 中。可以在任何时刻发出复位命令中止数据的写入。

　　（7）read scratchpad（读暂存器）：指令代码为 BEH。执行该指令可使主设备读取暂存器中的内容，从第一个字节开始读直到读完第九个字节。可以在任何时刻发出复位命令中止数据的读操作。

　　（8）copy scratchpad（复制暂存器）：指令代码为 48H。执行该指令可将 TH 和 TL 中的字节复制到非易失性 E^2PROM 中。若主设备在该指令之后又发出读操作，而 DS18B20 芯片又忙于将暂存器的内容复制到 E^2PROM 中，则 DS18B20 芯片就会输出一个 0；若复制结束，则 DS18B20 芯片输出一个 1。如果使用寄生电源，则主设备发出该指令之后，立即发出至少保持 10ms 以上的时间延时信号。

　　（9）convert T（温度转换）：指令代码为 44H。若主设备在该指令之后又发出其他操作，而 DS18B20 芯片又忙于温度的数值转换，DS18B20 芯片就会输出一个 0；若温度的数值转换结束，则 DS18B20 芯片输出一个 1。如果使用寄生电源，则主设备发出该指令之后，立即发出至少保持 500ms 以上的时间延时信号。

　　（10）recall E^2（复制到暂存器）：指令代码 B8H。执行该指令可将 TH 和 TL 中的信息从 E^2PROM 中复制到暂存器中。该指令是在 DS18B20 芯片上电时自动执行的。若执行该指令后又发出读操作，DS18B20 芯片会输出温度转换忙标志（0 为忙，1 为完成）。

（11）read power supply（读电源使用模式）：指令代码 B4H。执行该指令可使 DS18B20 芯片返回它的电源使用模式（0 为寄生电源，1 为外部电源）。

8.7.6　DS18B20 芯片的工作时序

DS18B20 芯片的单总线工作协议流程：初始化→执行 ROM 指令→执行存储器操作指令→数据传输。DS18B20 芯片的工作时序包括初始化时序、写时序和读时序，如图 8-43 所示。

1．DS18B20 芯片的初始化

（1）先使数据线为高电平（1）。

（2）延时（该时间要求得不是很严格，要尽可能短一点）。

（3）将数据线拉到低电平（0）。

（4）延时 750μs（该时间的时间范围是 480～960μs）。

（5）数据线拉到高电平。

（6）延时等待（如果初始化成功，则在延时等待的时间之后产生一个由 DS18B20 芯片发出的低电平脉冲信号。根据这个低电平脉冲信号就可以确定 DS18B20 存在，但是应注意延时等待的时间不能无限期，不然会使程序进入死循环，所以要进行超时控制。）

（7）若 CPU 读到了数据线上的低电平信号后，还要进行延时，其延时的时间从发出的高电平信号算起最少要 480μs。

（8）将数据线再次拉高到高电平（1）后结束。

2．DS18B20 芯片的写操作

（1）先使数据线为低电平。

（2）延时时间为 15μs。

（3）按从低位到高位的顺序发送字节（一次只发送一位）。

（4）延时时间为 45μs。

（5）将数据线拉到高电平。

（6）重复以上操作直到所有的字节全部发送完为止。

（7）最后将数据线拉到高电平。

3．DS18B20 芯片的读操作

（1）将数据线拉到高电平。

（2）延时时间为 2μs。

（3）将数据线拉到低电平。

（4）延时时间为 15μs。

（5）将数据线拉到高电平。

（6）延时时间为 15μs。

（7）读数据线的状态，得到一个状态位，并进行数据处理。

（8）延时时间为 30μs。

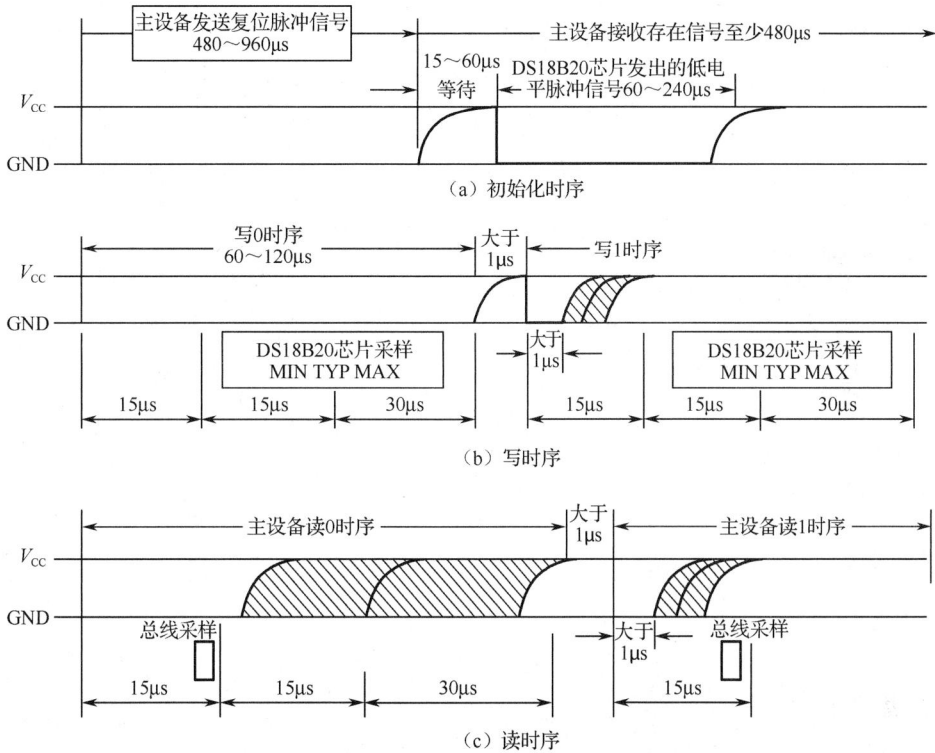

（a）初始化时序

（b）写时序

（c）读时序

MIN—最小时间；TYP—典型时间；MAX—最大时间

图 8-43　DS18B20 芯片的工作时序

8.7.7　DS18B20 芯片与单片机的典型接口设计

　　DS18B20 芯片可以采用外部电源供电和寄生电源供电两种模式。外部电源供电模式是将 DS18B20 芯片的 GND 引脚直接接地，DQ 引脚与单总线相连并作为信号线，VDD 引脚与外部电源正极相连，如图 8-44（a）所示。

　　寄生电源供电模式如图 8-44（b）所示，DS18B20 芯片的 GND 和 VDD 引脚均直接接地，DQ 引脚与单总线连接，单片机 P1.6 引脚与 DS18B20 芯片的 DQ 引脚相连。为保证为 DS18B20 芯片提供充足的电流，将一个场效应晶体管和单片机 P1.7 引脚连接来完成对总线的电位上拉。当 DS18B20 芯片处于写存储器操作和温度转换操作时，必须对总线进行电位上拉。电位上拉开启时间最大为 10μs。

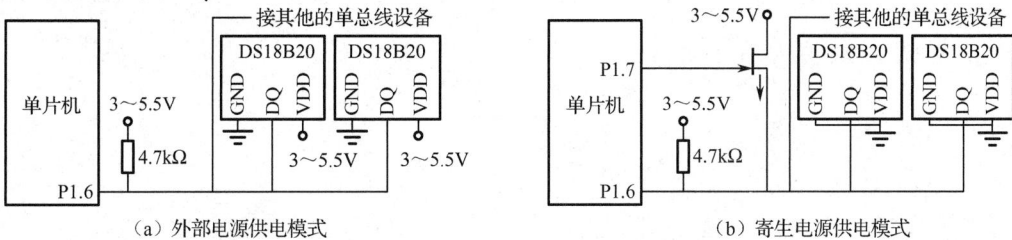

（a）外部电源供电模式　　　　　　　　　（b）寄生电源供电模式

图 8-44　DS18B20 芯片与单片机的连接

　　下面给出了部分参考子程序（单片机的工作频率为 12MHz）。

1．对 DS18B20 芯片进行初始化子程序

基于单总线上的所有传输过程都始于初始化过程。初始化过程由单片机发出的复位脉冲信号和 DS18B20 芯片响应的应答脉冲信号组成。应答脉冲信号使单片机知道，总线上有单总线设备且准备就绪。系统中的 CPU 采用 12MHz 晶振。

```
;RESET  DS18B20
RESET: SETB   P1.6
       NOP
       NOP
       CLR    P1.6
       MOV    R7, #01H
DELA1: MOV    R6, #0A0H        ;延时 480μs
       DJNZ   R6, $
       DJNZ   R7, DELA1
       SETB   P1.6             ;释放总线
       MOV    R7, #35          ;延时 70μs
       DJNZ   R7, $
       CLR    C
       MOV    C, P1.6          ;数据线是否变为低电平
       JC     C, RESET         ;不是，未准备好，重新初始化
       MOV    R7, #80
LOOP1: MOV    C, P1.6
       JC     EXIT             ;数据线变为高电平，初始化成功
       DJNZ   R7, LOOP1        ;数据线为低电平的持续时间为 3×80μs=240μs
       SJMP   RESET            ;初始化失败，继续初始化
EXIT:  MOV    R6, #240         ;初始化成功，给出应答时间为 2×240μs=480μs
       DJNZ   R6, $
       RET
```

在对 DS18B20 芯片进行 ROM 或功能命令字的写入及对其进行读操作时，都要求按照严格的单总线通信协议（时序），以保证数据的完整性。其中，有写 0、写 1、读 0 和读 1 操作。在这些时序中，都由单片机发出同步信号，并且所有的命令字和数据在传输的过程中都是字节的 LSB（Least Significant Bit）在前，而基于其他总线协议的串行通信格式（如 SPI、IIC 等）通常是字节的 MSB（Most Significant Bit）在前。

2．从 DS18B20 芯片中读出一个字节的子程序

```
; READ  DS18B20
READ:  MOV    R7, #08          ;读完一个字节要进行 8 次
       SETB   P1.6
       NOP
       NOP
READ1: CLR    P1.6             ;低电平信号要持续一定的时间
       NOP
       NOP
       NOP
       SETB   P1.6             ;将接口线设为输入模式
```

```
        MOV    R6, #07H           ;等待 15μs
        DJNZ   R6, $
        MOV    C, P1.6            ;主设备按位依次读 DS18B20 芯片
        MOV    R6, #60            ;延时 120μs
        DJNZ   R6, $
        RRC    A                  ;读取的数据移入 A 中
        SETB   P1.6
        DJNZ   R7, READ1          ;保证读完一个字节
        MOV    R6, #60
        DJNZ   R6, $
        RET
```

3．向 DS18B20 芯片写入一个字节的子程序

```
;WRITE   DS18B20
WRITE:  MOV    R7, #08H           ;写一个字节要循环 8 次
WRITE1: SETB   P1.6
        MOV    R6, #08
        RRC    A                  ;写入位从 A 中移入 C 中
        CLR    P1.6
        DJNZ   R6, $              ;延时 16μs
        MOV    P1.6, C            ;按位写入 DS18B20 芯片中
        MOV    R6, #30            ;保证写入持续时间
        DJNZ   R6, $
        DJNZ   R7, WRITE1         ;保证全部写完一个字节
        SETB   P1.6
        RET
```

4．DS18B20 芯片的温度转换子程序

DS18B20 芯片完成温度转换必须经过初始化、ROM 操作和存储器操作 3 个步骤。

```
;CONVERSION    DS18B20
CONV:   LCALL   RESET            ;复位
        MOV     A, #0CCH         ;跳过 ROM
        LCALL   WRITE
        MOV     A, #44H          ;开始转换
        LCALL   WRITE
        MOV     R6, #60          ;延时
        DJNZ    R6, $
        RET
```

5．读转换温度值子程序

若系统中只使用了一个 DS18B20 芯片且 DS18B20 芯片外接电源，使用默认的 12 位转换精度。

```
;READ        TMEPERATURE DS18B20
READTEM:    LCALL RESET          ;复位
            MOV    A, #OCCH      ;跳过 ROM
            LCALL  WRITE
            MOV    A, #0BEH      ;读存储器
```

```
        LCALL   WRITE
        LCALL   READ            ;读出温度的低位字节，存入 30H
        MOV     30H, A
        LCALL   READ            ;读出温度的高位字节，存入 31H
        MOV     31H,A
        RET
```

如果总线上挂接多个 DS18B20 芯片，采用寄生电源供电方式，进行转换精度配置及高/低温报警，则还要编写相关的子程序，如 CRC 校验子程序等。必须对 30H 和 31H 单元中的内容进行温度转换运算才能得到实际的温度值。

习　　题

1. 键盘按结构形式分为哪两种？
2. 对键盘操作时，如何去除抖动信号？
3. 共阴极和共阳极 LED 有何区别？LED 有哪两种显示方式？
4. 试用 DAC0832 芯片，编程产生 1 个周期为 100ms 方波输出信号。
5. I^2C 总线器件地址与器件内单元地址的含义是什么？
6. 在一对 I^2C 总线上可否挂接多个 I^2C 总线器件？为什么？
7. MCS-51 单片机能够自动识别 I^2C 总线器件吗？在该系统中如何使用 I^2C 总线器件？
8. 简述 AT24C 系列芯片的性能特点，并编写相应的读/写程序。
9. 简述 DS18B20 芯片性能特点及控制方法。

第9章 单片机应用系统的开发

9.1 开发系统

一个单片机应用系统的设计完成并投入运行，一般要经过这几个阶段：方案选择、系统设计、仿真调试和现场调试。单片机应用系统的开发是借助于开发系统来完成的。一个好的开发系统是单片机应用系统设计的前提。

9.1.1 开发系统的功能

在仿真调试阶段，为了能调试程序，检查硬件、软件的运行状态，就必须借助开发系统模拟单片机应用系统，并随时观察运行的中间过程而不改变运行中原有的数据，从而实现模拟现场的真实调试。因此，一个好的开发系统要具备以下基本功能。

（1）能输入和修改应用程序。

（2）能对硬件电路进行检查和诊断。

（3）能将用户源程序编译成目标代码并固化到 EPROM 中去。

（4）能以单步、断点、连续方式运行应用程序，正确反映应用程序执行的中间状态。

不同的开发系统都必须具备上述基本功能，但对于一个较完善的开发系统还应具备以下几点。

（1）有较全的开发软件。开发系统除了配有汇编语言，还应配有高级语言（如 C 语言），同时应具有丰富的子程序库可供用户选择调用。用户可用高级语言编制应用软件。

（2）有跟踪调试、运行的能力，且占用单片机的硬件资源尽量最少。

（3）为了方便模块化软件调试，还应配置软件储存、程序文本打印功能及设备。

9.1.2 开发系统的分类

目前，国内使用较多的开发系统大致分为 4 类。

1. 普及型开发系统

普及型开发系统通常采用相同类型的单片机做成单板机形式。开发系统所配置的监控程序可满足单片机应用系统仿真调试的要求，既能输入程序、断点运行、单步运行、修改程序，又能很方便地查询各寄存器、I/O 接口、存储器的状态和内容。普及型开发系统是一种廉价的、能独立完成单片机应用系统开发任务的单板系统。普及型开发系统还必须配备 EPROM 写入器、仿真头等。

2. 通用型开发系统

通用型开发系统是目前国内使用最多的一类开发装置。它采用国际上流行的独立型仿真结构，可与任何具有 RS232 串行接口（或并行接口或 USB 接口）的计算机相连。通用型开发系统配备了 EPROM、读出/写入器、仿真插头和其他外围设备。这类开发系统的最大优点是可以充分利用通用计算机系统的软、硬件资源，开发效率高。通用型开发系统的结构如图 9-1 所示。

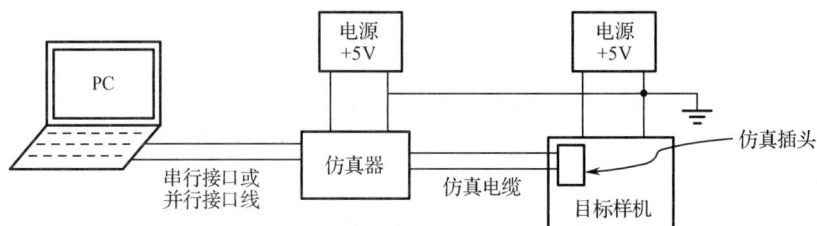

图 9-1　通用型开发系统的结构

通用型开发系统的联机调试可验证硬件设计的正确性和排除各种硬件故障。

1）仿真器的连接

在系统断电情况下，将目标样机中的单片机拔下，按照图 9-1 所示连接 PC、仿真器和目标样机。

2）调试方案

首先，将单片机应用系统按照其功能分成若干模块，如输入模块、输出模块、A/D 和 D/A 转换模块等。然后，针对不同的功能模块编写相应的调试程序，借助于万用表、示波器和逻辑笔等测试仪器检查硬件电路设计的正确性。

3. 通用机开发系统

通用机开发系统是一种在通用计算机中附加开发模板的开发系统。在通用机开发系统中，开发模板不能独立完成开发任务，只是起着开发系统接口的作用。开发模板插在通用计算机系统的扩展槽中或以总线连接方式安放在外部。开发模板的硬件结构应包含通用计算机不可替代的部分，如 EPROM 写入器、仿真头等。

4. 软件模拟开发系统

软件模拟开发系统是一种完全依靠软件手段进行开发的系统。软件模拟开发系统与单片机应用系统在硬件上无任何联系。通常，这种系统是由通用计算机、模拟开发软件构成的。用户如果有通用计算机，只要配以相应的模拟开发软件即可构成软件模拟开发系统。

软件模拟开发系统不需要任何在线仿真器，也不需要用户样机，就可以在 PC 上直接开发和模拟调试 MCS-51 单片机软件。调试完毕的软件可以将机器码固化，完成一次初步的软件设计工作。软件模拟开发系统功能很强，基本上包括了在线仿真器的单步、断点、跟踪、检查和修改等功能，还能模拟产生各种中断（事件）和 I/O 应答过程。因此，软件模拟开发系统是比较有实用价值的模拟开发工具。目前，较为流行的模拟开发软件有 Proteus 和 Keil，可以实现硬件仿真和软件调试。

9.2　Keil μVision2 概述

Keil μVision2 集成开发系统是德国 Keil 公司针对 51 系列单片机推出的基于 32 位 Windows 环境，以 51 系列单片机为开发目标，以高效率的 C 语言为基础的集成开发平台。Keil C51 从最初的 v5.20 版本一直发展到最新的 v7.20 版本，主要包括 C51 交叉编译器、A51 宏汇编器、BL51 连接定位器等工具，以及 Windows 集成编译环境 μVision、单片机软件仿真器 Dscope 51。Keil C51 v6.0 以后的版本将编译和仿真软件统一，并称为 Keil μVision2。这是一个非常优秀的 51 系列单片机开发平台，对 C 语言的编译支持几乎达到了完美的程度。当然，它也同样支持 A51 宏汇编。同时，它内嵌的仿真调试软件可以让用户采用模拟仿真和实时在线仿真两种方式对目标系统进行开发。Keil μVision2 在软件仿真时，除了可以模拟单片机的 I/O 接口、定时器、中断外，甚至可以仿真单片机的串行通信。

9.3　Keil μVision2 的界面组成

Keil μVision2 的界面主要由菜单栏、工具栏、编辑窗口、工程窗口和输出窗口五部分组成，如图 9-2 所示。工具栏为一组快捷工具图标，主要包括基本文件工具档、建造工具档和排错（DEBUG/调试）工具档。基本文件工具档包括新建、打开、复制、粘贴等基本操作；建造工具栏主要包括文件编译、目标文件编译链接、所有目标文件编译链接、目标选项；排错（DEBUG/调试）工具栏主要包括一些仿真调试源程序的基本操作，如单步、复位、全速运行等。在工具栏下面，默认有 3 个窗口。工程窗口包含一个工程的目标（Target）、组（Group）和项目文件。一个组里可以包含多个项目文件，项目文件是汇编或 C 语言编写的源文件。编辑窗口实质上就是一个文件编辑器，可以在这个窗口里对源文件进行编辑，如移动、修改、复制、粘贴等操作。文件编辑完成后，可以对源文件编译链接，编译之后的结果显示在输出窗口里。如果文件在编译链接中出现错误，将出现错误提示，包括错误类型及行号。如果文件在编译链接中没有错误，将生成带“.HEX”后缀的目标文件，并将该文件用于仿真或刻录芯片。

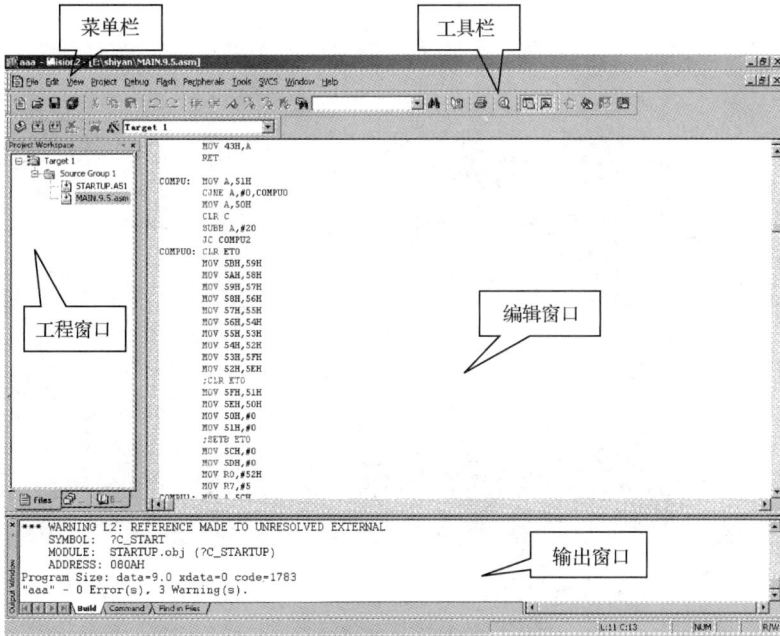

图 9-2　Keil μVision2 的界面

9.4　Keil μVision2 的设置

首先要建立一个项目，如图 9-3 所示。启动 Keil μVision2 之后，单击“Project|New Project...”

菜单命令。从弹出的对话框中，选择要保存项目的路径，并输入项目文件名"hello"，然后单击"保存"按钮，如图 9-4 所示。

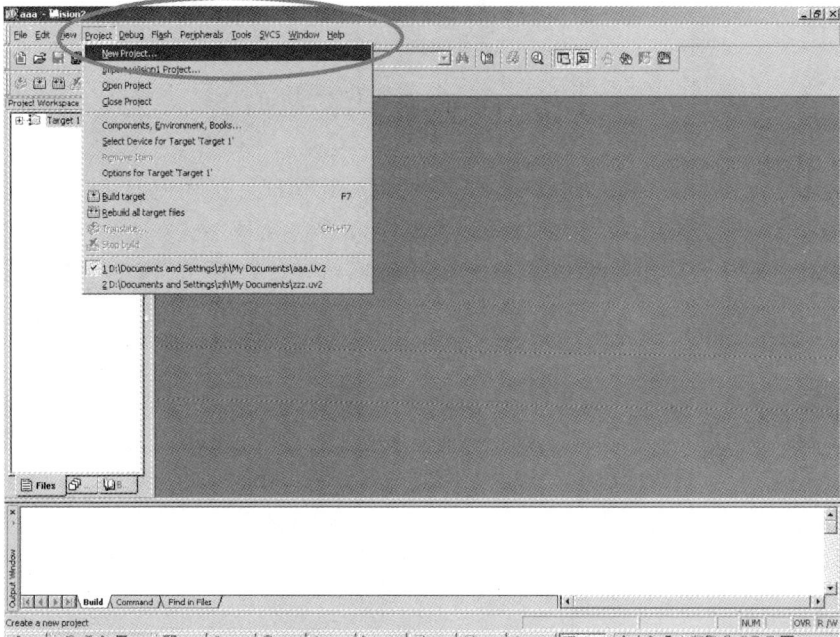

图 9-3　建立一个项目

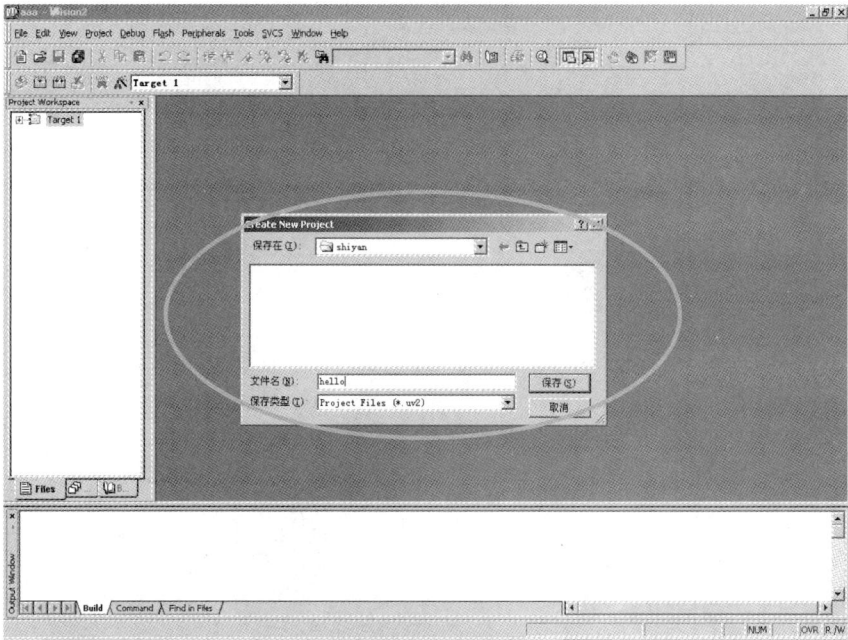

图 9-4　输入项目文件名"hello"

这时，会弹出一个选择单片机型号的对话框，可以根据所使用的单片机来选择，如图 9-5 所示，选择"AT89C52"文件夹。选定单片机型号之后，从该对话框右边一栏可以看到对这个单片机的基本说明，然后单击"确定"按钮。

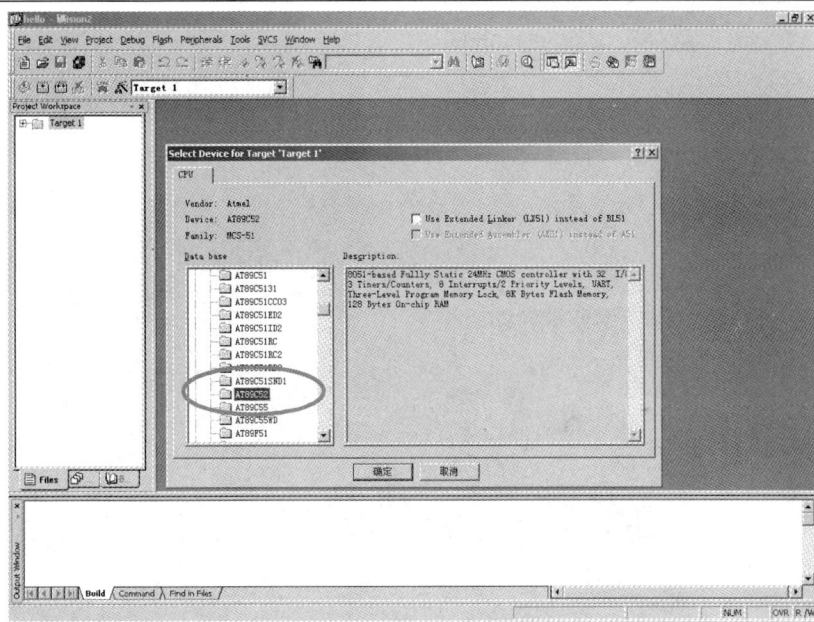

图 9-5　选择"AT89C52"文件夹

　　接下来要创建程序文件，单击"File|New..."菜单命令，在弹出的编辑窗口中输入 C51 源程序。当该程序被输入完成后，单击"File|Save as..."菜单命令，从弹出的对话框中，选择要保存程序文件的路径，并输入程序文件名"hello.c"，然后单击"保存"按钮。如果输入汇编程序，则可输入程序文件名"hello.asm"。当然此处的源文件名可不必与项目名一致。

　　接着，将刚才创建的程序文件添加到项目中去。先单击"Target 1"文件夹前面的"+"号，展开里面的内容，然后右击"Source Group 1"文件夹，弹出一个菜单，单击该菜单中的"Add Files to 'Group Source Group 1'"选项，如图 9-6 所示。

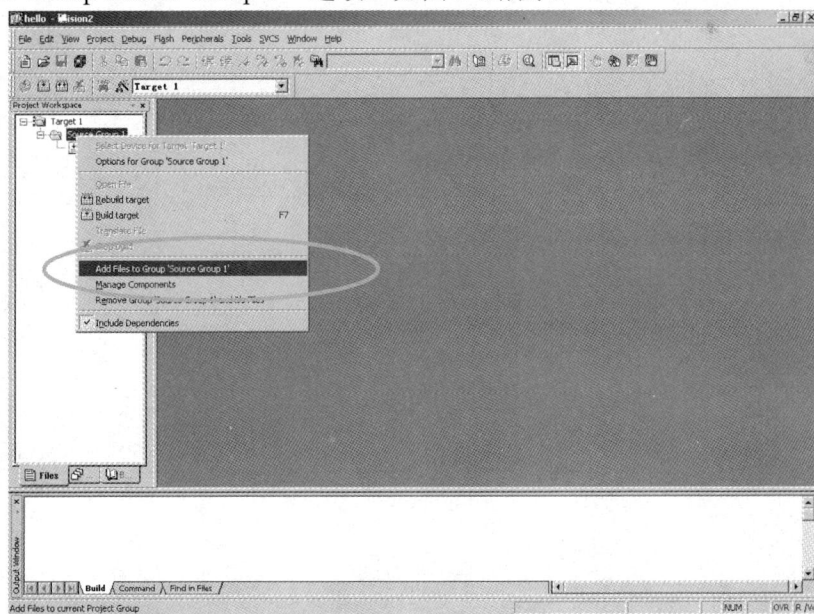

图 9-6　添加程序文件

注意：这里还要添加位于 Keil\c51\lib 的 STARTUP.A5l

当程序文件被添加完毕后，右击"Target 1"文件夹，再从弹出的菜单中单击"Options for Target 'target 1'"选项，如图 9-7 所示。

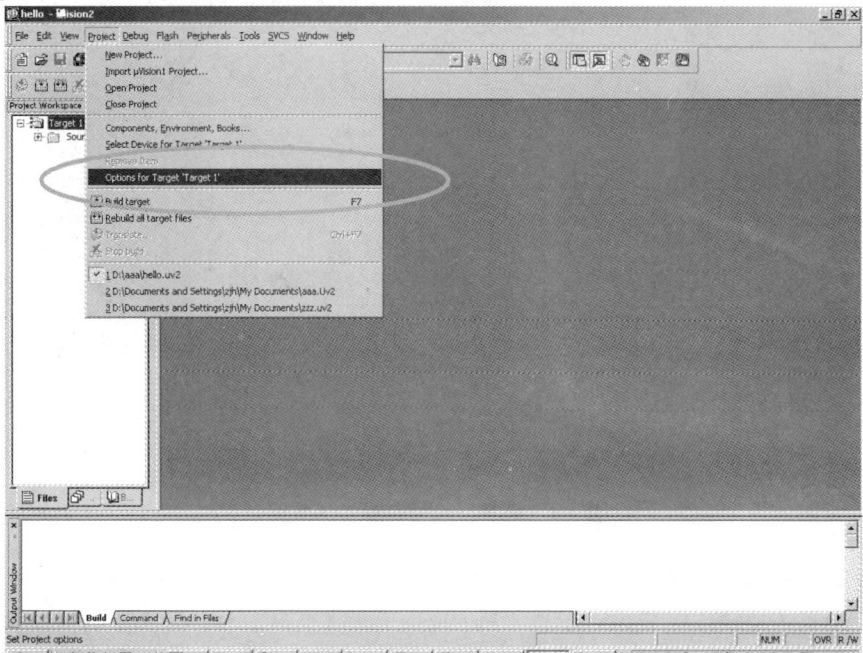

图 9-7　单击"Options for Target 'target 1'"选项

从弹出的"Options for Target 'Target 1'"对话框中选择"Target"选项卡，并设置其中各项，如图 9-8 所示。

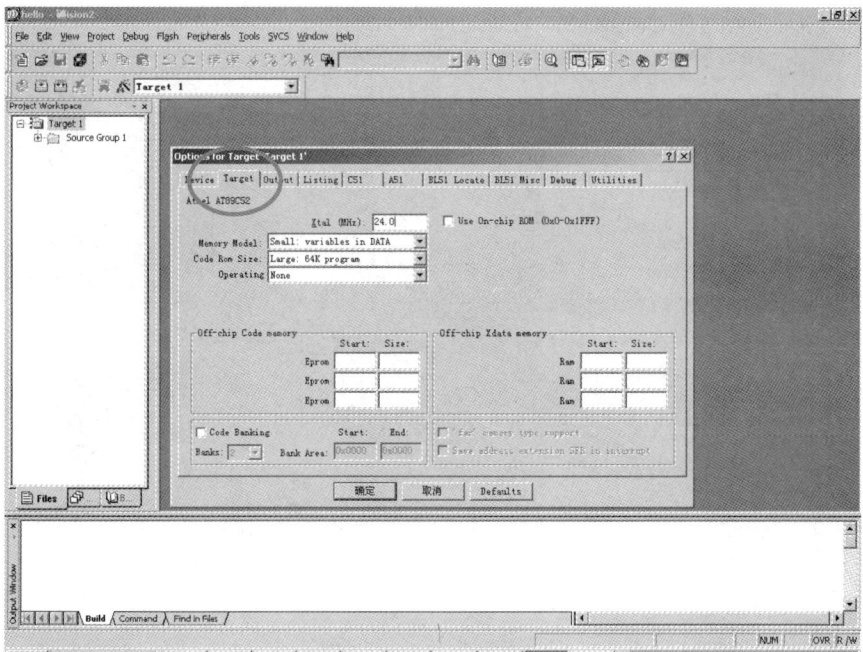

图 9-8　设置"Target"选项卡

从弹出的"Options for Target 'Target 1'"对话框中选择"Output"选项卡，并设置其中各项，如图 9-9 所示。

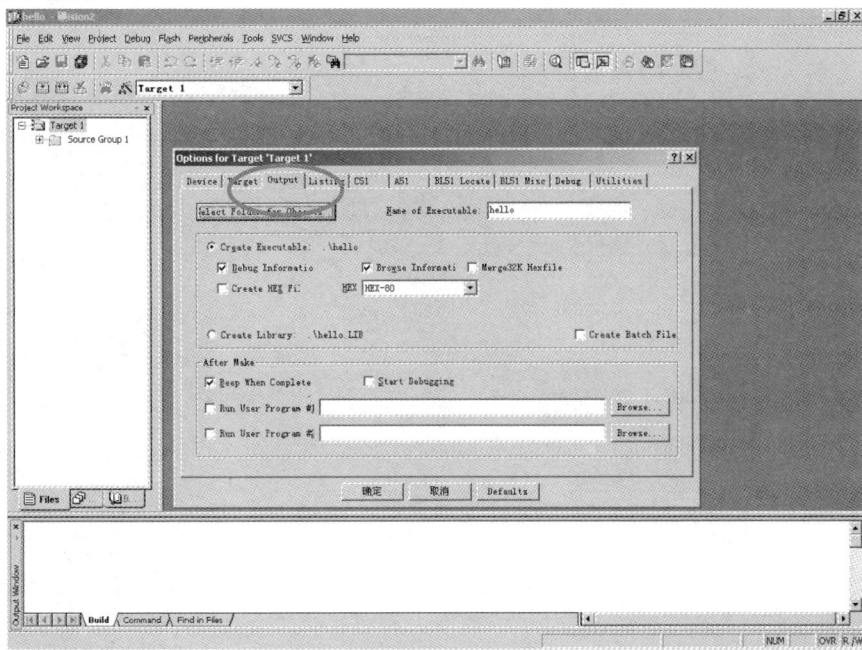

图 9-9　设置"Output"选项卡

从弹出的"Options for Target 'Target 1'"对话框中选择"C51"选项卡，并设置其中各项，如图 9-10 所示。

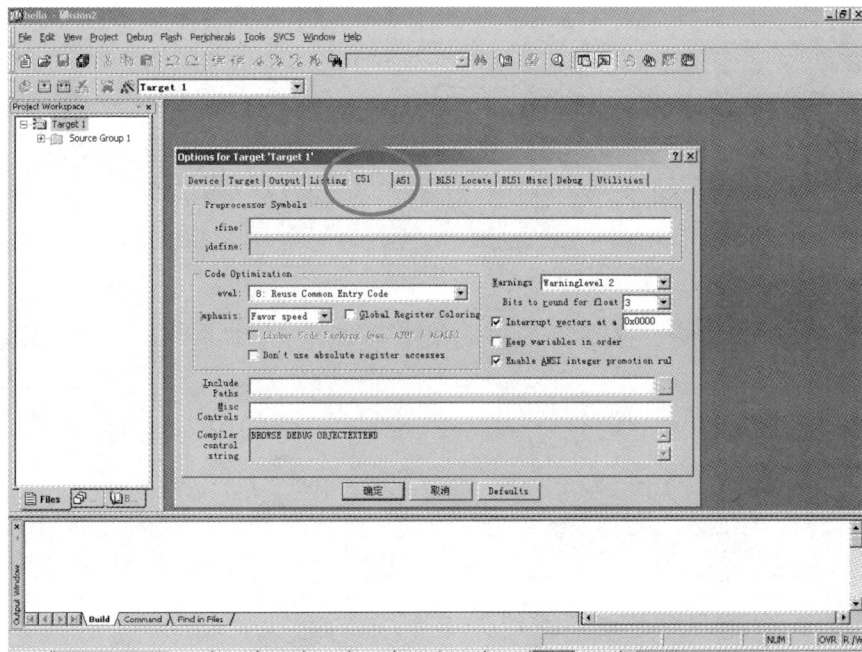

图 9-10　设置"C51"选项卡

从弹出的"Options for Target 'Target 1'"对话框中选择"Debug"选项卡，并设置其中各

项，如图 9-11 所示。

在"Debug"选项卡中单击"Settings"按钮，弹出如图 9-12 所示的"Target Setup"对话框，设置其中各项。

到此为止，完成了必要的各项设置。

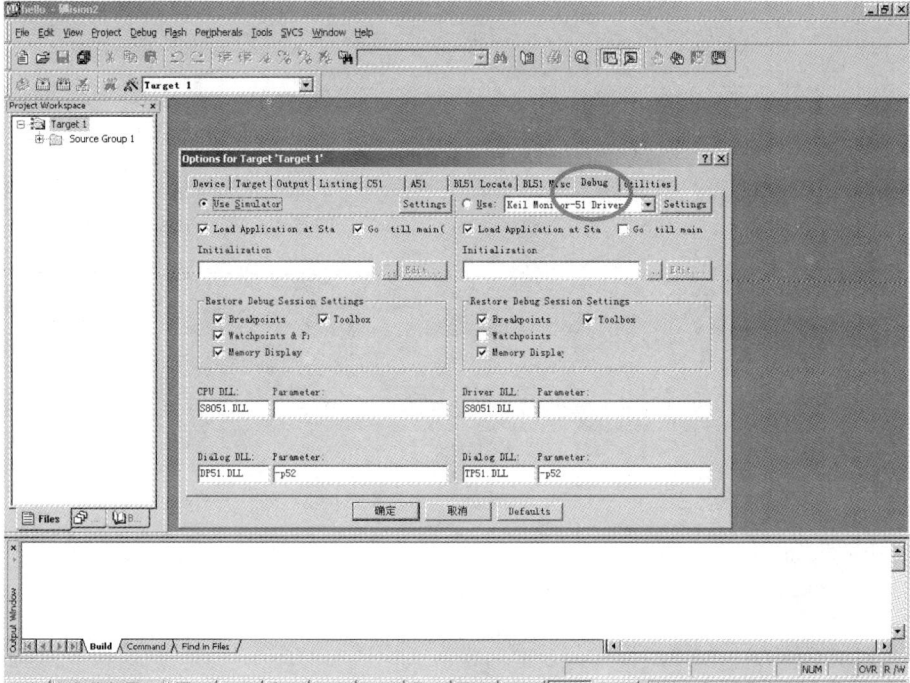

图 9-11　设置"Debug"选项卡

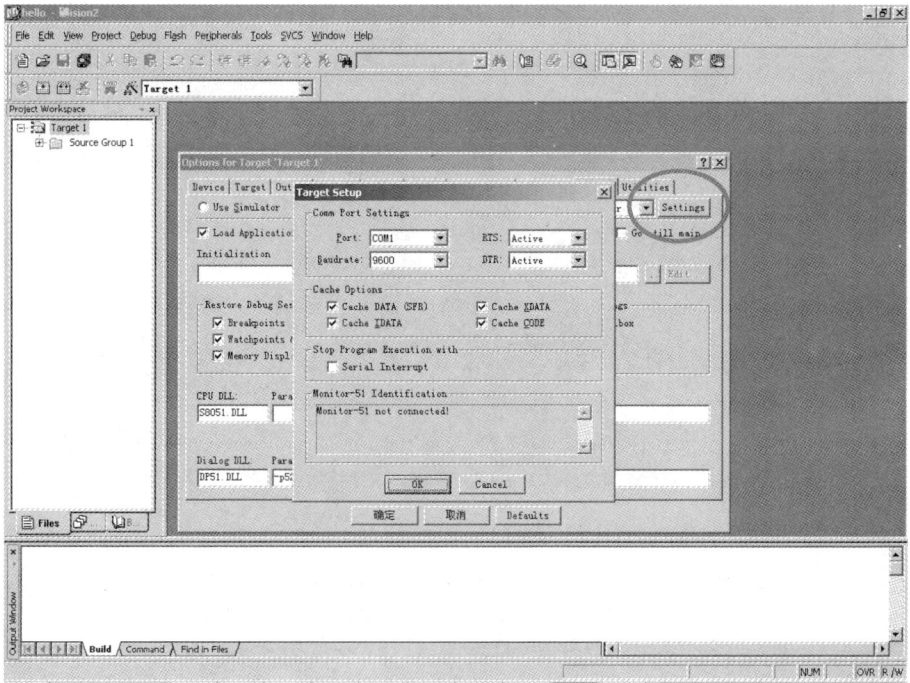

图 9-12　"Target Setup"对话框

9.5 Keil μVision2 集成开发系统的使用

9.5.1 单片机的仿真过程

　　用户编写的程序经编译通过后,只能说明源程序没有语法错误。要使单片机应用系统达到设计目的,还要对目标板进行排错、调试和检查,这就是通常所说的仿真。仿真通常有两种方式:一种是通过硬件仿真器与试验样机联机进行的"实时"在线仿真;另外一种是在微机上通过软件进行的模拟仿真。"实时"在线仿真的优点是可以利用仿真器的软、硬件完全模拟样机的工作状态,使试验样机在真实的工作环境中运行,可以随时观察运行结果和解决问题;其缺点是价格较高。模拟仿真的方式简单易行,它是在 PC 上通过运行仿真软件来创造一个模拟目标单片机的模拟环境,无须单独购买仿真器,便可以进行大多数的软件开发,如数值计算、I/O 接口状态的变化等;其缺点是对一些"实时"性很强的单片机应用系统的开发显得"无能为力",如一些接口芯片的软、硬件调试。另外,如果软件经模拟调试通过后,还必须通过编程器将代码写入目标板的单片机或程序存储器中,这时才能观察到目标板的实际运行状态。典型的 51 系列单片机的模拟仿真软件有 SIM 8051 和 Keil C51 的 Dscope 51。Keil C51 的 Dscope 51 是其中的佼佼者。Keil C51 不但内含功能强大的软件仿真器,而且还可以通过计算机串行接口方便地与硬件仿真器相连。这种硬件仿真器依托 Keil C51 强大的集成仿真功能,可以实现单片机应用系统的在线仿真调试。Keil 公司称这种硬件仿真器为 MONITOR-51,即在国内单片机爱好者中广为流行的 MON51。MON51 价格便宜、制作简单、源代码公开,并且可以实现高档仿真器的大多数功能,因此深受单片机爱好者喜爱。国内许多公司都有类似产品,虽然型号不同,但功能和用法上是相同的。

9.5.2 程序的调试过程

　　应用 Keil μVision2 进行单片机的软件调试过程有以下步骤。
　　第一步,建立一个工程项目,选择芯片,确定选项。
　　第二步,建立汇编语言或 C 语言的程序文件。
　　第三步,用项目管理器生成各种应用文件。
　　第四步,检查并修改程序的错误。
　　第五步,程序经编译通过后进行模拟仿真。
　　第六步,编程操作。
　　第七步,应用。
　　不管一个程序多复杂,其排错、调试过程都由上述七步构成,只是程序的复杂程度不同、开发者经验不同、所需的反复次数不同而已。下面通过一个简单的程序实例来说明一个程序的调试过程。
　　(1)单击"Project | New Project..."菜单命令,如图 9-13 所示。接着,在弹出的"Create New Project"对话框的"文件名"文本框中输入第一个实验项目名"test.uv2",如图 9-14 所示,使用其他符合 Windows 文件规则的文件名也行。"uv2"是 Keil μVision2 文件扩展名。以后,我们可以直接单击此文件以打开先前做的项目。

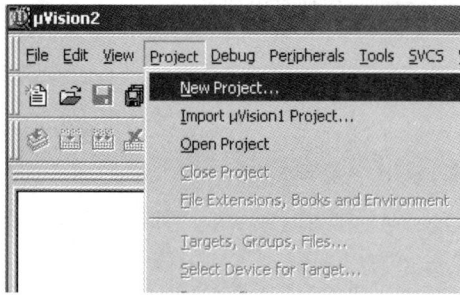

图 9-13　单击"Project | New Project..."菜单命令　　　图 9-14　"Create New Project"对话框

（2）选择所要的单片机，这里选择常用的 Ateml 公司的 AT89C51，此时如图 9-15 所示。AT89C51 的功能、特点在图 9-15 的右边有简单的介绍。完成上面步骤后，就可以进行程序的编写了。

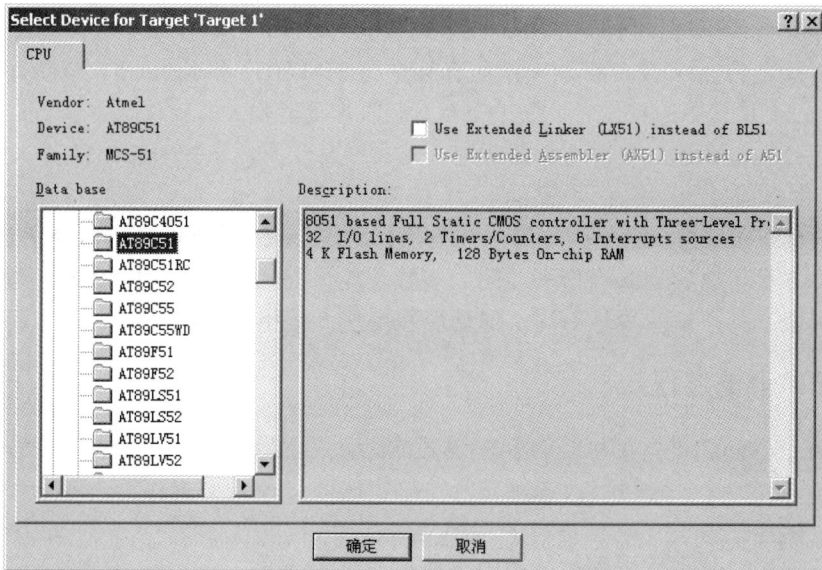

图 9-15　选择单片机

（3）首先要在项目中创建新的程序文件或加入旧程序文件。如果没有现成的程序文件，那么就要新建一个程序文件。在这里以一个 C 语言程序为例介绍如何新建一个程序文件和如何将其加到第一个实验项目中。单击图 9-16 中"1"处的"新建文件"按钮，在"2"处出现一个新的文本编辑窗口，这个操作也可以通过"File|New"菜单命令或 Ctrl+N 组合键来实现。下面可以编写程序了，光标已出现在文本编辑窗口中，等待输入程序。第一个程序如下：

```
#include <reg51.h>
#include <stdio.h>
void main(void)
{
  SCON = 0x50;                /*串行接口方式 1，允许接收*/
  TMOD = 0x20;                /*定时器 1，定时方式 2*/
  TCON = 0x40;                /*设定时器 1 开始计数*/
```

```
    TH1 = 0xE8;                        /*11.0592MHz，1200 波特率*/
    TL1 = 0xE8;
    TI = 1;
    TR1 = 1;                           /*启动定时器*/

    while(1)
      {
        printf ("Hello World!\n");     /*显示"Hello World!"*/
      }
  }
```

这段程序的功能是不断从串行接口输出"Hello World!"字符。

单击图 9-16 中的"3"处的"保存"按钮，也可以用"File|Save"菜单命令或 Ctrl+S 组合键进行保存。新文件在保存时会弹出类似图 9-14 所示的对话框，把第一个程序文件命名为"test1.c"，保存在项目所在的目录中，这时程序文本有了不同的颜色，说明 Keil 的 C 语言语法检查生效了。如图 9-17 所示，右击"Source Group 1"文件夹，在弹出的菜单中，单击"Add File to Group 'Source Group 1'"菜单命令，从弹出的对话框中，选择刚刚保存的文件，单击"ADD"按钮，关闭该对话框，程序文件已被加到项目中了。这时在"Source Group1"文件夹左边出现了一个"+"号，这说明该文件夹中有了文件，单击该文件夹（项目）可以查看其中的程序文件。

图 9-16　新建程序文件

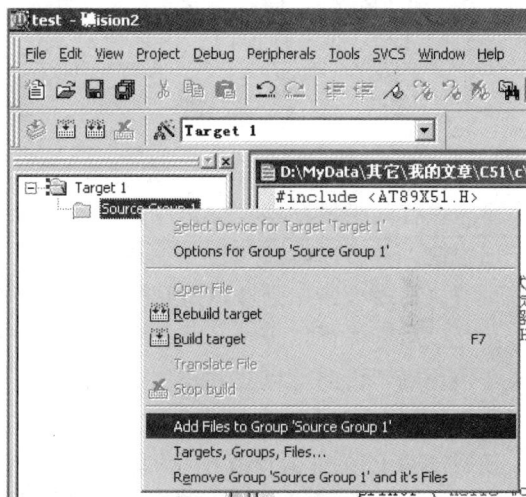

图 9-17　把程序文件加入项目中

（4）程序文件已被我们加到项目中了，下面就编译程序。这个项目只是用做学习新建程序文件和编译运行程序的基本方法，所以使用软件默认的编译设置，编译后不会生成用于芯片烧录的 HEX 文件。如图 9-18 所示，"1""2""3"处的按钮都是"编译"按钮，"1"处的按钮用于编译单个程序。"2"处的按钮用于编译当前项目中的程序，如果项目中的程序先前被编译过一次之后没有改动，这时再单击该按钮是不会再次编译该程序的。"3"处的按钮用于重新编译，每单击一次该按钮均会再次编译程序一次，不管程序是否有改动。在"3"右边的是"停止编译"按钮，只有单击了前三个按钮中的任意一个按钮，"停止编译"按钮才会生效。"1""2""3"处的按钮功能也可通过"5"处的菜单命令来实现。这个项目只有一个程序

文件可以被编译，编译速度是很快的。在"4"处可以看到程序被编译的错误信息和使用的系统资源情况等。"6"处左边的是有一个小放大镜的按钮，用于开启/关闭程序的调试模式，此功能也可通过"Debug|Start/Stop Debug Session"菜单命令或 Ctrl+F5 组合键来实现。

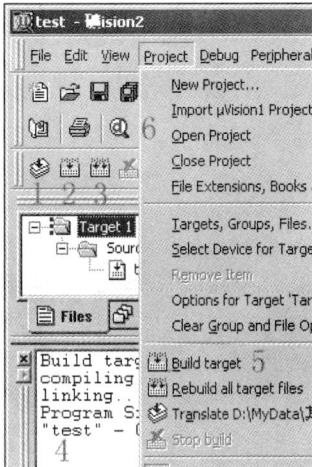

图 9-18　编译程序

（5）调试。事实上，除了极简单的程序以外，绝大部分的程序都要通过反复调试才能得到正确的结果。因此，调试是软件开发中重要的一个环节。

① 常用调试命令。

在对程序成功地进行编译之后，按 Ctrl+F5 组合键或"Debug|Start/Stop Debug Session"菜单命令即可进入程序调试状态。Keil 内建了一个仿真 CPU 以模拟执行程序。该仿真 CPU 功能强大，可以在没有硬件和仿真机的情况下进行程序的调试，下面将要学的就是该模拟调试功能。

当进入程序调试状态后，界面与编辑状态相比有明显的变化，"Debug"菜单中原来不能用的菜单命令现在可以使用了，工具栏会多出一个用于运行和调试的工具条，如图 9-19 所示。"Debug"菜单上的大部分菜单命令可以在工具条中找到对应的快捷按钮。这些快捷按钮从左到右依次对应的是复位、运行、暂停、单步、过程单步、执行完当前子程序、运行到当前行、下一状态、打开跟踪、观察跟踪、反汇编窗口、观察窗口、代码作用范围分析、1#串行窗口、内存窗口、性能分析、工具按钮等菜单命令。

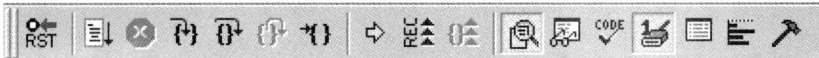

图 9-19　工具条

全速执行是指执行完一行指令以后紧接着执行下一行指令，中间不停止，这样程序执行的速度很快，并可以看到该程序执行的总体效果，即最终结果是正确的还是错误的。如果程序在全速执行时有错，则难以确认错误出现在程序的哪一行指令。单步执行是指每次执行完一行指令以后即停止，等待命令执行下一行指令，此时可以观察该行指令执行完以后得到的结果是否正确，借此可以找到程序中的问题。在程序调试中，单步执行和全速执行的方式都要用到。

使用"STEP"菜单命令或相应的快捷按钮或 F11 键可以单步执行程序，使用"STEP OVER"菜单命令或 F10 键可以以过程单步形式执行程序。过程单步是指将汇编语言中的子程序或高级语言中的函数作为一个语句来全速执行。

按下 F11 键，可以看到源程序窗口的左边出现了一个调试箭头，指向源程序的第一行指令。每按下一次 F11 键，即执行该箭头所指的一行指令，然后箭头指向下一行指令，如图 9-20 所示。

② 断点设置。

在程序调试时，一些指令必须满足一定的条件才能被执行到（如指令中某变量达到一定的值、键被按下、串行接口接收到数据、有中断产生等）。这些条件往往是异步发生的或难以预先设定的，而且使用单步执行很难被调试。另外，对于软件延时程序，如果使用单步执行，则会耗费大量的时间甚至无法单步执行，这时就要使用程序调试中的另一种非常重要的方式——断点设置。断点设置的方法有多种，常用的是在某个指令行设置断点。

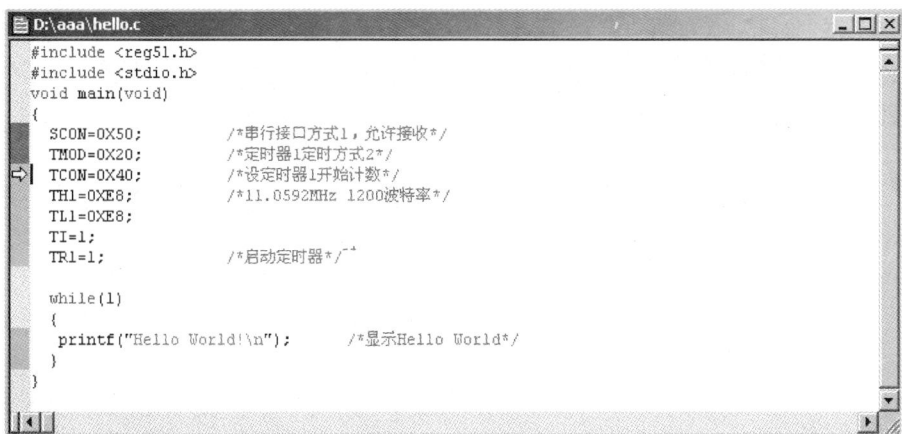

```
📄 D:\aaa\hello.c                                          _ □ ×
#include <reg51.h>
#include <stdio.h>
void main(void)
{
  SCON=0X50;          /*串行接口方式1,允许接收*/
  TMOD=0X20;          /*定时器1定时方式2*/
➡ TCON=0X40;          /*设定定时器1开始计数*/
  TH1=0XE8;           /*11.0592MHz 1200波特率*/
  TL1=0XE8;
  TI=1;
  TR1=1;              /*启动定时器*/

  while(1)
  {
   printf("Hello World!\n");        /*显示Hello World*/
  }
}
```

图 9-20　调试窗口

在某个指令行设置好断点后可以全速执行程序，一旦执行到该指令行即停止执行程序，可在此观察有关变量值，以确定问题所在。在指令行设置/移除断点的方法是将光标定位于要设置断点的指令行，通过"Debug|Insert/Remove Breakpoint"菜单命令设置或移除断点（也可以双击该指令行来实现同样的功能）；通过"Debug|Enable/Disable Breakpoint"菜单命令开启或暂停光标所在指令行的断点功能；通过"Debug|Disable All Breakpoint"菜单命令暂停所有断点；通过"Debug|Kill All Breakpoint"菜单命令清除所有的断点设置。这些功能也可以通过工具条上的快捷按钮来实现。

（6）程序调试的窗口。Keil 软件在调试程序时提供了多个窗口，主要包括输出窗口（Output Windows）、观察窗口（Watch & Call Stack Windows）、存储器窗口（Memory Window）、反汇编窗口（Disassembly Window）、串行窗口（Serial Window）等。进入程序调试模式后，可以通过"View"菜单下的相应菜单命令打开或关闭这些窗口。

如图 9-21 所示，各窗口的大小可以通过鼠标进行调整。进入调试程序后，输出窗口自动切换到"Command"选项卡。该选项卡用于输入调试命令和输出调试信息。对于初学者，可以暂不学习调试命令的使用方法。

图 9-21　输出窗口、观察窗口和存储器窗口

① 存储器窗口。

如图 9-22 所示，存储器窗口可以显示存储器中的数值。在"Address"文本框中输入"字母：数字"即可显示相应存储器中的数值。其中，字母可以是 C，D，I，X，分别代表代码存储空间、直接寻址的片内存储空间、间接寻址的片内存储空间、扩展的片外 RAM 空间；数字代表想要查看的地址。例如，输入"D：0"即可观察到地址 0 开始的片内存储空间的数值、输入"C：0"即可显示从地址 0 开始的代码存储空间的数值，即查看程序的二进制代码。该窗口显示的数值可以以各种形式显示，如十进制、十六进制、字符等。改变显示形式的方法是单击鼠标右键，在弹出的快捷菜单中选择，该菜单用分隔条分成三部分。其中，第一部

分与第二部分的 3 个选项为同一级别。选中第一部分的任意选项，存储器中的数值将以整数形式显示；选中第二部分的"ASCII"选项，则存储器中的数值将以字符形式显示；选中"Float"选项，存储器中的数值将相邻 4 字节组成的浮点数形式显示；选中"Double"选项，则存储器中的数值将相邻 8 字节组成的双精度形式显示。第一部分的"Decimal"选项是一个开关，如果选中该选项，则存储器中的数值将以十进制的形式显示，否则按默认的十六进制形式显示。第一部分的"Unsigned"和"Signed"选项又分别有 3 个选项"Char""Int""Long"，分别代表以单字节形式显示、将相邻双字节组成整型数形式显示、将相邻 4 字节组成长整型形式显示。第一部分的"Unsigned"和"Signed"选项则分别代表无符号形式和有符号形式显示。例如，如果输入的是"I：0"，那么 00H 和 01H 单元的内容将会组成一个整型数；如果输入的是"I：1"，那么 01H 和 02H 单元的内容会组成一个整型数，以此类推。有关数据格式与 C 语言规定相同，默认以无符号单字节形式显示。第三部分的"Modify Memory at ×××"选项用于更改光标处的存储单元的数值，选中该选项即可在出现的对话框内输入要修改的内容。

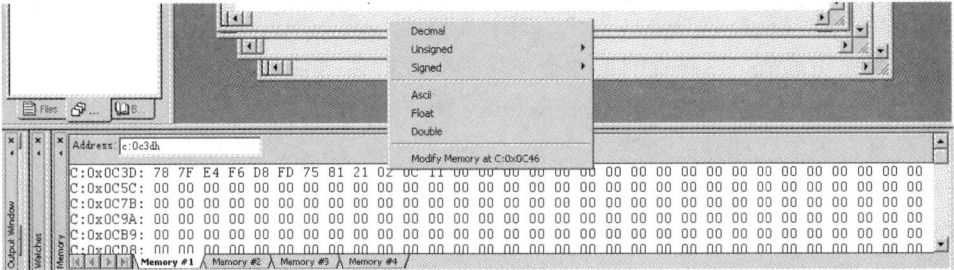

图 9-22　存储器窗口

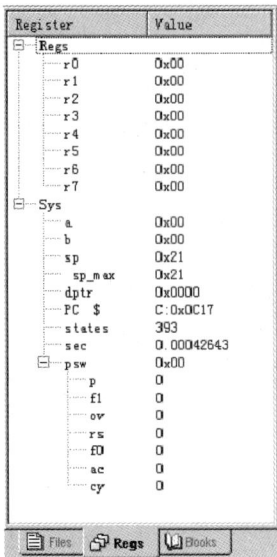

图 9-23　工程窗口的"Regs"选项卡

② 工程窗口。

如图 9-23 所示，工程窗口的"Regs"选项卡包括了当前的工作寄存器组和系统寄存器组。在系统寄存器组中，有一些是实际存在的寄存器，如 A, B, DPTR, SP, PSW 等；有一些是实际中并不存在或虽然存在却不能对其操作的寄存器，如 PC, Status 等。每当程序执行到对某寄存器的操作时，该寄存器会以反色（蓝底白字）显示，单击这个蓝底白字然后按下 F2 键，即可修改该寄存器中的数值。

③ 观察窗口。

在工程窗口中，仅可以观察到工作寄存器和有限个寄存器，如 A, B, DPTR 等。如果要观察其他寄存器中的数值或在高级语言编程时直接观察变量，就要借助于观察窗口了。一般情况下，仅在单步执行时才观察变量的数值变化。在全速运行时，变量的数值是不变的，只有在程序停止运行之后，才会将这些数值最新的变化反映出来。在图 9-24 中，观察的是 P1 的数值。

到此为止，初步学习了一些 Keil μVision2 的项目文件创建、编译、运行和软件仿真的基本操作方法。其中，一直提到一些功能的快捷键的使用。在实际的开发应用中，快捷键的使用可以大大提高工作效率，所以建议大家多多使用快捷键。另外，这里所讲的操作方法可以举一反三地用于类似的操作中。

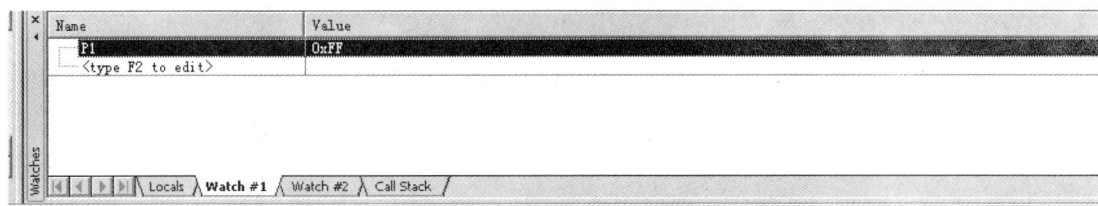

图 9-24 观察窗口

9.5.3 生成 HEX 文件

HEX 文件是 Intel 公司提出的按地址排列的数据信息，数据宽度为字节，所有数据以十六进制形式表示，常用来保存单片机或其他处理器的目标程序代码。一般的编程器都支持 HEX 文件格式。首先打开上面所做的第一个项目，然后右击"Target1"文件夹，在弹出的菜单中单击"Options for Target 'Target1'"菜单命令，如图 9-25 所示。这时，打开"Output"选项卡，如图 9-26 所示。按图 9-26所示进行相应设置，单击"1"处的按钮即可输出 HEX 文件到指定的路径中。很快，在如图 9-27 所示的编译窗口就显示出 HEX 文件被创建到指定的路径中了，如图 9-27所示。

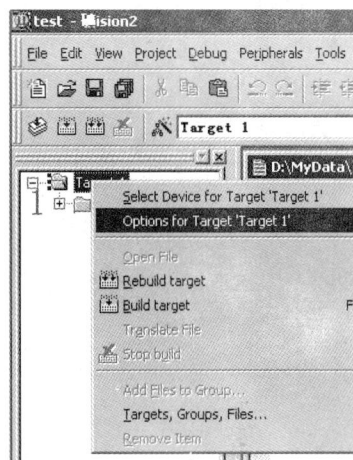

图 9-25 选择"Option for Target 'Target1'"菜单命令

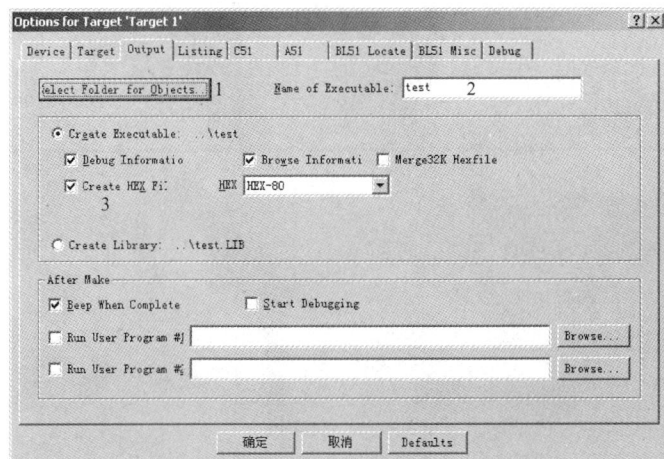

图 9-26 打开"Output"选项卡

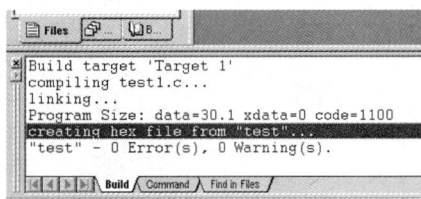

图 9-27 编译窗口

9.6 Proteus 电路设计快速入门

Proteus 是 Labcenter Electronics 公司研发的 EDA 工具软件。Proteus 不仅是模拟电路、数字电路、模/数混合电路的设计与仿真平台，更是目前世界上最先进、最完整的多种型号微控制器（单片机）系统的设计与仿真平台。它真正实现了在计算机上完成从原理图设计、电路分析与仿真、单片机代码级调试与仿真、系统测试与功能验证到形成 PCB 完整电子设计的研发过程。

下面以一个实际的 MCS-51 单片机系统的仿真为例，介绍如何快速使用 Proteus 进行电路设计。

（1）启动 ISIS 原理图工具软件，打开设计文档（默认模板），如图 9-28 所示。其中，默认绘图格点为 100 th(1 th=0.001 in=0.000 025 4m)。

图 9-28　打开设计文档（默认模板）

还可以通过"File|New Design"菜单命令来选择模板，如图 9-29 所示。

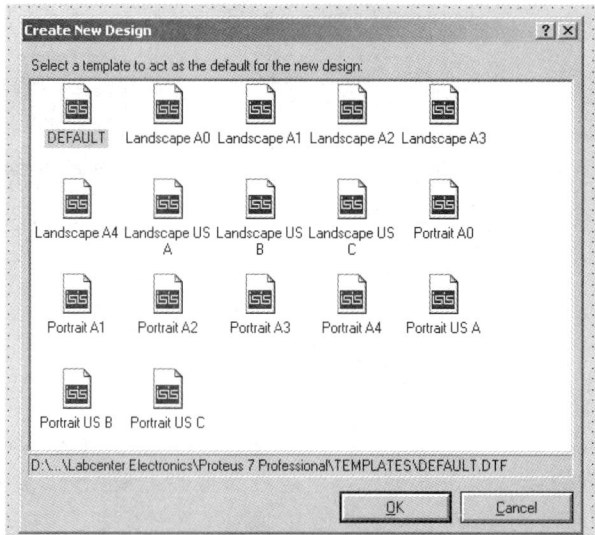

图 9-29　选择模板

（2）在图 9-29 中，选择"Landscape A4"模板，单击"OK"按钮，新模板如图 9-30 所示；然后单击工具栏中的"保存"按钮保存新模板，并命名为"mydesign"。

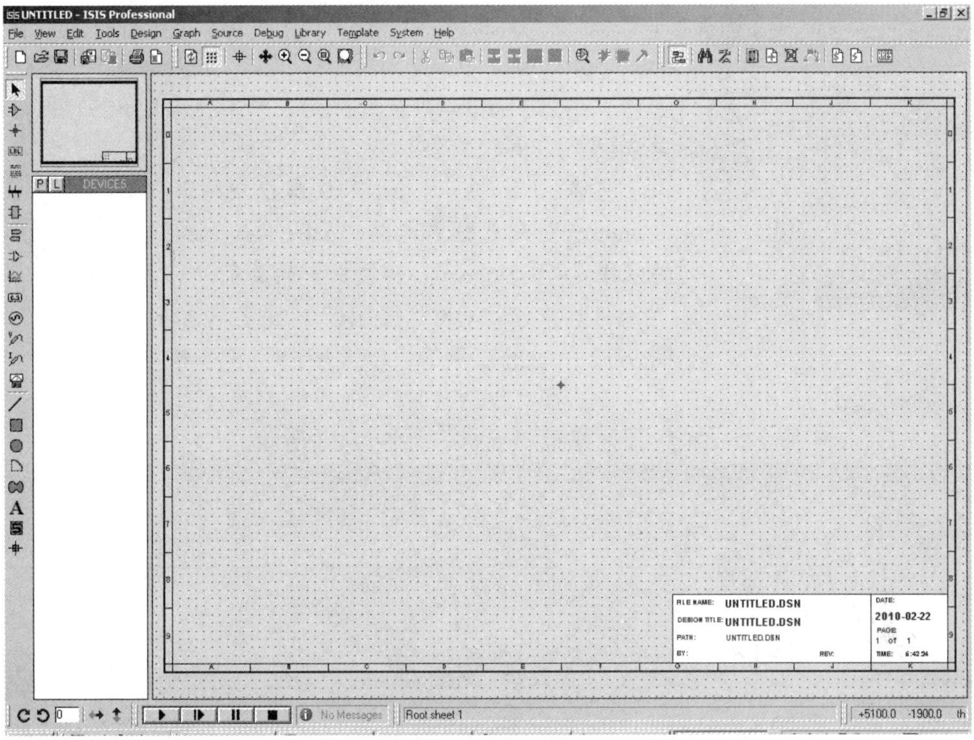

图 9-30　新模板

（3）单击"Library|Pick Devices/Symbol"菜单命令，会弹出"Pick Devices"对话框，如图 9-31 所示。在该对话框中，选择要摆放的元件。

图 9-31　"Pick Devices"对话框

"Pick Devices"对话框的功能齐全。例如，要选择 AT89C51 芯片，可以在"Keywords"文本框中输入"AT89C51"，在元件列表区、元件预览区等会直接显示元件信息；若不知道元件的具体名称，则可在"Category"列表框中选择"Microprocessor ICs"，并在对应的"Sub-category"列表框中选择"8051 Family"。在元件列表区中会出现 8051 系列芯片，再选择"AT89C51"。

图 9-32 选择的元件

注意：在"Keywords"文本框中输入关键词时，最好在"Category"列表框中选择"All Categories"，因为关键词搜索的依据是"Category"列表框中的类别。

（4）单击"OK"按钮，元件名"AT89C51"出现在如图 9-32 所示的左侧的"DEVICES"列表框中。

（5）在"DEVICES"列表框中选择"AT89C51"，然后在绘图区摆放该元件，如图 9-33 所示。

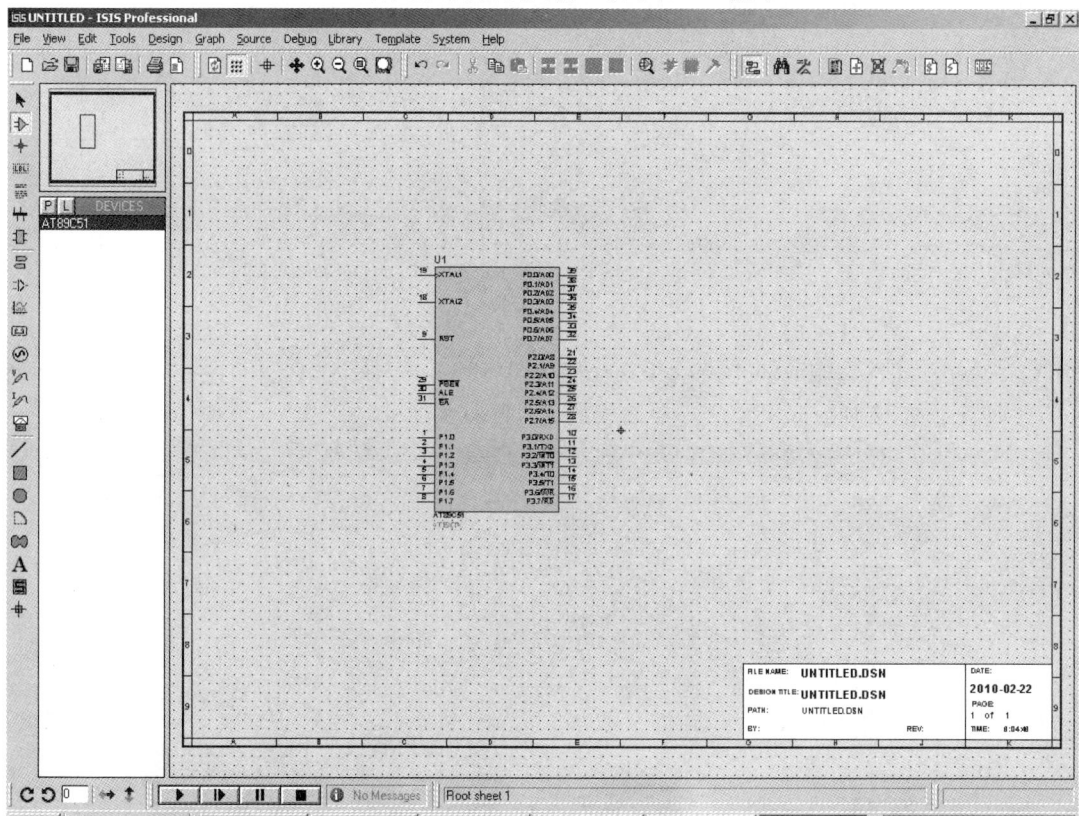

图 9-33 摆放"AT89C51"元件

（6）以此类推，摆放其他元件，如图 9-34 所示。

（7）在默认情况下，摆放的元件方向是固定的。可以通过图 9-34 左下角的旋转与翻转按钮来改变元件的方向。若元件已经摆放在原理图中，如"RP1"元件，可右击该元件，单击 ↻ 按钮，便可旋转该元件了，如图 9-35 所示。

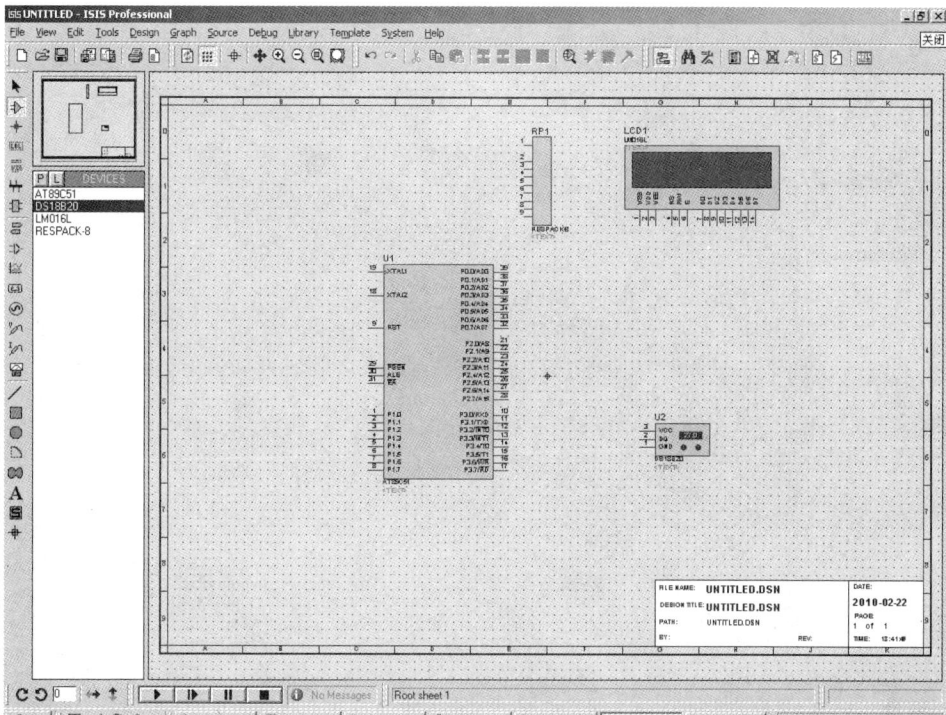

图 9-34　摆放其他元件

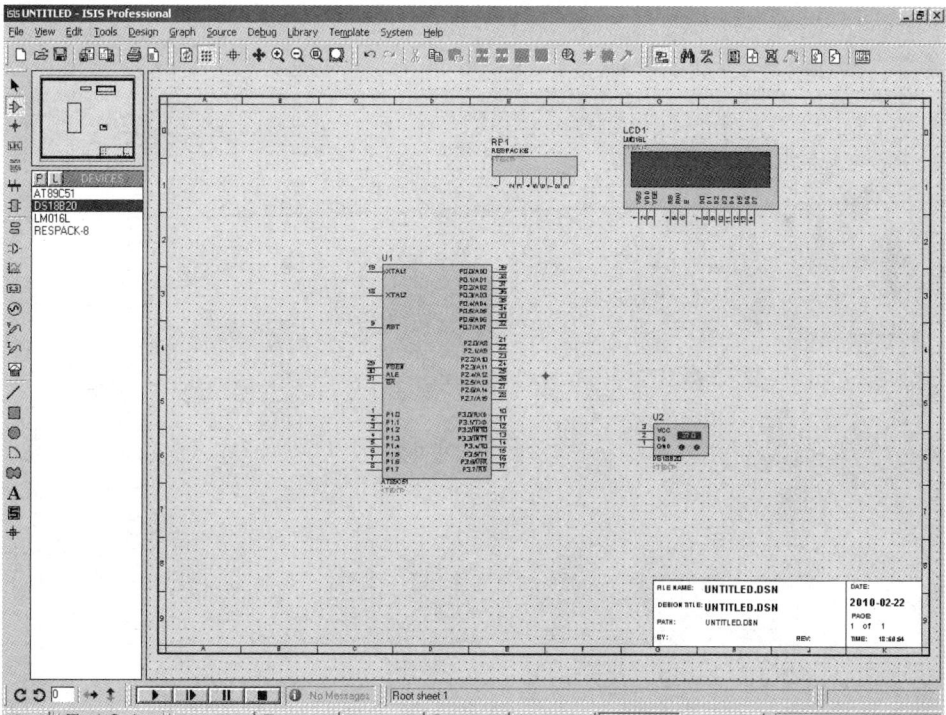

图 9-35　旋转"RP1"元件

（8）在工具栏中单击 ▤ 图标，列表框中将显示可用的终端，分别选择"POWER"和"GROUND"，如图 9-36 所示。

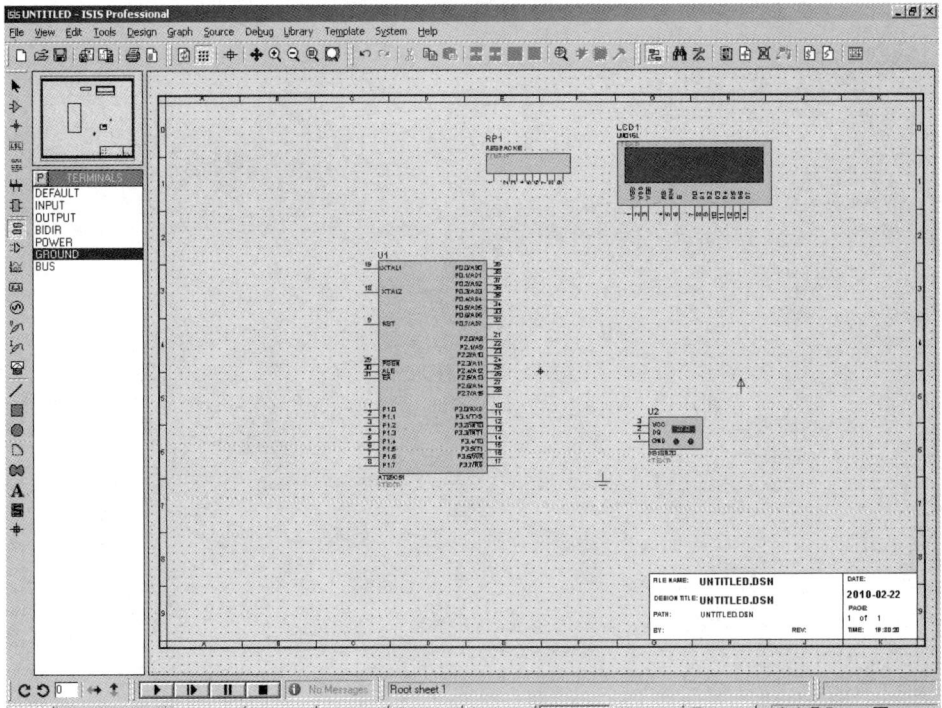

图 9-36 选择 "GROUND"

（9）Proteus 支持自动布线，例如，分别单击元件的两个引脚（不管在何处），这两个引脚之间便会自动连线，还可以手动连线。连线后的电路图如图 9-37 所示。

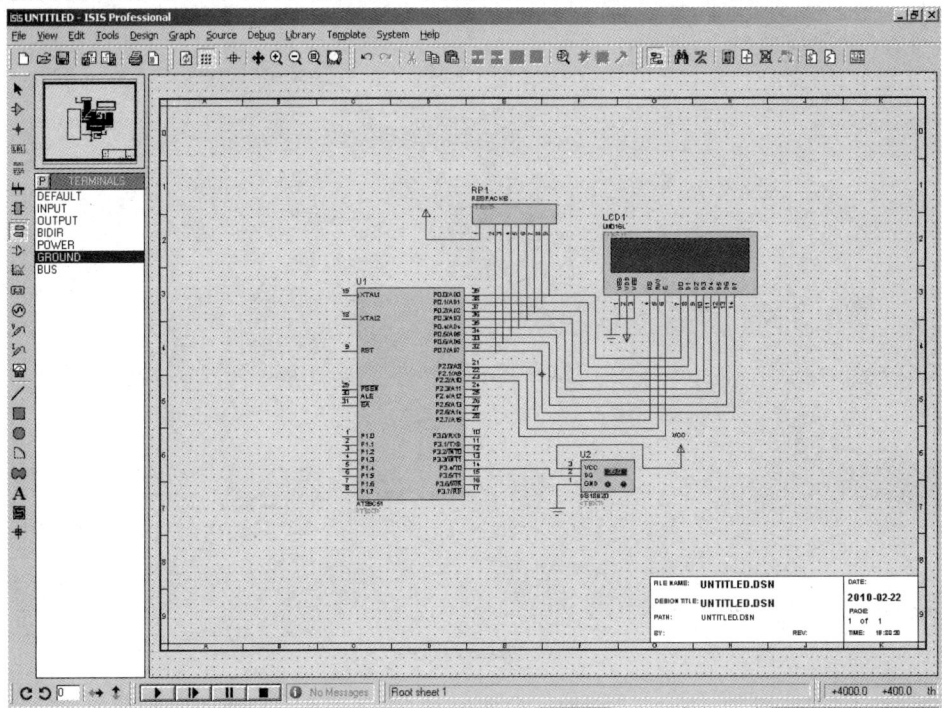

图 9-37 连线后的电路图

（10）右击"AT89C51"元件，再单击该元件，弹出"Edit Component"对话框，如图 9-38 所示。

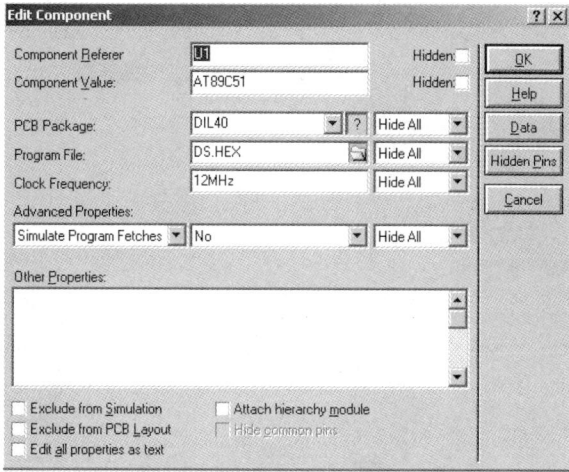

图 9-38　"Edit Component"对话框

（11）单击 按钮，添加目标程序文件 DS.HEX。

（12）单击"OK"按钮，然后单击 ISIS 编辑环境左下方的 按钮，启动仿真；单击 "DS18B20"元件上的红色"+"或"−"，可观察到"LCD"元件上显示的温度值变化，如 图 9-39 所示。

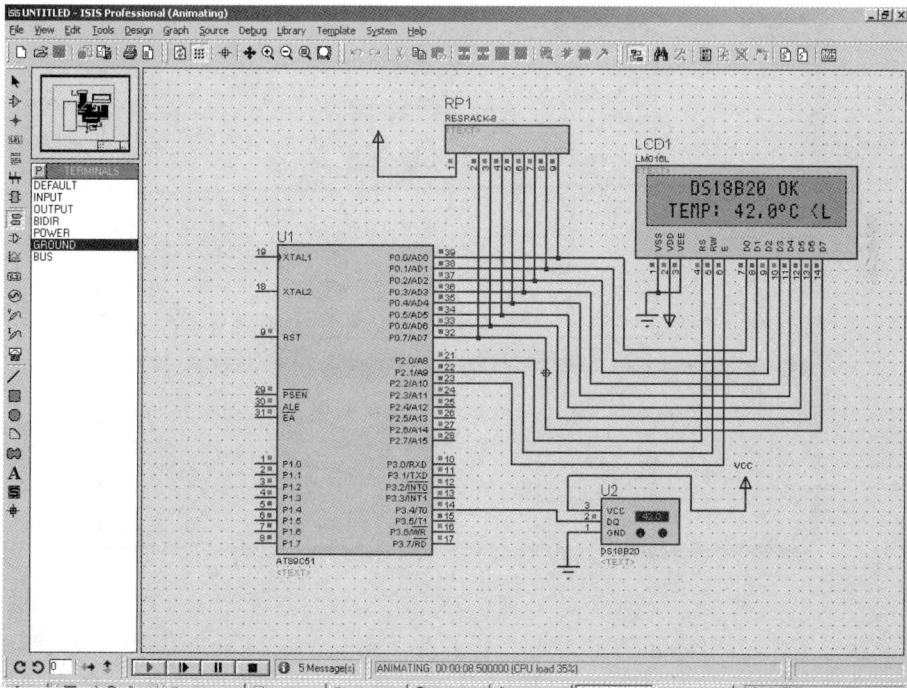

图 9-39　仿真结果

这 4 个按钮的功能分别是启动仿真、单步运行仿真、暂停仿真 和停止仿真。其中，单步运行仿真用于查看运行情况。

（13）单击 ▮▮▮ 按钮停止运行。

（14）如果要调试，单击"Debug|Start/Restart Debugging"菜单命令，如图9-40所示。

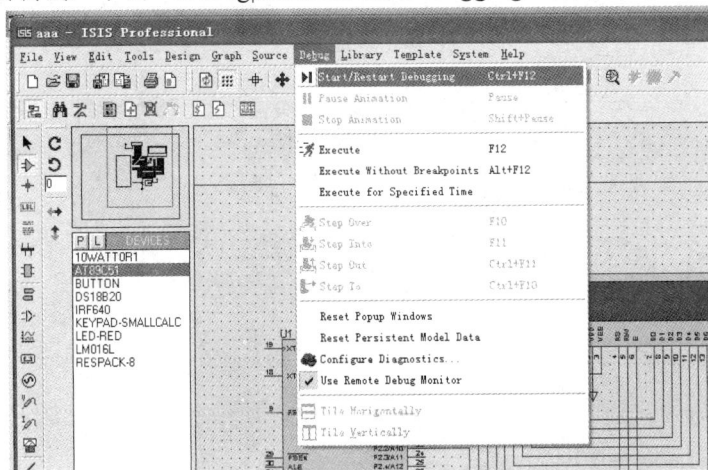

图 9-40　单击"Debug|Start/Restart Debugging"菜单命令

　　还可在代码窗口中进行单步调试，如图9-41所示。在图9-41所示的代码窗口中可设置断点。单击设置断点的指令行（此指令行变为深蓝色），在右键快捷菜单中单击"断点设置"按钮或单击代码界面右上角的"断点设置"按钮，该指令行左边出现一个红点，即完成断点设置。

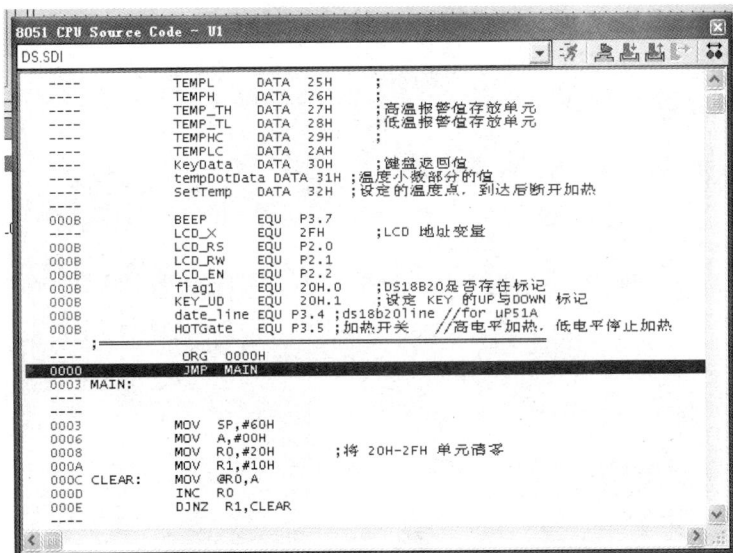

图 9-41　代码窗口

　　在调试状态下，在"Debug"菜单中，若单击"Simulation Log"菜单命令，则出现模拟调试有关的信息；若单击"8051 CPU SFR Memory"菜单命令，则出现特殊功能寄存器（SFR）窗口；若单击"8051 CPU Internal (IDATA) Memory"菜单命令，则出现片内数据存储器窗口；若单击"8051 CPU Registers"菜单命令，则出现内部寄存器窗口；若单击"8051 CPU Source Code"菜单命令，则出现代码窗口。比较有用的还是如图9-42所示的观察窗口（Watch

Window），在这里可以添加常用的寄存器。例如，在观察窗口中右击，从弹出的菜单中选择
"Add Item (By name)"菜单命令，双击"P0"，此时"P0"就在观察窗口出现。无论是单步调
试状态还是全速调试状态，"Watch Window"中将显示所选择寄存器的变化，便于监视程序
运行状态。

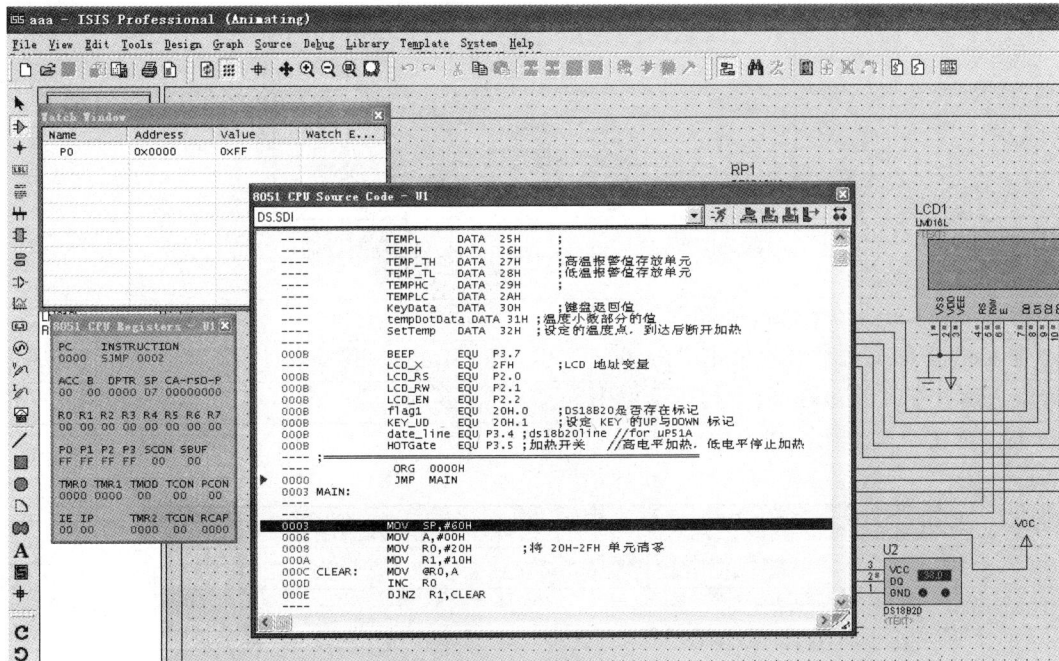

图 9-42　调试界面

添加目标程序文件有两种方法。

方法一：在 Proteus 的 ISIS 中添加编写好的程序文件。

如图 9-43 所示，单击"Source|Add / Remove Source Files（添加或删除源程序）"菜单命
令，将出现如图 9-44 所示的对话框。单击"New"按钮，在出现的对话框中单击编辑好的后
缀名为.asm 的文件，将其打开。在"Code Generation Tool"的下拉列表中选择"ASEM51"，
然后单击"OK"按钮，之后就可以编译了。选择"Source|Build All"菜单命令，稍后将出现
编译结果对话框。如果编译结果有错误，则编译结果对话框将显示错误信息。

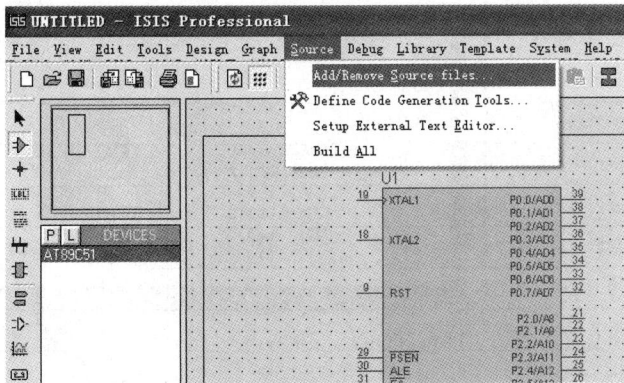

图 9-43　添加源文件

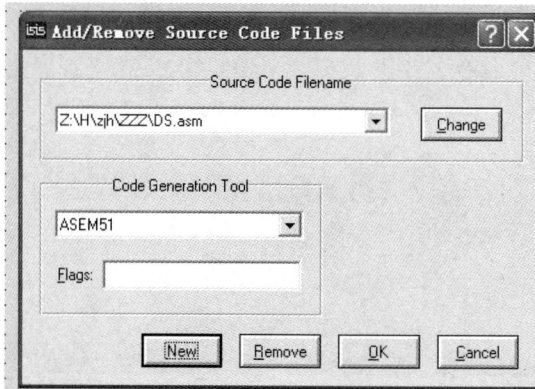

图 9-44　"Add/Remove Source Code Files" 对话框

方法二：Keil 与 Proteus 连接调试。

在 Keil 中编写源代码，单击 "Project|Option for Target 'Target 1'" 菜单命令，如图 9-45 所示。在弹出的如图 9-46 所示的对话框中，打开 "Output" 选项卡，勾选 "Create HEX File" 复选框，单击 "确定" 按钮后生成 HEX 文件。

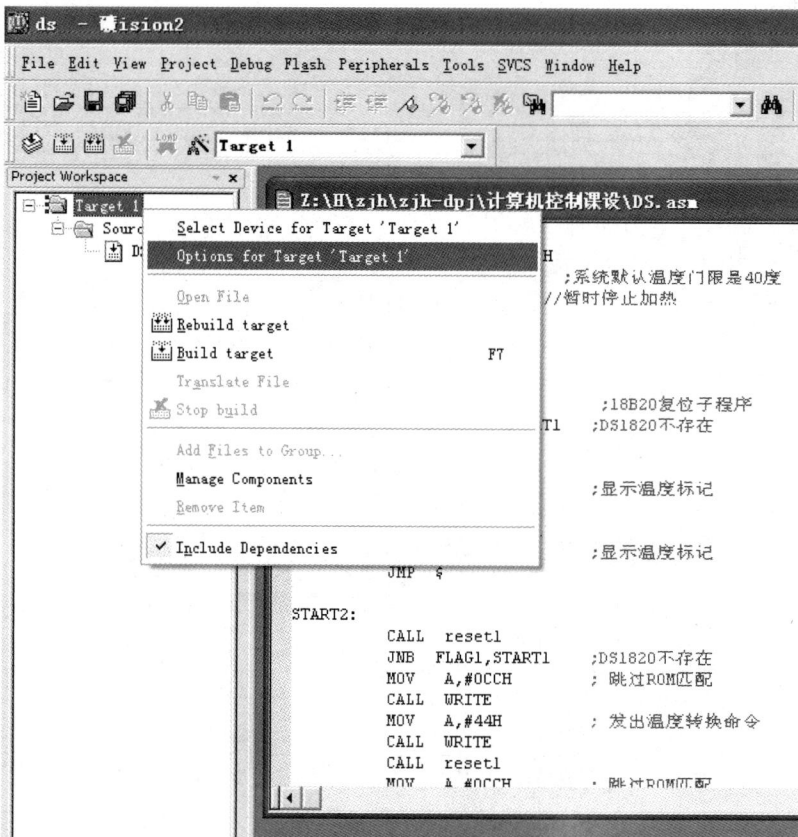

图 9-45　单击 "Project|Option for Target 'Target 1'" 菜单命令

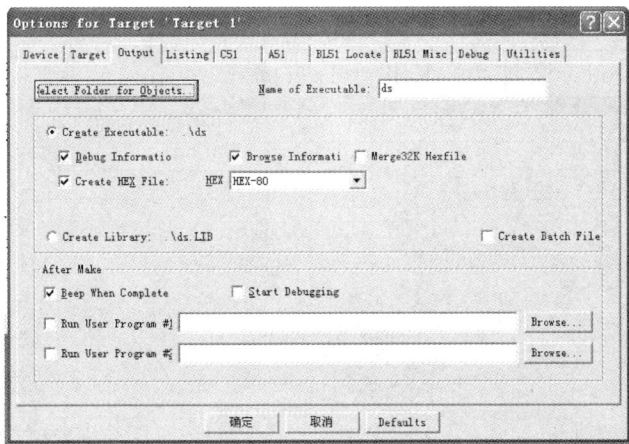

图 9-46 "Options for Target 'Target 1'" 对话框

9.7 Proteus 与 Keil 联调

如果使用 C 语言编写程序，则要在 Keil 下调试程序，将 Proteus 看成仿真器，具体方法如下。

首先从 Labcenter Electronics 公司的网站下载并安装 vudgi.exe 文件；运行 Keil，并新建工程，如图 9-47 所示。设置所建立的工程。当然，如果使用汇编语言编写的程序，同样可以使用 Proteus 与 Keil 联调，其方法是相同的。

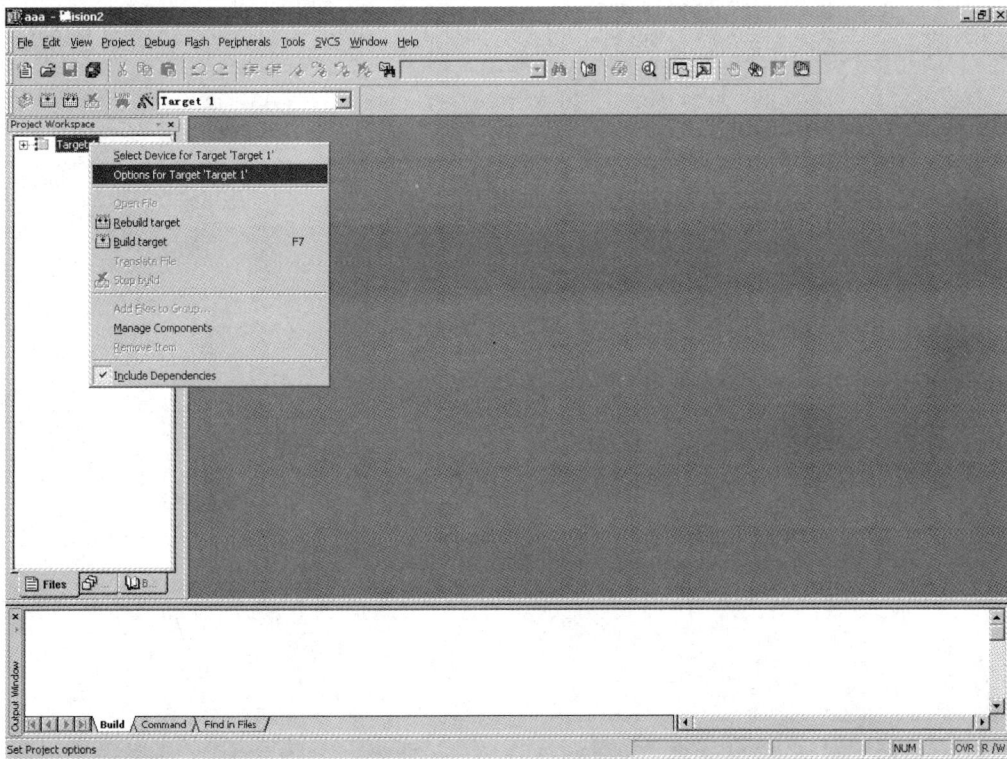

图 9-47 新建工程

在 Proteus 的 ISIS 编辑环境中，单击"Debug|Use Remote Debug Monitor"菜单命令，如图 9-48 所示，这样 Proteus 才能允许 Keil 对其进行调试。

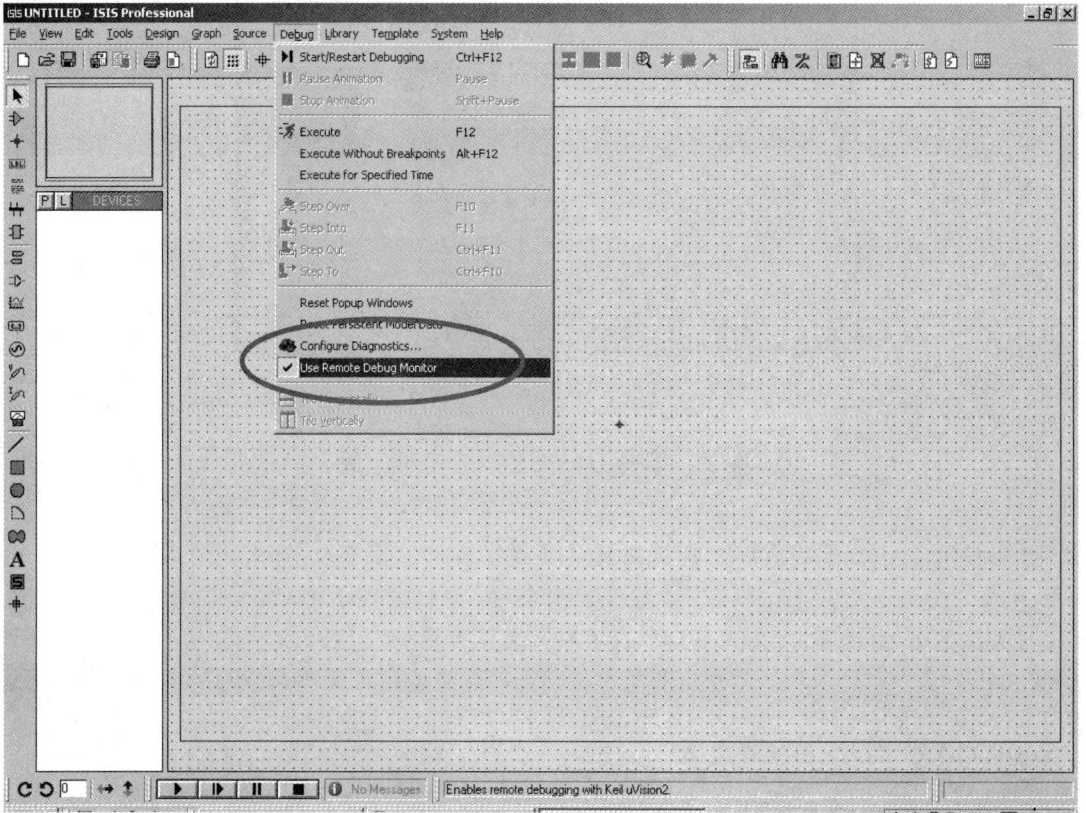

图 9-48　单击"Debug|Use Remote Debug Monitor"菜单命令

第 10 章　课程设计——温度反馈控制系统

1．概述

"单片机原理及应用"是一门实践性很强的课程。该门课程的任务是使学生获得单片机原理与应用方面的基本理论、基本知识和基本技能，培养学生分析问题和解决问题的能力。

课程设计作为实践教学的一个重要环节，对提高创新精神和实践能力、发展个性具有重要作用。安排必要的验证性实验可以训练学生的实验能力和对实验结果整理的能力，而安排综合性课程设计可以提高分析问题和解决问题的能力。

2．课程设计的目的

课程设计是本课程集中实践环节的主要内容之一，可以对学生进行单片机系统组成、编程、调试和绘图设计等基本技能训练。通过课程设计，可以使学生进一步熟悉单片机应用系统的开发过程，软、硬件设计的工作内容、方法和步骤，还可以培养学生理论联系实际的能力，分析问题、解决问题的能力和实际动手能力，以及正确应用单片机知识解决工业控制、工业检测等领域具体问题的能力。课程设计的目的主要有以下几方面。

（1）通过实践进一步理解和掌握微机接口技术。

（2）掌握使用汇编及 C 语言开发单片机系统的方法。

（3）学会通过阅读相关器件的英文资料设计产品。

（4）进一步提高设计、调试单片机系统的能力。

3．课程设计要求

1）教学基本要求

要求学生独立完成课程设计，掌握单片机应用系统的设计方法；完成系统的仿真、装配及调试；掌握系统的仿真与调试技术；注重工程质量意识的培养，写出课程设计报告。

2）能力培养要求

（1）通过查阅手册和有关文献资料，掌握独立分析和解决实际问题的能力。

（2）通过实际电路方案的分析比较、设计计算、元件选取、仿真、安装调试等环节，掌握简单实用电路的分析方法和工程设计方法。

（3）熟悉常用仪器设备的使用方法，掌握实验调试方法，提高动手能力。

3）课程设计报告要求

课程设计报告中应给出系统结构框图，对总体设计思想进行阐述；给出每个单元逻辑电路且论述其工作原理。课程设计报告的基本内容如下。

（1）功能要求说明。

（2）方案论证说明。

（3）系统硬件电路设计，包括电源电路、单片机最小系统、时钟电路、显示电路、键盘接口等电路的原理图。

（4）系统程序设计，包括主程序、初始化程序、中断程序、延时程序、显示子程序、键盘识别子程序等程序流程图。

（5）调试及性能分析，包括调试步骤与性能分析结果。

（6）源程序清单。

4．课程设计任务

设计、调试一个具有温度检测、串行 A/D、串行 D/A 和 LCD 显示温度值的温度控制系统，编写数字 PID 控制算法，观察控制参数对控制结果的影响。

5．课程设计内容

先将温度检测产生的模拟量送入串行 A/D 转换器 TLC549 芯片，再将转换得到的数字量送入 CPU，经数字 PID 控制算法计算产生控制量，然后将控制量送入串行 D/A 转换器 LTC1456 芯片，控制发热元件，同时在 LCD 显示温度值。

在设计和调试过程中，要将课程设计中涉及的各部分逐个调试通过，然后再整体调试。在逐个调试时，可使用一些模拟信号。例如，在调试串行 A/D 转换器时，可先将模拟量输入接口连接一个电位器，通过电位器产生温度模拟量；在调试串行 D/A 转换器输出量控制发热元件前，先手动通过电位器产生一个模拟量控制发热元件。

1）温度测量与控制电路

系统使用集成电路温度传感器 AD590 芯片作为测温器，AD590 芯片是 AD 公司生产的一种精度和线性度较好的双端集成温度传感器，其输出电流与热力学温度有关。当电源电压在 5～10V 范围内变化时，只引起 AD590 芯片 1A 最大电流的变化或 1℃等效误差。

获得正比于热力学温度的输出电流的基本温度敏感仿真电路如图 10-1 所示。当温度有了 10℃的变化时，该电路输出电压为 20mV，即该电路 1 引脚电压随温度的变化率为 2mV/℃。

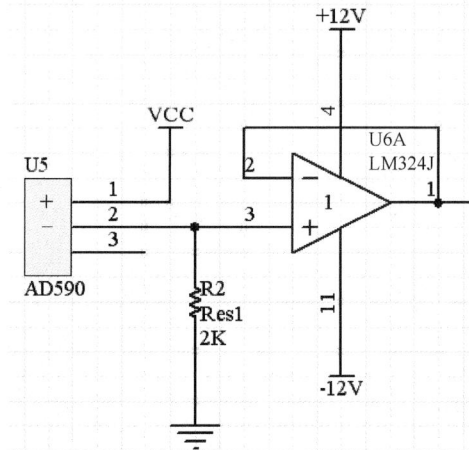

图 10-1　获得正比于热力学温度的输出电流的基本温度敏感仿真电路

AD590 芯片将温度变化量转换成电压变化量，经过 LM324J 芯片一级跟随后，输入电压放大电路。放大后的信号输入 A/D 转换器以实现模拟信号转换成数字信号，利用 CPU 采集并存储采集到的数据。将 AD590 芯片输出的小信号跟随放大 45 倍左右后，送至 8 位 A/D 转换器以转换成数字量。

当设定温度为 0℃时，电压放大电路输出电压为 0V，此时 A/D 转换器输出的数字量为 00H；当温度为 67℃时，电压放大电路输出电压为 4.98V，此时 A/D 转换器输出的数字量为

FFH，即每 0.3℃对应 1LSB 变化量。当温度超过报警温度 67℃时，电压放大电路输出电压约为 5.0V，通过电压比较器接通硬件报警电路以实现报警。由于输入 A/D 转换器的模拟信号有过电压保护，因此不会损坏 A/D 转换器。在实验扩展板硬件中，已有安全设计，使加热温度不会超过 80℃。

实验扩展板已依据标准调整好了电压放大器的增益和零位。注意：由于热惯性的影响及温度计显示的滞后因素，若要精确观察某温度点的测量值，在加热到某温度点后，应停止加热，等待温度计示值稳定后，再观察记录结果。若某温度点较高，还应相应延长等待时间。

需要说明的是，由于温度计和 AD590 芯片的采样点不同，理论计算值同显示值略有偏差。

温度测量仿真电路如图 10-2 所示。

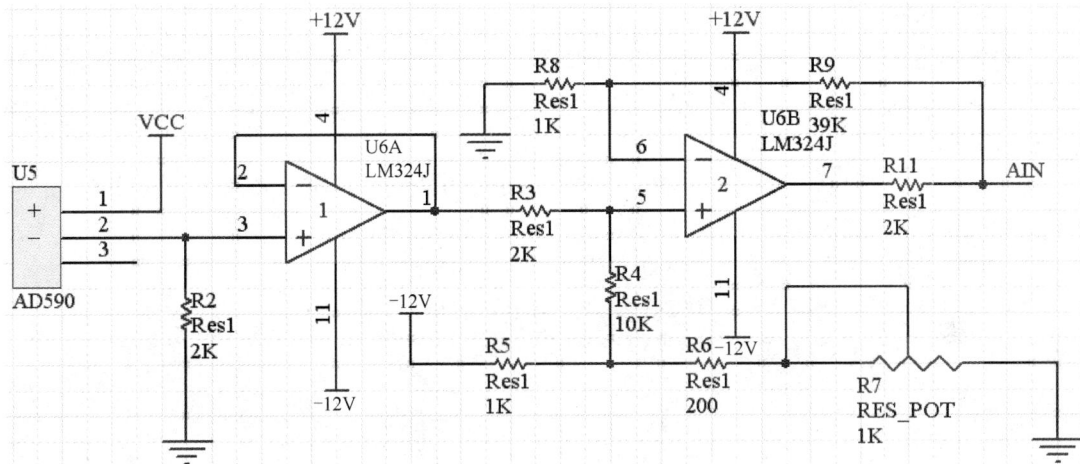

图 10-2　温度测量仿真电路

在图 10-2 中，通过电位器 R7 可以调节测温系统零点。调节电位器 R7，用万用表测量 R4，R5，R6 3 个电阻相接的公共点，并将该点电压调到-2.74V（注：该点电压已调到-2.74V，学生不要随意调节，可以直接做实验）。

2）串行 A/D 转换器

TLC549 芯片是一种 8 位逐次逼近型 A/D 转换器。其内部包含系统时钟、采样和保持电路、8 位 A/D 转换器、数据寄存器及控制逻辑电路。TLC549 芯片每 25μs 重复一次"输入—转换—输出"过程。TLC549 芯片有两个控制输入信号：I/O 时钟（CLK）信号和片选（CS）信号。

内部系统时钟和 I/O 时钟可独立使用。应用电路的设计只要利用 I/O 时钟信号启动转换或读出转换结果。当 CS 信号为高电平时，DATA 引脚处于高阻态且 I/O 时钟信号被禁止。

当 CS 信号变为低电平时，前次转换结果的最高有效位（MSB）开始出现在 DATA 引脚。在接下来的 7 个 I/O 时钟信号的下降沿，TLC549 芯片输出前次转换结果的后 7 位，至此 8 位数据已经输出。再将第 8 个 I/O 时钟信号加至 CLK 引脚，此时钟信号的下降沿使 TLC549 芯片进行下一轮的 A/D 转换。在第 8 个 I/O 时钟周期之后，CS 信号必须变为高电平，并且保持高电平直至 A/D 转换结束为止（大于 17μs），否则 CS 信号的高电平至低电平的转换过程将引起复位。

TLC549 芯片串行 A/D 转换仿真电路如图 10-3 所示。

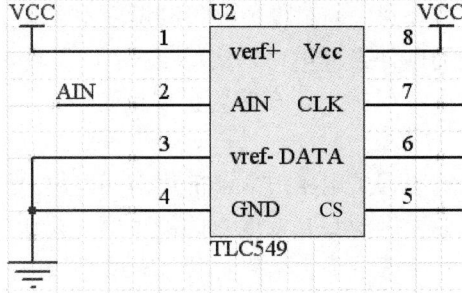

图 10-3　TLC549 芯片串行 A/D 转换仿真电路

3）串行 D/A 转换器

LTC1456 芯片是一种 12 位双通道串行 D/A 转换器。其内部包含 24 位移位寄存器、参考电压、12 位 D/A 转换器、电压跟随放大器及控制逻辑电路。LTC1456 芯片有 3 个控制输入信号：DIN 信号、CLK 信号和片选（CS）信号。

当 CS 信号为高电平时，LTC1456 芯片的 Dout 引脚处于高阻态。当 CS 信号变为低电平时，LTC1456 芯片的 DIN 引脚依次输入 A，B 通道数据（高位在前、低位在后）。

前次转换结果的最高有效位（MSB）开始出现在 Dout 引脚。

LTC1456 芯片串行模/数转换仿真电路如图 10-4 所示。

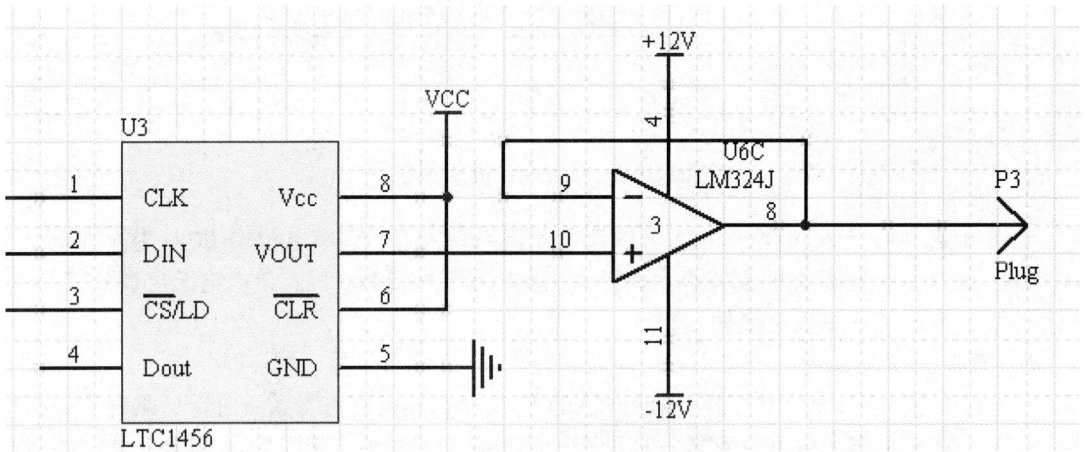

图 10-4　LTC1456 串行模/数转换仿真电路

附录 A　ASCII 字符与编码对照表

ASCII 字符与编码对照表如表 A-1 所示。

表 A-1　ASCII 字符与编码对照表

低 4 位		高 4 位							
		0000	0001	0010	0011	0100	0101	0110	0111
		0	1	2	3	4	5	6	7
0000	0	NUL	DEL	SP	0	@	P	`	p
0001	1	SOH	DC1	!	1	A	Q	a	q
0010	2	STX	DC2	"	2	B	R	b	r
0011	3	ETX	DC3	#	3	C	S	c	s
0100	4	EOT	DC4	$	4	D	T	d	t
0101	5	ENQ	NAK	%	5	E	U	e	u
0110	6	ACK	SYN	&	6	F	V	f	v
0111	7	BEL	ETB	'	7	G	W	g	w
1000	8	BS	CAN	(	8	H	X	h	x
1001	9	HT	EM	)	9	I	Y	i	y
1010	A	LF	SUB	*	:	J	Z	j	z
1011	B	VT	ESC	+	;	K	[	k	{
1100	C	FF	FS	,	<	L	\	l	|
1101	D	CR	GS	-	=	M	]	m	}
1110	E	SO	RS	.	>	N	^	n	~
1111	F	SI	US	/	?	O	—	o	DEL

附录 B　MCS-51 单片机指令

数据传送类指令如表 B-1 所示。

表 B-1　数据传送类指令

助　记　符	功　能　说　明	字　节　数	机器周期	指令代码（十六进制）
MOV A, Rn	寄存器内容送入累加器	1	1	E8～EF
MOV A, direct	直接地址单元中的数据送入累加器	2	1	E5 direct
MOV A, @Ri	间接 RAM 中的数据送入累加器	1	1	E6～E7
MOV A, #data	立即数送入累加器	2	1	74 data
MOV Rn, A	累加器内容送入寄存器	1	1	F8～FF
MOV Rn, direct	直接地址单元中的数据送入寄存器	2	2	A8～AF direct
MOV Rn, #data	立即数送入寄存器	2	1	78～7F data
MOV Rn, A	累加器内容送入直接地址单元	2	1	F5 direct
MOV direct, Rn	寄存器内容送入直接地址单元	2	2	88～8F direct
MOV direct1, direct2	直接地址单元中的数据送入另一个直接地址单元	3	2	85 direct1
MOV direct, @Ri	间接 RAM 中的数据送入直接地址单元	2	2	86～87
MOV direct, #data	立即数送入直接地址单元	3	2	75 direct data
MOV@Ri, A	累加器内容送入间接 RAM 单元	1	1	F6～F7
MOV@Ri, direct	直接地址单元数据送入间接 RAM 单元	2	2	A6～A7 direct
MOV@Ri, #data	立即数送入间接 RAM 单元	2	1	76～77 data
MOV DRTR, #datal6	16 位立即数送入地址寄存器	3	2	90 datah datal
MOVC A, @A+DPTR	以 DPTR 为变址间接寻址单元中的数据送入累加器	1	2	93
MOVC A, @A+PC	以 PC 为变址间接寻址单元中的数据送入累加器	1	2	83
MOVX A, @Ri	外部 RAM（8 位地址）送入累加器	1	2	E2～E3
MOVX A, @DATA	外部 RAM（16 位地址）送入累加器	1	2	E0
MOVX@Ri, A	累加器送外部 RAM（8 位地址）	1	2	F2～F3
MOVX@DPTR, A	累加器送外部 RAM（16 位地址）	1	2	F0
PUSH direct	直接地址单元中的数据送入堆栈	2	2	C0 direct
POP direct	弹栈内容送直接地址单元	2	2	D0 direct
XCH A, Rn	寄存器内容与累加器内容交换	1	1	C8～CF
XCH A, direct	直接地址单元内容与累加器内容交换	2	1	C5 direct
XCH A, @Ri	间接 RAM 内容与累加器内容交换	1	1	C6～C7
XCHD A, @Ri	间接 RAM 内容的低半字节与累加器内容交换	1	1	D6～D7
SWAP A	累加器内的高、低半字节交换	1	1	C4

算术运算类指令如表 B-2 所示。

表 B-2　算术运算类指令

助 记 符	功 能 说 明	字 节 数	机器周期	指令代码（十六进制）
ADD A, Rn	寄存器内容加到累加器中	1	1	28～2F
ADD A, direct	直接地址单元中的数据加到累加器中	2	1	25 direct
ADD A, @Ri	间接 ROM 中的数据加到累加器中	1	1	26～27
ADD A, #data	立即数加到累加器中	2	1	24 data
ADDCA, Rn	寄存器内容带进位加到累加器中	1	1	38～3F
ADDC A, direct	直接地址单元中的数据带进位加到累加器中	2	1	35 direct
ADDC A, @Ri	间接 ROM 中的数据加到累加器中	1	1	36～37
ADDC A, #data	立即数带进位加到累加器中	2	1	34 data
SUBB A, Rn	累加器内容带借位减寄存器内容	1	1	98～9F
SUBB A, direct	累加器内容带借位减直接地址单元的内容	2	1	95 direct
SUBB A, @Ri	累加器内容带借位减间接 ROM 中的数据	1	1	96～97
SUBB A, #data	累加器内容带借位减立即数	2	1	94 data
INC A	累加器内容加 1	1	1	04
INC Rn	寄存器内容加 1	1	1	08～0F
INC direct	直接地址单元内容加 1	2	1	05 direct
INC @Ri	间接 RAM 中的数据加 1	1	1	06～07
DEC A	累加器内容减 1	1	1	14
DEC Rn	寄存器内容减 1	1	1	18～1F
DEC direct	直接地址单元内容减 1	2	1	15 direct
DEC @Ri	间接 RAM 中的数据减 1	1	1	16～17
INC DPTR	地址寄存器 DPTR 加 1	1	2	A3
MUL AB	A 乘以 B	1	4	A4
DIV AB	A 除以 B	1	4	84
DA A	十进制调整	1	1	D4

逻辑运算类指令如表 B-3 所示。

表 B-3　逻辑运算类指令

助 记 符	功 能 说 明	字 节 数	机器周期	指令代码（十六进制）
ANL A, Rn	累加器内容与寄存器内容相与	1	1	58～5F
ANL A, direct	累加器内容与直接地址单元内容相与	2	1	55 direct
ANL A, @Ri	累加器内容与间接 RAM 中的数据相与	1	1	56～57
ANL A, #data	累加器内容与立即数相与	2	1	54 data
ANL direct, A	直接地址单元内容与累加器内容相与	2	1	52 direct
ANL direct, #data	直接地址单元内容与立即数内容相与	3	2	53 direct data
ORL A, Rn	累加器内容与寄存器内容相或	1	1	48～4F
ORL A, direct	累加器内容与直接地址单元内容相或	2	1	45 direct
ORL A, @Ri	累加器内容与间接 RAM 中的数据相或	1	1	46～47

续表

助 记 符	功 能 说 明	字 节 数	机器周期	指令代码（十六进制）
ORL A, #data	累加器内容与立即数相或	2	1	44 data
ORL direct, A	直接地址单元内容与累加器内容相或	2	1	42 direct
ORL direct, tdata	直接地址单元内容与立即数相或	3	2	43 direct data
XRL A, Rn	累加器内容与寄存器内容相异或	1	1	68～6F
XRL A, direct	累加器内容与直接地址单元内容相异或	2	1	65 direct
XRL A, @Ri	累加器内容与间接 RAM 中的数据相异或	1	1	66～67
XRL A, #data	累加器内容与立即数相异或	2	1	64 data
XRL direct, A	直接地址单元内容与累加器内容相异或	2	1	62 direct
XRL direct, #data	直接地址单元内容与立即数相异或	3	2	63 direct data
CLR A	累加器内容清 0	1	1	E4
CPL A	累加器内容求反	1	1	F4
RL A	累加器内容循环左移	1	1	23
RLC A	累加器内容带进位位循环左移	1	1	33
RR A	累加器内容循环右移	1	1	03
RRC A	累加器内容带进位位循环右移	1	1	13

位（布尔变量）操作类指令如表 B-4 所示。

表 B-4　位（布尔变量）操作类指令

助 记 符	功 能 说 明	字 节 数	机器周期	指令代码（十六进制）
CLR C	清进位位	1	1	C3
CLR bit	清直接地址位	2		C2
SETB C	置进位位	1	1	D3
SETB bit	置直接地址位	2	1	D2
CPL C	进位位求反	1	1	B3
CPL bit	直接地址位求反	2	1	B2
ANL C, bit	进位位和直接地址位相与	2	1	82 bit
ANL C, $\overline{\text{bit}}$	进位位和直接地址位的反码相与	2	2	B0 bit
ORL C, bit	进位位和直接地址位相或	2	2	72 bit
ORL C, $\overline{\text{bit}}$	进位位和直接地址位的反码相或	2	2	A0 bit
MOV C, bit	直接地址位送入进位位	2	1	A2 bit
MOV bit, C	进位位送入直接地址位	2	2	92 bit
JC rel	进位位为 1 则转移	2	2	40 rel
JNC rel	进位位为 0 则转移	2	2	50 rel
JB bit, rel	直接地址位为 1 则转移	3	2	20 bit rel
JNB bit rel	直接地址位为 0 则转移	3	2	30 bit rel
JBC bit, rel	直接地址位为 1 则转移，该位清 0	3	2	10 bit rel

控制转移类指令如表 B-5 所示。

表 B-5　控制转移类指令

助 记 符	功 能 说 明	字 节 数	机器周期	指令代码（十六进制）
ACALL addr11	绝对（短）调用子程序	2	2	*1 addr(a7~a0)
LCALL addr16	长调用子程序	3	2	12 addr(15~18) addr(7~0)
RET	子程序返回	1	2	22
RETI	中断返回	1	2	32
AJMP addr11	绝对〔短〕转移	2	2	△1 addr(7~0)
LJMP addr16	长转移	3	2	02 addr(15~8), addr(7~0)
SJMP rel	相对转移	2	2	80H, rel
JMP @A+DPTR	相对于 DPTR 的间接转移	1	2	73H
JZ rel	累加器内容为零转移	2	2	60H, rel
JNZ rel	累加器内容为非零转移	2	2	70H, rel
CJNE A, dircct, rel1	累加器内容与直接地址单元内容比较，不相等则转移	3	2	B5, data, rel
CJNE A, #data, rel	累加器内容与立即数比较，不相等则转移	3	2	B4, direct, rel
CJNE Rn, #data, rel	寄存器内容与立即数比较，不相等则转移	3	2	B8~BF, data, rel
CJNE @Ri, #data, rel	间接 RAM 单元内容与立即数比较，不相等则转移	3	2	B6~B7, data, rel
DJNE Rn, rel	寄存器内容减 1，非零转移	3	2	D8~DF rel
DJNE direct, rel	直接地址单元内容减 1，非零转移	3	2	D5, direct, rel
NOP	空操作	1	1	00

　　注：*为 a10a9a81；△=a10a9a80。

附录 C　　C51 库函数

C51 软件包的库包含标准的应用程序。每个 C51 库函数都在相应的头文件（.h）中有原型声明。如果使用 C51 库函数，必须在源程序中用预编译指令定义与该函数相关的头文件（包含了该函数的原型声明）。如果省掉头文件，编译器则期望标准的 C 语言参数类型，从而不能保证函数的正确执行。

1. ctype.h：字符函数

字符函数如表 C-1 所示。

表 C-1　字符函数

函数名/宏名	原　型	功　能　说　明
iselpha	extern bit isalpha(char);	检查传入的字符是否在 A～Z 和 a～z 之间，如果是，返回值为 1，否则为 0
isalnum	extern bit isalnum(char);	检查字符是否位于 A～Z、a～z 或 0～9 之间，如果是，返回值是 1，否则为 0
iscntrl	extern bit iscntrl(char);	检查字符是否位于 0x00～0x1f 之间或为 0x7f，如果是，返回值是 1，否则为 0
isdigit	extern bit isdigit(char);	检查字符是否在 0～9 之间，如果是，返回值为 1，否则为 0
isgraph	extern bit isgraph(char);	检查变量是否为可打印字符，可打印字符的值域为 0x21～0x7e。若为可打印字符，返回值为 1，否则为 0
isprint	extern bit isprint(char);	与 isgraph 函数相同，可接受空格字符（0x20）
ispunct	extern bit ispunct(char);	检查字符是否为标点或空格。如果该字符是空格或 32 个标点和格式字符之一（假定使用 ASCII 字符集中的 128 个标准字符），则返回 1，否则返回 0
islower	extern bit islower(char);	检查字符变量是否位于 a～z 之间，如果是，返回值是 1，否则为 0
isupper	extern bit isupper(char);	检查字符变量是否位于 A～Z 之间，如果是，返回值是 1，否则为 0
isspace	extern bit isspace(char);	检查字符变量是否为下列之一：空格、制表符、回车、换行、垂直制表符和空字符，如果是，返回值是 1，否则为 0
isxdigit	extern bit isxdigit(char)	检查字符变量是否位于 0～9、A～F 或 a～f 之间，如果是，返回值是 1，否则为 0
toascii	Toascii(c);((c)&0x7F);	该宏将任何整型值缩小到有效的 ASCII 范围内，它将变量和 0x7f 相与，从而去掉低 7 位以上的所有数位
toint	extern char toint(char);	将 ASCII 字符转换为十六进制，返回值 0～9 由 ASCII 字符 0～9 得到，10～15 由 ASCII 字符 a～f（与大小写无关）得到
tolower	extern char tolower(char);	将字符转换为小写形式，如果字符变量不在 A～Z 之间，则不转换，返回该字符
tolower	tolower(c);(C-'A'+'a');	该宏将 0x20 参量值逐位相或
toupper	extern char toupper(char);	将字符转换为大写形式，如果字符变量不在 a～z 之间，则不转换，返回该字符
toupper	toupper(c);((c)-'a'+'A');	该宏将 c 与 0xdf 逐位相与

2. stdio.h：字符 I/O 函数

C51 编译器包含字符 I/O 函数。这些函数通过处理器的串行接口操作。为了支持其他 I/O 机制，只要修改 getkey 和 putchar 函数，其他所有 I/O 支持函数依赖这两个模块而无须被改动。

在使用 8051 单片机串行接口之前，必须将它们初始化。

字符 I/O 函数如表 C-2 所示。

表 C-2　字符 I/O 函数

函 数 名	原 型	功 能 说 明
getkey	extern char _getkey();	从 8051 单片机串行接口读入一个字符，然后等待字符输入。它是改变整个输入端口机制时应修改的唯一一个函数
getchar	extern char getchar();	getchar 函数使用 getkey 函数从串行接口读入字符，除了读入的字符马上传给 putchar 函数供响应外，与 _getkey 函数相同
gets	extern char *gets(char *s, int n);	通过 getchar 函数从控制台设备读入一个字符，送入由串 s 指向的数据组。考虑到 ANSIC 标准的建议，限制每次调用时能读入的最大字符数，函数提供了一个字符计数器 n。在所有情况下，当检测到换行符时，放弃字符输入
ungetchar	extern char ungetchar(char);	将输入字符推回输入缓冲区，成功时返回 char，失败时返回 EOF。不能用它处理多个字符
ungetchar	extern char ungetchar(char);	将传入的单个字符送回输入缓冲区并将其值返回给调用者。下次使用 getkey 函数时可获得该字符
putchar	extern putchar(char);	通过 8051 单片机串行接口输出 char。和 getkey 函数一样，putchar 函数是改变整个输出机制时所需修改的唯一一个函数
printf	extern int printf(const char*, ...);	以一定格式通过 8051 单片机串行接口输出数值和串，返回值为实际输出的字符数。参量可以是指针、字符或数值。第一个参量是格式串指针
sprintf	extern int sprintf(char *s, const char*, ...);	与 printf 函数相似，但输出不显示在控制台上，而是通过一个指针 s 送入可寻址的缓冲区。它允许输出的参量总字节数与 printf 函数的完全相同
puts	extern int puts(const char*, ...);	将串 s 和换行符写入控制台设备，错误时返回 EOF，否则返回非负数
scanf	extern int scanf(const char*, ...);	在格式串控制下，利用 getchar 函数由控制台读入数据，每遇到一个值（符号格式串规定），就将它按顺序赋给每个参量，注意每个参量必须都是指针。scanf 函数返回它所发现并转换的输入项数。若遇到错误则返回 EOF
sscanf	extern int sscanf(const *s, const char*, ...);	与 scanf 函数相似，但串输入不是通过控制台，而是通过另一个以空结束的指针

3．string.h：串函数

串函数通常将指针串作为输入值。一个串包括 2 个或多个字符。串结束以空字符表示。在函数 memcmp、memcpy、memchr、memccpy、memmove 和 memset 中，串长度由调用者明确规定，使这些函数可工作在任何模式下。

串函数如表 C-3 所示。

表 C-3　串函数

函 数 名	原 型	功 能 说 明
memchr	extern void *memchr(void *s1, char val, int len);	顺序搜索串 s1 中的 len 个字符，找出字符 val，成功时返回串 s1 中指向 val 的指针，失败时返回 NULL
memcmp	extern char memcmp(void *sl, void *s2, int len);	逐个字符比较串 s1 和 s2 的前 len 个字符，相等时返回 0；如果串 s1 大于或小于串 s2，则相应返回一个正数或负数
memcpy	extern void *memcpy(void *dest, void *src, int len);	在 src 所指内存中复制 len 个字符到 dest 中，返回指向 dest 中的最后一个字符的指针。如果 src 和 dest 发生重叠，则结果是不可预测的
memccpy	extern void *memccpy(void *dest, void *src, char val, int len);	复制 src 中的 len 个字符到 dest 中，如果实际复制了 len 个字符则返回 NULL。复制过程在复制完字符 val 后停止，此时返回指向 dest 中下一个元素的指针
memmove	extern void *memmove(void *dest, void *src, int len);	工作方式与 memcpy 函数相同，但复制区可以重叠

続表

函　数　名	原　　型	功　能　説　明
memset	extern void *memset(void *s, char val, int len);	将 val 値填充指針 s 中的 len 个単元
strcat	extern char *strcat(char *s1, char *s2);	将串 s2 复制到串 s1 的末尾。它假定 s1 定义的地址区足以接受两个串。返回指針指向串 s1 的第一个字符
strncat	extern char *strncat(char *s1, char *s2, int n);	复制串 s2 中的 n 个字符到串 s1 的末尾。如果串 s2 比 n 短，则只复制串 s2
strcmp	extern char strcmp(char *s1, char *s2);	比较串 s1 和 s2，如果相等则返回 0；如果 s1<s2，返回负数；如果 s1>s2，则返回一个正数
strncmp	extern char strncmp(char *s1, char *s2, int n);	比较串 s1 和 s2 中的前 n 个字符，返回值与 strcmp 函数的相同
strcpy	extern char *strcpy(char *s1, char *s2);	将串 s2（包括结束符）复制到串 s1，返回指向串 s1 的第一个字符的指針
strncpy	extern char *strncpy(char *s1, char *s2, int n);	与 strcpy 函数相似，但只复制 n 个字符。如果串 s2 长度小于 n，则串 s1 以 0 补齐到长度 n
strlen	extern int strlen(char *s1)	返回串 s1 的字符个数（包括结束字符）
strchr	extern char *strchr(char *s1, char c);	strchr 函数搜索串 s1 中第一个出现的 c 字符，如果成功，返回指向该字符的指針，搜索也包括结束符
strpos	extern int strpos(char *s1, char c);	搜索一个空字符时返回指向空字符的指針，而不是空指針 strpos 函数与 strchr 相似，但它返回的是字符在串中的位置或-1，串 s1 的第一个字符位置是 0
strrchr	extern char *strrchr(char *s1, char c);	strrchr 函数搜索串 s1 中最后一个出现的 c 字符，如果成功，返回指向该字符的指針，否则返回 NULL。对串 s1 搜索时也返回指向字符的指針，而不是空指針。strrpos 函数与 strrchr 相似，但它返回的是字符在串中的位置或-1
strrpos	extern int strrpos(char *s1, char c);	
strspn	extern int strspn(char *s1, char *set);	strspn 函数搜索串 s1 中第一个不包含在 set 中的字符，返回值是串 s1 中包含在 set 中字符的个数。如果串 s1 中所有字符都包含在 set 中，则返回串 s1 的长度（包括结束符）；如果串 s1 是空串，则返回 0
strcspn	extern int strcspn(char *s1, char *set);	
strpbrk	extern char *strpbrk(char *s1, char *set);	strcspn 函数与 strspn 函数类似，但它搜索的是串 s1 中的第一个包含在 set 中的字符 strpbrk 函数与 strspn 函数很相似，但它返回指向搜索到字符的指針，而不是个数，如果未找到，则返回 NULL
strrpbrk	extern char *strpbrk(char *s1, char *set);	strrpbrk 函数与 strpbrk 函数相似，但它返回串 s1 中指向找到的 set 字集中最后一个字符的指針

4．stdlib.h：标准函数

标准函数如表 C-4 所示。

表 C-4　标准函数

函　数　名	原　　型	功　能　説　明
atof	extern double atof(char *s1);	将串 s1 转换为浮点值并返回它。输入串必须包含与浮点值规定相符的数。C51 编译器对数据类型 float 和 double 相同对待
atol	extern long atol(char *s1);	将串 s1 转换成一个长整型值并返回它。输入串必须包含与长整型值规定相符的数
atoi	extern int atoi(char *s1);	将串 s1 转换为整型数并返回它。输入串必须包含与整型数规定相符的数

5．math.h：数学函数

数学函数如表 C-5 所示。

表 C-5　数学函数

函　数　名	原　　型	功　能　说　明
abs	extern int abs(int val);	求变量 val 的绝对值，如果 val 为正，则不用改变而返回；如果为负，则返回相反数。这 4 个函数除了变量和返回值的数据不一样外，功能相同
cabs	extern char cabs(char val);	
fabs	extern float fabs(float val)	
labs	extern long labs(long val);	
exp	extern float exp(float x);	exp 函数返回以 e 为底 x 的幂，log 函数返回 x 的自然数（e =2.718 282），log10 函数返回 x 以 10 为底的数
log	extern float log(float x);	
log10	extern float log10(float x);	
sqrt	extern float sqrt(float x);	返回 x 的平方根
rand	extern int rand(void);	rand 函数返回一个 0～32 767 之间的伪随机数。srand 函数用来将随机数发生器初始化成一个已知（或期望）值，对 rand 函数的相继调用将产生相同序列的随机数
srand	extern void srand (int n);	
cos	extern float cos(flaot x);	cos 函数返回 x 的余弦值。sin 函数返回 x 的正弦值。tan 函数返回 x 的正切值，所有函数变量范围为 $-\pi/2 \sim \pi/2$，变量必须在 -65 535～65 535 之间，否则会产生错误
sin	extern float sin(flaot x);	
tan	extern flaot tan(flaot x);	
acos	extern float acos(float x);	acos 函数返回 x 的反余弦值，asin 函数返回 x 的反正弦值 atan 函数返回 x 的反正切值，它们的值域为 $-\pi/2 \sim \pi/2$ atan2 函数返回 x/y 的反正切值，其值域为 $-\pi \sim \pi$
asin	extern float asin(float x);	
atan	extern float atan(float x);	
atan2	extern float atan(float y,float x);	
cosh	extern float cosh(float x);	cosh 函数返回 x 的双曲余弦值；sinh 函数返回 x 的双曲正弦值；tanh 函数返回 x 的双曲正切值
sinh	extern float sinh(float x);	
tanh	extern float tanh(float x);	
fpsave	extern void fpsave(struct FPBUF*p);	fpsave 函数保存浮点子程序的状态；fprestore 函数将浮点子程序的状态恢复为其原始状态，当用中断程序执行浮点运算时，这两个函数是有用的
fprestore	extern void fprestore(struct FPBUF*p);	

6．absacc.h：绝对地址访问

绝对地址访问如表 C-6 所示。

表 C-6　绝对地址访问

宏　　名	原　　型	功　能　说　明
CBYTE	#define CBYTE((unsigned char *)0x50000L)	这些宏用来对 8051 单片机地址空间进行绝对地址访问，因此可以字节寻址。CBYTE 函数寻址 code 区，DBYTE 函数寻址 data 区，PBYTE 函数寻址 xdata 区（通过 "MOVX @R0" 指令），XBYTE 函数寻址 xdata 区（通过 "MOVX @DPTR" 指令）
DBYTE	#define DBYTE((unsigned char *)0x40000L)	
PBYTE	#define PBYTE((unsigned char *)0x30000L)	
XBYTE	#define XBYTE((unsigned char *)0x20000L)	
CWORD	#define CWORD((unsigned int *)0x5000OL)	这些宏与上面的宏相似，只是它们指定的类型为 unsigned int。通过灵活的数据类型，可以访问所有地址空间
DWORD	#define DWORD((unsigned int *)0x40000L)	
PWORD	#define PWORD((unsigned int *)0x30000L)	
XWORD	#define XWORD((unsigned int *)0x20000L)	

7. intrins.h：内部函数

内部函数如表 C-7 所示。

表 C-7　内部函数

宏　　名	原　　型	功 能 说 明
crol	unsigned char _crol_(unsigned char val, unsigned char n);	_crol_、_irol_、_lrol_ 函数以位形式将 val 左移 n 位，与 8051 单片机的 RLA 指令相关
irol	unsigned int _irol_(unsigned int val, unsigned char n);	
lrol	unsigned int _lrol_(unsigned int val, unsigned char n);	
cror	unsigned char _cror_(unsigned char val, unsigned char n);	_cror_、_iror_、_lror_ 函数以位形式将 val 右移 n 位，与 8051 单片机的 RRA 指令相关
iror	unsigned int _iror_(unsigned int val, unsigned char n);	_cror_、_iror_、_lror_ 函数以位形式将 val 右移 n 位，与 8051 单片机的 RRA 指令相关
lror	unsigned int _lror_(unsigned int val, unsigned char n);	
nop	void _nop_(void);	产生一个 NOP 指令，该函数可用于 C 程序的时间比较。C51 编译器在_nop_函数工作期间不产生函数调用，即在程序中直接执行 NOP 指令
testbit	bit _testbit_(bit x);	产生一个 JBC 指令，测试一个位，当置位时返回 1，否则返回 0。如果该位为 1，则将该位复位为 0。8051 单片机的 JBC 指令即用于此目的。此函数只能用于可直接寻址的位，不允许在表达式中使用

8. stdarg.h：变量参数表

C51 编译器允许函数的变量参数（记号为"…"）。头文件 stdarg.h 允许处理函数的参数表，在编译时它们的长度和数据类型是未知的。为此，定义了下列宏。

变量参数表如表 C-8 所示。

表 C-8　变量参数表

宏　　名	功 能 说 明
va_list	指向参数的指针
va_stat(va_list pointer, last_argument)	初始化指向参数的指针
type va_arg(va_list pointer, type)	返回类型为 type 的参数
va_end(va_list pointer)	识别表尾的哑宏

9. setjmp.h：全程跳转

setjmp.h 中的函数用作正常的系列数调用和函数结束，它允许从深层函数调用中直接返回。

全程跳转如表 C-9 所示。

表 C-9　全程跳转

函 数 名	原　　型	功 能 说 明
setjmp	int setjmp(jmp_buf env);	将状态信息存入 env，供函数 longjmp 使用。当直接调用 setjmp 函数时返回值是 0；当由 longjmp 函数调用时返回非零值。setjmp 函数只能在语句 if 或 switch 语句中调用一次

函　数　名	原　　型	功　能　说　明
longjmp	longjmp(jmp_buf env, int val);	恢复调用 setjmp 函数时存在 env 中的状态。程序继续执行，似乎 setjmp 函数已被执行过。由 setjmp 函数返回的值是在 longjmp 函数中传送的值 val，由 setjmp 调用的函数中的所有自动变量和未用易失性定义的变量的值都要改变

10．regxxx.h：访问 SFR 和 SFR-bit 地址

文件 reg51.h, reg52.h 和 reg552.h 允许访问 8051 单片机的 SFR 和 SFR-bit 的地址，这些文件都包含#include 指令，并定义了所需的所有 SFR 名，以寻址 8051 单片机的外围电路地址，对于 8051 单片机中的其他器件，用户可用文件编辑器容易地产生一个头文件。

下例表明了对 8051 单片机的定时器 T0 和 T1 的访问：

```
#include <reg51.h>
main() {
if(p0==0x10) p1=0x50;
    }
```

参考文献

[1] 孙俊逸，盛秋林，张铮. 单片机原理及应用[M]. 北京：清华大学出版社，2006.

[2] 丁元杰. 单片微机原理及应用[M]. 北京：机械工业出版社，2005.

[3] 闫玉德，俞虹. MCS-51 单片机原理与应用（C 语言版）[M]. 北京：机械工业出版社，2003.

[4] 赵全利. 单片机原理及应用教程[M]. 3 版. 北京：机械工业出版社，2013.

[5] 徐春辉. 单片微机原理及应用[M]. 北京：电子工业出版社，2013.

[6] 李晓林等. 单片机原理与接口技术[M]. 3 版. 北京：电子工业出版社，2015.

[7] 李传娣，赵常松. 单片机原理、应用及 Proteus 仿真[M]. 北京：清华大学出版社，2017.

[8] 张鑫等. 单片机原理及应用[M]. 4 版. 北京：电子工业出版社，2018.

[9] 张毅刚，彭喜元，彭宇. 单片机原理及应用[M]. 2 版. 北京：高等教育出版社，2010.

[10] 张毅刚，赵光权，张京超. 单片机原理及应用：C51 编程+Proteus 仿真（第二版）[M]. 北京：高等教育出版社，2016.

[11] 求是科技. 单片机典型模块设计实例导航[M]. 北京：人民邮电出版社，2004.

[12] 高红志. MCS-51 单片机原理及应用技术教程[M]. 北京：人民邮电出版社，2009.

[13] 陈忠平等. 单片机原理及接口[M]. 北京：清华大学出版社，2007.

[14] 杜伟略. 80C51 单片机及接口技术[M]. 北京：化学工业出版社，2008.

[15] 谢维成，杨加国. 单片机原理与应用及 C51 程序设计[M]. 北京：清华大学出版社，2006.

[16] 徐玮，徐富军，沈建良. C51 单片机高效入门[M]. 北京：机械工业出版社，2007.

[17] 周润景，袁伟亭. 基于 PROTEUS 的 ARM 虚拟开发技术[M]. 北京：北京航空航天大学出版社，2007.